培文通识大讲堂

THINKING LIKE
AN ANTHROPOLOGIST

John Omohundro

像人类学家一样思考

[美] 约翰·奥莫亨德罗　著　　　张经纬　等译

北京大学出版社
PEKING UNIVERSITY PRESS

著作权合同登记号　图字：01-2011-4740

图书在版编目(CIP)数据

像人类学家一样思考 /（美）约翰·奥莫亨德罗（John Omohundro）著；张经纬等译 .
—北京：北京大学出版社，2017.7
　（培文通识大讲堂）
　ISBN 978-7-301-28291-5

I.①像…　II.①约…②张…　III.①人类学　IV.①Q98

中国版本图书馆 CIP 数据核字（2017）第 098137 号

John Omohundro
Thinking Like an Anthropologist: A Practical Introduction to Cultural Anthropology
ISBN 978-0-07-319580-3
Copyright © 2008 by McGraw-Hill Education

书　　　名	像人类学家一样思考
	Xiang Renleixuejia Yiyang Sikao
著作责任者	[美]约翰·奥莫亨德罗（John Omohundro）著　张经纬 等译
责 任 编 辑	徐文宁　于海冰
标 准 书 号	ISBN 978-7-301-28291-5
出 版 发 行	北京大学出版社
地　　　址	北京市海淀区成府路 205 号　100871
网　　　址	http://www.pup.cn　新浪微博：@北京大学出版社　@阅读培文
电 子 邮 箱	编辑部 pkupw@pup.cn　总编室 zpup@pup.cn
电　　　话	邮购部 62752015　发行部 62750672　编辑部 62750112
印 刷 者	三河市吉祥印务有限公司
经 销 者	新华书店
	660 毫米 ×960 毫米　16 开本　22.5 印张　300 千字
	2017 年 7 月第 1 版　2024 年 5 月第 9 次印刷
定　　　价	62.00 元

目　录

一个愿望和一个梦想

好几年前，我刚开始从事人类学作品翻译工作时，曾有一个小小的愿望：我想以一本导论教材作为我结束翻译经历的标志。因为在我最初迈入人类学知识森林的时候，跨专业的背景让我天然有一种"知不足而后勇"的动力，为了弥补不足，多多涉猎各类导论教材是我自学时颇下了一番工夫的"捷径"。虽然我们往往是因对经济人类学、医学人类学、历史人类学、发展人类学、考古人类学等某一分支的兴趣而步入人类学知识的森林，但要在这片林中走得更远，在树影幢幢中找到那条通向光明、豁达的"林中路"，就需要我们从对一株植物的喜爱，转化为对整片森林的热爱。

而一本出色的导论教材，正是这样一张人类学"知识森林"的GPS 地图：让我们知道前人奠基的知识探险之旅已为我们扫清了哪些障碍，哪里已辟为通途，哪些区域尚未探知，前辈们在哪些地方曾陷入激烈争论（甚至徘徊不进），之后提出了哪些富有启迪的建议，决定向哪些未知方向尝试探索。一本出色的导论教材能让初学者在最短的时间里（不带偏颇地）建立起对学科的全面认识，当然，如果能相继阅读几本教材会更有收获，因为编者不同，所编教材本身也会各有侧重，回到森林地图的比喻中来，不同版本的地图还能相互矫正误差，修正对现有知识体系的认识。

因此，当我经过十年，渐渐在这片森林中找到自己的路径时，便想以一种特别的方式回顾自己在这人类学知识密林中的探索之旅，并将此作为回馈给我所热爱的学科的一件礼物：翻译一本出色的导论教材，为更多后来者打开通往人类学花园的路径。

＊　＊　＊

本书作者奥莫亨德罗教授的简历可见封面前勒口作者简介，兹不赘述，但他从事文化人类学导论课程教学 37 年的经历却足以令人欣羡。他在书中便用自己 37 年来教授人类学导论课程的点滴心得，向我们传递了对学术、对教学的不倦热情。

作者在书中透露，他年轻时曾在台湾和香港求学，而后最初的田野调查又选择了在菲律宾研究当地华人，不知是否长期濡染华人文化的结果，作者采用了一种其他导论教材罕见的写作模式：一种极似中国明清拟话本小说"入诗、入论、正话、结论、结诗"的结构。借助这种仿佛源自佛经变文故事的写作方式，他将融合个人体验的反身性民族志与教材内容巧妙结合，从故事中不知不觉地引出章节主题，就像拟话本小说，先用一个浓缩了该章主题的富有启发性的小故事，点出主人公将在"正话"部分经历的冒险，并在阅读"正话"的同时与"入论"中的小故事相互印证，进而自然地归纳出"结论"所要呈现的具有教育意义的主题。

借助这种独特的章节结构，他将个人体验与导论内容相互融合；配合每章主题，这本人类学教材便成了一部浓缩版的反身民族志，折射出作者三十多年黾勉不倦的人类学之旅。而这些源自作者本身的个人体验，也在与读者分享经验的同时，把人类学知识融入读者自身的生命历程——我有没有与外国（其他族群）同学交往过？我有没有前往异文化旅行、学习交流、生活的经历？我有没有参加过环保募捐？有没有参与过仪式？有没有笃信某些影响运气的观念和行为？有没有对某些文化方式产生不适和排斥？通过这一方式，显然扩宽了导论教材向读者传递知识的途径。

本书的另一大特色同样引人注目，只要浏览一下目录就会明白，本书与以往所有人类学导论教材的结构都有所不同（分类体系不同），尤其是与他的老师康拉德·科塔克教授编写的众多教材相比。从认知角度而言，分类体系代表对事物的基本认识。让我们再次借助那个森林比喻，以往教材中围绕亲属制度、政治组织、社会结构、生计类型、交换方式等关键概念组织起来的分类体系，好比是给森林中的每棵树木贴上标签、铭牌，让我们知道人类学知识森林的基本组成，但即使认识了森林中的全部树木，我们还是可能会在林中迷路，无法展开自己的知识探险。

因此，虽然熟读科塔克教授等前辈学者编写的教材，或是将人类学理论史烂熟于心，我们还是无法将这些课本知识与现实生活中纷繁复杂的人文现象一一对应起来。一言以蔽之，身为人类世界的观察者，尽管都源自启蒙时代的博物学家，但我们不是按图索骥的动物、植物、昆虫、微生物观察者，我们要面对的是一个更加复杂而且日新月异、不断变迁的研究对象（事实上，其他物种也在经历变化）。所以，一本出色导论教材的目标，也就莫过于本书作者在开篇"授人以渔"中提到的"我坚信，学习文化人类学能让所有学生洞悉、探索我们千差万别的世界"，与其牢记林中每株植物的名称，不如从更大的生态角度去了解林中树木分布的基本规律，"让学生掌握人类学研究人类行为和观念的方法，让他们在学完这门课程后继续像人类学家一样思考"。

本书的基本结构就反映了作者的这一思路，全书按照人类学家认识文化、理解文化、阐释文化的基本步骤分成 11 个问题依次排列，逐层递进，将人类学的基本概念嵌入我们认识文化的过程中，避免了专注独木忘乎森林的困境。这也是作者所提到的"像人类学家一样思考"的方式。有关这 11 个问题所分别针对的探索文化过程的基本思路，作者在"如何使用本书"中已经介绍得非常清晰，此处无需冗语。

本书在传授"人类学家思考方式"的同时，也对国内人类学界颇为关注的"家乡民族志"之利弊、"文化相对主义"的不同层次、田野工作的基本伦理、普世价值是否存在、如何在共时社会结构中加入历时性视角等问题给予了真诚、坦率的回应。这些对当下人类学问题的智慧解答，如宝石闪烁，散落林间，把探寻的喜悦留给每位读者。

＊　＊　＊

今日中国正行驶在文化变迁的高速路上，跨国际、跨民族的文化交流正随着全球化而日益频繁，当中国与世界在政治、经济、文化上联系越发紧密时，因文化差异而造成误解的几率也大大增加。与此同时我们发现，最能帮助解决当代中国发展困境的，正是这门并不古老但却志向远大的学科。如果能够以宽容的心态，更多理解他人的观念与文化实践，我们自己的生命也将发出更明亮的光彩，在实现这一目标的过程中，人类学将会大有作为。

许多年来，我一直怀有一个梦想，借用一位人类学同行的话说，"'人类学导论'应该被列入大学的全校必修课里"，让每个年青一代的学子，都有机会学习认识、理解、悦纳异文化的基本方式，发现本文化中富有时代意义的文化内涵，成为本书中提到的"改革者、批评家、科学家、人文主义者和世界主义者"。而将奥莫亨德罗教授的这本著作，以流畅、通达的中文版本与诸位读者分享，或许正是我们为实现这个仍需努力的梦想所作出的点滴而不懈的贡献吧。

张经纬

于上海博物馆

前　言

授人以渔

我曾任教于纽约北部乡村，即便彼时的学生们，也都生活在一个由室友、男女朋友、同学、老师、朋友和邻里组成的多元世界中。这让我坚信，学习文化人类学能让所有学生洞悉、探索我们千差万别的世界。所以，我希望本书能够通俗易懂地为初学者打开知识的门径。本书并不是为了向学生们灌输我们两个世纪以来对文化的研究，也不是为了让学生们死记硬背，而是想要让学生们在广阔的生活天地（无论异域还是家乡）大展拳脚之时，了解人类学研究文化的方式。因而，本书针对的便是非人类学本科或辅修文化人类学导论课的学生，当然，本书也适用于人类学方法或民族志方面的导论课。

换言之，本书打算用生动的形式，让学生掌握人类学研究人类行为和观念的方法，让他们在学完这门课程后继续像人类学家一样思考。为了能加深印象，本书用询问结构（"11 个关键问题"）提出了人类学的方方面面，让学生们有机会在本文化和本书介绍的其他文化群体的生活中不断实践。

我在导论"如何使用本书"中，用五种职业囊括了大多数学生在生活中会扮演的角色：世界主义者、改革者、批评家、科学家和人文主义者。人类学的视角会帮助他们更好地适应自己的角色。此外，我还在拙作《人类学的事业》中用充足的证据证明，人类学的思考完全可以推动事业，立足社会，一展所学，独当一面。

本书每章结构的两个特征

    按关键问题有机结合

其他学科也研究战争、全球化、性别、家庭和宗教等，但文化人类学研究这些主题的独特之处及长处则在于它的方法与众不同。我将我们学科的方法总结为 11 个关键问题，并将其作为本书的章节主旨，把学会运用这些问题作为本书的首要目标。这 11 问来自当前文化人类学导论教材的共识、《人类学通讯》之类的专业出版物，以及我同事们教学大纲上长期讨论的问题。

第一章描述过"文化"的定义之后，第二章至第七章的其他关键问题将会依次呈现研究文化的科学方法，强调观察、比较、分类、结构、解释的重要性，分别将田野工作、整体观、跨文化比较、历史、生物和社会结构作为重点。第八章到第十一章更偏向人文性、反身性和自我批判性，以符号、价值观、观察者与被观察者的感受差异为主旨。例如，文化相对主义的主题就在第十章"我在下判断吗？"中详细展开，而不像在之前章节中那样仅寥寥数笔或一晃而过。我认为这个关于价值观冲突的道德复杂性问题需要详加探讨，因为在之前的篇幅中大家只是间接感受了种种文化遭遇。

"如何使用本书"一章对这 11 个关键问题及每章内容有详细介绍。本书按这 11 个关键问题有机结合，有助于大家透过文化人类学的视野来理解我们置身其中的这个世界。

👁 加入个人视角

每章都有我的田野经历片段，这些片段通常都会与内容镶嵌在一起。这些故事的用意在于，通过与异文化真实遭遇的具体案例（其中包括通常发生在我身上的困惑与错误）突出本章主题。一开始就用故事抓住学生的兴趣，把课本当作读者与作者之间的个人交流，为关键问题在文化事务中的应用提供了一个范例。

给教学者的提醒：为何采用这一方式？

我们这些文化人类学导论课的授课者面临一项艰巨任务。我们追求远大，但又面临种种局限。我们追求的就是本课程的目标。在科塔克等人主编的《人类学的教学》一书中，简·怀特（Jane White）总结了许多当前教材编写者所强调的学生应该达到的目标：

1. 反思人类文化的多样性与适应性
2. 做一个博学多闻、富有责任感的世界公民
3. 了解研究人类的科学方法
4. 去除狭隘观念与民族中心主义
5. 理解有意义的观念
6. 让学生掌握课程结束后也能不断使用的工具
7. 让学生掌握他们自己的学习过程
8. 用民族志来审视人们的观点
9. 对他们本身的美国文化提出问题和批评
10. 挑战学科本身已有的知识体系

我们授课者会从这张表中把最重要的目标集合起来，可能会再加上一些当前的主题，如对种族、性别、语言或权力的偏重。然后我们也要

考虑到实现这些目标所面临的挑战：

- 由于学生一个学期会选四门或更多门课，他们花在人类学课上的时间可能会只占 20% 或更少。
- 虽然复习要比首次学习新概念快得多，但学生还是会忘记课上学过的内容。
- 多数学生都不会再上一次人类学课程。

好消息是，我们的影响还会持续。有研究表明："与流行观点相反，学生们记住了一些他们在课上学到的知识。"他们记住了一些知识……但不是考试时的那些。那么，记下来的是什么呢？我们要让同学们在第一次也可能是唯一一次上文化人类学课时记住什么呢？通过与校友对话，我知道他们不会对厚厚的课本有太深记忆，但他们会记得某些电影、一些民族志，以及老师讲过的故事，他们显然还会记住每一次有趣的课堂活动或曾积极参与的项目。如果我们能在课上教会学生们五年、十年后还能理解文化的方法，知识就会经由这些长期记忆保留下来。

那么我们该怎样创造机会，让学生们沿着这些雄心勃勃的目标循序渐进呢？我们自有良方推动学生学习。下面是实现最佳结果的五个要点（Marchese，1997）：

1. **积极参与主题**。学习者把新材料"融入"自身的精神脉络。
2. **不断反馈**。学习者通过对话、反思、检验和指导，最终修正自身的理解。
3. **与其他学习者合作**。学习者致力于积极学习、获得反馈、认识他人的观点、进行合作，从而积极获得人类学的方法。
4. **潜移默化**。学习者观察他人，效仿最佳行为或思维。
5. **活学活用**。学习者将学习材料融于思想或行为，或将其应用于课外的广阔世界。

　　本书在谈到不断运用三个特征（关键问题、个人观点、积极学习）的同时，也提到了提高学生参与度的挑战。要实现这三个特征，把文化人类学的基本观点传授给学生，离不开上述五个要点。积极参与和合作（第1、3点）可以通过练习和讨论来实现。潜移默化（第4点）可以借助我的个人经验故事。人类学在今日生活中的应用（第5点）需要贯彻始终，通过对当前实事与社会进程的参与，并结合学生的个人环境。不断反馈（第2点）则要借助练习、讨论和课堂参与方式（辅以随堂考察、论文作业和测验）加以巩固。

当你学会分辨本文化中无处不在的声音，这种声音会向文化中的人们一遍又一遍重提本文化的故事，你便不会意识到这种声音。你在有生之年去了别处，终于忍不住问周围的人："你们怎么会听到这种声音却意识不到那是什么呢？"如果你真的这么做了，人们就会奇怪地看着你，纳闷你到底在说什么。

——《以赛玛利》[①]，丹尼尔·奎因，第 37 页

[①] 《以赛玛利》(*Ishmael*, Daniel Quinn)，另译为《大猩猩对话录：拯救世界的心智探险之旅》，庄安琪译，远流出版社，台北，1997。

如何使用本书 | 人类学的问题 |

这些问题来自初版于 1874 年、皇家人类学会所编经典人类学田野指南《人类学的询问与记录》"第三编：物质文化"中的"刺激物和麻醉品"一节。我念书那会儿，该手册仍在再版。该书旨在"促进人们在与迄今尚未得到准确描述的人群和文化接触时，精准观察，记录并获得准确信息"。

不过，从当前情况来看，该书已经过时，里面的某些内容甚至会让今天的我们感到不适乃至反感。学院中的人类学家想用该书去指导殖民地官员、士兵和传教士按照科学步骤去观察他们统治、监督与传教的人们，也就是说，让他们以一种系统的方式去了解"土著"。人类学家在为他们提供了一本统治和"教化"人民手册的同时，事实上也就将自己置于19、20世纪全球帝国主义买办的位置上。

但我还是喜欢翻阅《询问与记录》。抛开它的意图不谈，它的引人之处在于其中的热忱与古典，让我们可以用不同方式审视我们自己。文首的引文只为引起读者兴趣，但饮酒这一主题却是深受人类学家关注。有关酒精与文化的重要研究范例不在少数。不论《询问与记录》是否怪异，它对问题的探求确实一问到底。如果你在自己的亚文化中进行一项关于喝酒的田野调查，上述引文中的问题依然非常有效。下面是从另一节中辑出的有关皮肤装饰的内容：

 《询问与记录》（二）

> "耳朵上常穿一两个洞，要么在下部耳垂上，要么在上部贝壳形耳廓上。……要注意以下几点：（1）穿孔的数量和位置；（2）耳饰的材料、形状、大小和重量，以及戴或固定的方式和效果；（3）扩大耳洞的方法；（4）要是耳洞破了，如何修复；（5）是否有意拉扯耳朵；如果是，目的何在。
>
> "脸颊、嘴唇和舌头也能穿孔，有时也在穿的孔中穿戴饰品。"
>
> （RAI，1951，226）

显然，读过《询问与记录》的传教士和探险家们，会前往一些充满异域风情之地去一探究竟。许多大学图书馆都有这类著作可以借阅。在观察治疗仪式或调查人们对动物世界的信仰和知识时，我也推荐大家读一下提到的相关问题。《询问与记录》貌似过时，仅供一乐，但书中的偶或一问，常常令我敬仰。

在本书中我会带领大家从那些古老的、今天已被忽视的经典问题出发，谈谈我们要了解一种文化中的什么内容，可以更好地帮助那些"身处世界不同角落、未经正规训练的人类学爱好者"。《询问与记录》提出了上百个问题，本书将只回答其中 11 个。

人类学的问题

每个领域的研究者都有一套独特的问题和词汇来理解这个世界。文化人类学家自然也不例外。人类学的其他分支，如语言人类学、生物人类学和考古学，虽然也会询问一些与文化人类学相同的问题，但它们都有自己特殊的问题。在人们理解这些问题并将其应用于人类社会时，我们就开始像人类学家一样进行思考。这些问题可以列在一张小纸片上，但简短并不意味着简单。很多人都会背"$E=mc^2$"，但又有多少人真正明了其中的意思呢？经过一些解释（再加以实践），你将会理解这些可行问题背后的意义，并通过询问，发现人类的奥秘。

这些问题代表了大多数人类学家在研究中都对人类提出的基本问题。这些问题浓缩了文化人类学，让我们得以按照一种简明易懂的方式去看待并思考人类。

1.**什么是文化？**（概念性问题）

人类学家试图描绘（阐释）、解释、捍卫或改变的，是怎样的人类？

2.**如何了解文化？**（自然性问题）

我该如何最大限度地发现某种文化中人们共有的认识？我的研究会不会在一定程度上改变这种行为或对象？我的观

察者与报道人角色是否符合学科伦理？

3. 这种实践或观念的背景是什么？（整体性问题）

这些实践或观念，在这些人们生活的其他领域中，又表现为怎样的原因、组成、结果、影响或象征？

4. 其他社会也这么做吗？（比较性问题）

其他社会的做法与此是同是异？原因何在？

5. 这些实践与观念在过去是什么样的？（时间性问题）

是什么把这些塑造成今天的模样？在不久的将来会有怎样的变化？

6. 人类生物性、文化与环境是如何互动的？（生物－文化性问题）

人类的身体或其生理环境是如何塑造我所研究的行为的？我所研究的行为又如何影响了身体或生理环境？

7. 什么是群体与关系？（社会－结构性问题）

社会机制或群体对这些实践与观念产生了怎样的影响？人们是如何组织起来完成各项任务的？权威如何确立？权力如何分配？

8. 这意味着什么？（阐释性问题）

这些实践、物体或表述，对参与者有何意义？我该如何将他们对此的经验和感受传递给没有参与的人？

9. 我的视角是什么？（反身性问题）

我的个体或文化角色会如何影响我的认识？研究这种文化对我了解自身文化有何帮助？这又如何改变了我？

10. 我在下判断吗？（相对性问题）

我有没有对这一幕预设了道德判断，让我戴上有色眼镜，拘囿了我的看法？我该基于何种立场来判断这些实践或观念？我该遵守这些判断吗？

11. 人们在说什么？（对话性问题）

我所观察的人们如何谈论他们的所作所为？如何谈论我
对他们的研究？我该如何研究他们？他们又是怎样看待我笔
下的他们的？

本书架构

每章都会讨论一个上面列出的问题。章节按照民族志研究者通常
会遇到的问题顺序排列，以我们想研究什么和我们该怎样研究开始
（文化与本质问题），以我们观察到的意义、阐释和判断问题告终（阐
释性、反身性和相对性问题）。

每章开头都有一段我的田野描述，针对的是本章要讨论的人类学
问题。章节导引段用一段不同的文字抓住了本章问题的核心。随后我
会综述将要研究的问题，概览全章，列出学习目标。每章都以小结收
尾，通过总结田野经验，将本章的问题与下一章联系在一起。

人类学与其他人类行为学科

如何将这些人类学问题与其他学科提出的问题加以比较？单就问
题本身来讲，它们都不是人类学所专有。例如，地理学家也会提出自
然性问题，因为比起实验数据，他们更依赖田野收集的数据。社会学
家也会提出社会结构性问题。历史学家和生物学家也都会提出时间性
问题，只不过前者关注的是过去的趋势，后者关注的则是复杂系统回
应环境发生的变迁方式。健康卫生专家也会提出生物 – 文化性问题，
他们感兴趣的是我们的行为与身体如何相互作用。

除了问题本身，人类学还与各种学科有着共同的主题和方法。人
类学家、文学研究者和神学家都会提出阐释性问题，研索文献，找出

其中最深层的含义。人类学家和精神分析学家都会提出反身性问题，利用我们的自我认识来理解他者。

人类学与其他学科的区别在于这些问题的组合方式。这种区别就好比一个人的基因排序。有些基因是我们和香蕉共有的，多数基因则与黑猩猩共有，而绝大多数基因都与其他人类相同。不过，我们每个人都是独一无二的，因为每个人都有一套这些基因的独特排列方式。人类学的 11 问同样如此。心理学、哲学、文学和社会学都是人类学的众多表亲之一，因为我们有很多共同的问题、方法、词汇和著名的奠基人，但每门学科又都有自己独特的序列。

与所有人文领域的问题一样，人类学的这些问题组合也会随时代而变，当然在速度上是渐进的。这些问题中的大多数占据该领域核心已逾百年。同样，与其他人文领域的问题一样，不同研究者对不同的问题也会各有偏重。

文化人类学是什么？

文化人类学是一门孜孜不倦、生生不息的学科，所以任何定义都只能涉及这门学科的某些方面。我提出两条定义，每条都对我们有所帮助并各有侧重。下面是第一条：

> **文化人类学**是对人群之间思想和行为上异同之处的描述和解释。

这条定义强调了文化人类学的**科学方面**，表明其用采集来的信息，来检验对文化现象的解释能否放诸四海而皆准。若不是我们人类具备文化和（相对较小的）生物多样性，也就不会有人类学。正因人类群体在生活方式和语言上具有极大差异，文化人类学才能不断描述这些多样性并提出相应的解释。下面是第二条定义：

> 文化人类学是对其他人类生活方式的阐释与悦纳。

除了科学的一面，文化人类学还有**人文**的一面；这就意味着：除了解释，她还要努力去理解、接触、保护，有时还要悦纳、捍卫、评价一种不同的生活方式。有些群体可能说着与我们不同的语言，与我们有着别样的历史和习俗，或是在世界观、组织方式、价值观、对死亡和美丽的认识上都与我们有所不同，我们该如何更好地去理解他们呢？我认为，"很难"找到答案，但却很值得尝试，而人类学家们也都乐于接受挑战。

具体到每个人类学家身上，可能有人偏重科学方面，有人偏重人文方面。但我们大都会努力平衡两者，不仅因为我们无法决定，而且因为我们相信两者各有侧重。我是个折中者：我把人文主义诉求作为我们的目标，把科学诉求作为我们的方法。所以本书追求两者的平衡：前几章偏重科学，后几章则更凸显人文。

文化人类学的主题

人们打扮宝宝、命名光谱、折磨敌人、买卖香蕉，以及确立领袖的方式都是人类的行为，而这些行为无一不受到文化的影响。下面是一些从当前人类学导论教材标题中辑出的、为大多数人所认同的文化人类学主题。

- 学习自己的文化
- 文化人类学方法
- 语言与交流

- 社会组织

- 不平等、社会地位分层、阶级、种族

- 政治组织、法律、政府、战争、解决冲突

- 婚姻、家庭、亲属制度

- 经济行为、生计策略、贫穷

- 生态关系、饮食、健康

- 艺术、幽默感和其他重要的符号体系

- 宗教、神话、仪式

- 全球化、移民、跨国组织

- 民族性、多样性

- 文化变迁

- 性别、性、生命周期

- 人类学在社会问题、国际发展和个人事业中的应用

大多数文化人类学教科书都会为每个主题单辟一章，从跨文化比较、相对主义、整体观等角度深入讨论；但一开始大家并不会注意到，这些有待解决的问题其实贯彻学科所有方面。本书将这些思考的主题（人类学问题）放在前面，并重新调整主题，呈现这些问题。例如，有关语言这个宽泛的主题，出现在好几章的各个方面。在第一章里，语言既是文化的表达工具，也是表征工具。在第四章中，语言学概念帮助我们面对比较的难题。在第五章里，声音和语法会随时间变化。在第八章中，主要讨论了通常用语言来表述的文化事项的意义。在第十一章里，我们通过螺旋式递进的对话，让一种文化渐渐浮现出来。

为什么要像人类学家一样思考？

大家可能会问了：为什么我要像人类学家一样思考？下面是几种

你肯定会扮演的角色，甚至有可能是你的毕生追求。无论从事哪种行当，文化人类学的视角总能对你有所帮助。

1. **改革者**：你要了解贫穷和战争之类的问题，通过解决这些问题来改变世界。你会成为大赦国际的成员，为减少虐囚而斗争；或是出任美国国际开发署田野代表，帮助也门农村修建水井。

2. **批评家**：你要仔细观察自己的文化，不断思考、反思。你会看到过去的文化、异文化中不同的东西，或者你自己的文化中存在或出现的大多数人都没注意的东西。你会成为一名调查记者，报道美国生态游游客对巴西的影响，或是一位艺术家对女性象征符号的运用。

3. **科学家**：你想要满足你的好奇心，你很想了解其他人群，解释你自身文化的运作及变化方式。你想要揭开文化当中方方面面的复杂性。你会成为芝加哥医生的助理，向他们解释：为何当地埃塞俄比亚移民社区会不让他们的孩子接种疫苗。

4. **人文主义者**：你想从文化多样性角度去赞美、尊敬、敬仰并解释人文现象。你会作为一名三年级老师，为学校组织一次民族节日。

5. **世界主义者**：你会出于实际考虑（外出旅行或从事工作），促进多元文化世界的流通和顺畅。你会每年在波多黎各度过一段时光，那里有你的一些亲戚，而在爱尔兰则生活着你的其他亲戚。

我们这些老师和教科书作者，在讲授文化人类学或进行通识教育时，头脑中就有这些角色。本书将会提高你认识、深入文化现象的能力，帮助你在这些角色中游刃有余。

文化人类学的事业

你可能就读了这么一本文化人类学教材，但书中教给你的人类学思维，将会帮助你在上述五种角色中独当一面，并可胜任几乎所有身份。无论你日后选择什么样的事业，人类学都能对你有所帮助，这种帮助就像能在关键场合说出得体话语、分析数学难题、说一口流利的西班牙语一样为许多工作所需。理解你在自己生活及身边人思想和行为中的文化角色，有助于你选择正确的职业、正确的雇主，在正确的时候作出正确的选择，这一点有我近三十年来为本科生提供就业咨询的经验为证。

例如，一个具有一定文化意识的求职者，通过田野研究知道，自己生活在美国社会某一领域的雇主说的不是学院语言，因为学院是另一种社会圈子，自有一套独特的语言。她／他就会发现：大多数学生说的都是"绩点""学分""课程"这些词，而雇主说的则是技能和经验，例如策划组织一次募资活动，或是检测某个产品的用户欢迎度。所以我建议求职者要避免"谈成绩"，而学会"谈经历"。

此外，通过调查本系系友和世界上"其他"人类学系毕业生，我发现人类学对他们获得工作很有帮助。许多系友不论从事的是医学、法律、教育、销售或管理岗位，都提到他们干工作的方式不同于（在他们看来则是优于）同事，因为人类学给了他们认识世界的不同方式。

独一无二的经验

对我来说，人类学早已不再是一门学习看待世界方式的课程；大三那年期末考试时，一位教授没有像其他老师那样让我们去图书馆查阅资料写一篇文章，而是让我们全班同学去做一次田野调查。我考察了学校大厨与服务员之间的紧张关系，方法是观察他们的工作，与他们交谈。我在调查中发现，服务员处在一个尴尬的位置上，因为他们需要调和大厨的想法和习惯，以及用餐者的期待与习惯。

从这次初涉人类学开始，我逐渐了解了教授们所作的民族志研究工作，甚至更喜欢从人们司空见惯的文化（大厨、服务员和我都生活其中但却毫不自知的文化）中去发现有用的东西。

大厨－服务员项目的成功，促使我在另一门课中又做了一次田野研究：我调查印度学生了解谁会成为国际学生，以及美国和印度文化对这一决定所起的作用。我揭示了家庭和婚姻、阶级和宗教、城市生活和美－印关系在其中的影响。这些发现对教授来说并不起眼，但对我可是意义重大。田野工作让有关印度的课程阅读鲜活毕现。通过研究，我与十多位年轻男大学生进行了坦诚可靠的信息交流；他们和我有着极为不同的背景，但当我们一起坐在大学国际公寓的沙发上时，我们的生活之路就这样交织到了一起。

在印度国际学生项目结束之时，我就爱上了人类学方法。那年暑假我在香港、来年暑假在新墨西哥观察普韦布洛人的祈雨舞、再下一年在内华达里诺市的田野学校进行有关流动家庭法庭的社区研究时，都使用了这些方法。尽管这些研究主题（以及其中引申的主题）不尽相同，但它们却有一个共同之处：每个主题都让我在进行人类学思考时获得了启发。我也从中锻炼了提出并解答这 11 个人类学问题的能力。

我再引一段《询问与记录》中的话来做小结。这本本意纯良的古老手册，曾经指导过所有系紧头盔的地方管理者挺进了热带殖民地，为他们提供了如何应对他们属民那些"奇风异俗"的建议。

✍ 《询问与记录》（三）

"在一些文化中，年轻人可以有'甜心'，但往往有一定之规：

1. [谁可以做"甜心"，例如]

   a. 有资格做丈夫或妻子的人，

   b. 不可以结婚或可能会乱伦的人，

   c. 特定种姓或社会阶级的人……

2. 习俗规定允许的亲密程度；

3. 约会地点、订婚方法、秘密程度或习俗规定允许的亲密程度。

有时会专门提供一些房子供未婚青年男女晚上约会。应该记录，这种求爱接触是否会让双方牵手走进婚姻，还是仅为让未婚青年男女获得欢愉片刻。"

（RAI，1951，108－109；笔者做了编排）

第一章

什么是文化？ | 概念性问题 |

 渔业文化（一）

　　在纽芬兰北端大溪镇的外面，一片云杉林环绕之中有一个"深坑"，这是以前修路时采石场留下的，后来成为社区公用地，用来堆柴火、晒渔网、采浆果和种菜。妻子苏珊和我开车赶往"深坑"，是为了看贝拉阿姨、她的两个儿子和一个孙女在沙地上种土豆。我们打算住在大溪镇来了解纽芬兰文化，而贝拉阿姨就是帮助我们获得文化信息最好的报道人（询问人）。她对纽芬兰农村生活的热情溢于言表，恨不能与整个大家庭一起分享这种热情。"我喜欢大家众手一心"，她稍稍停下手中的铲子说道。贝拉阿姨所说的"众手"一词，显然来自她们曾经的渔民生活。渔船与船员的形象甚至延伸到了土豆田里。她儿子叫我"船长"，这个友好的敬称缩短了"先生"的距离。他们开玩笑说，我当老师算是找到了一个好"锚位"。锚位是沿海布置捕鳕鱼网罟的位置，有些锚位之所以比别的收获更多，是因为位置更合适。等到一天劳作结束，贝拉阿姨便脱下干活时穿的套鞋和手套，她不会说把它们放到"柱石""台阶"或"门廊"上，而会说放到她的"舰桥"上，即船长眼中的甲板。她和儿子们开着小货车去卖货时，他们会说"登上我们的艇子，直上大海"——"上"（up）的意思不是"北"，而是迎风扬帆的方向。贝拉身上处处体现出航海和渔业文化的熏染。那么，人类学家所说的"文化"，到底是什么意思呢？

综　述

社会工作者、鱼类生物学家、历史学家和记者，都有可能穿上套鞋，站在泥泞中，观察纽芬兰居民种土豆或收拾渔获。人类学家的独特之处并不在于，他们观察了一些别人不会看到的东西。他们确实偶尔也会研究一些不同寻常的玩意，如鱼油箱或厕所涂鸦。而且距今40年前，人类学家也常常是一些遥远村落的第一批访客，前往那里了解当地居民不见经传的语言，观察他们不为人知的仪式。但这样的日子早已一去不返。人类学家与其他围观访客之间真正的区别在于，他们会从研究对象的文化的角度去思考人们的所作所思。过去许多年来，我们发展了"文化"的概念，并反躬自问：人们站在泥泞园圃或精致庭院背后的文化是什么？

本章先从一条便于操作的"文化"定义开始，进而将"文化"与"族群""社会""种族""亚文化"区分开来。下面提到了七点已被广泛采纳的文化特征。随着社会变得不再孤立，文化不再被地理隔离，人类学家开始调整"文化"概念，故又加入了三点新出现的文化特征。为了帮助我们明确文化的理念所在，本章将以七点文化之所非作为小结。

顺利学完本章，你应该能：

1. 给出"文化"的定义。

2. 区分"文化""族群""亚文化"，并将"文化"与"文明""社会""行为"区别开。

3. 解释"种族"为何不是一个科学概念。

4. 说明文化人类学家如何定义"种族"。

5. 描述全球化对人类学"文化"概念的影响。

6. 用七个特征描述一种你熟悉的文化。

"文化"的定义

文化人类学家询问有关人们生活的问题，来自我们对"文化"的定义。我假设通行的定义是：

> **文化**是一群人通过习得，对其所作所为和每件事物的意义共有的认识。

下面我们把这句话拆开来逐一分析。

"习得的共有认识"与本能或天生的行为相对，指的是人们天生罕有，只有通过从小学说话、学走路、获得文化而得到的能力。"习得"的意思，打个比方，好比年轻的纽芬兰人或新近迁居该岛的移民（如一对刚从别处搬来的小夫妻）所获的文化，就可能少于那些年长的纽芬兰人和在这里住了一辈子的人们。纽芬兰人通过社会互动来相互学习。他们相互传授，相互模仿，相互校正，从而共有一种文化。我们把一个纽芬兰人从婴儿开始不断习得进而获得一种文化的过程，称作**濡化**。

"习得的共有认识"意为，如果苏珊和我去学习纽芬兰文化，我们就会模仿我们从贝拉及其邻居和许多其他人身上看到的常见的东西。如果贝拉了解或做了一些与众不同的事情，这就不属于文化。但要是她的邻居和亲属也知道并这么做了，那么依照定义，这就是文化的一部分。

"习得的共有认识"意为，文化存在于人们的思想中。我所说的"认识"一词，既包含知识，如纽芬兰人有关土地的词汇："泥巴""泥浆""沙子"等，也包含更深层的体验，如玩笑与侮辱之间微妙差别的感受。

"一群人习得的共有认识"强调了"共有"的观念，唯有集体共享方可谓之文化。群体既可能是贝拉一家或渔船船员这些分享一些经验、知识、笑话、词汇等很小规模的人群；也可能是像加拿大人这类囊括了说法语和因纽特语（"爱斯基摩语"的正式名称）等语言的人群；但是，所有加拿大人，都因上学、参加政治活动、参与同一经济、应对相同的寒带气候、收看相同的电视节目等，而共有了同样一些东西。

"一群人通过习得，对其所作所为的认识"说明，文化会指导我们的行为，有时是我们意识到的规则与知识，如"车走右，人行左"，有时是你无意识间模仿周遭形成的习惯，如疑问句末语调为升调。我在纽芬兰的田野助手薇娃，从她母亲梅布尔那里学会了缝纫，又从邻家斯特拉阿姨和住在公路边的年长表亲那里学会了女红。这让薇娃成了一个比她们都厉害的女裁缝，现在她也在缝纫社或私下里教别的妇女。一种行为就此为一个群体所共有。

"一群人通过习得，对其所作所为和每件事物的意义共有的认识"意思是，文化不仅会指导人们该干什么、怎么干、什么时候干，还预示和解释了其他人会做什么、说什么。例如，我和苏珊很快就发现，在纽芬兰，人们从来不走前门，即进入起居室（客厅）的门，除非是骑警或殡葬人员。对此正确的解释就是，我们应该从厨房门进屋。从厨房门进屋，"意味着"我们是邻居或亲戚，也就是说像家人一样熟悉。从前门进屋，则"意味着"死亡和麻烦。我们发现了这一点后，又过了一段时间才明白，不用敲厨房门等女主人同意再进屋。你不是直接推门进屋坐在烤炉边而是先敲了门，"意味着"你是一个陌生人

（"你不属于这个地方"），就像是孤魂野鬼，这也表示可能是个麻烦。每年一到圣诞节，戴着面具的捣蛋者"小丑"，就会在人们豪饮之前敲遍房门，吓唬屋里人，嘲讽他们，骚扰他们。

　　田野工作的第一季结束时，苏珊和我整天都在别人家里进进出出，早就熟悉了纽芬兰文化中进家门的正确行为，由此我们也就能以一种友好熟悉的方式，在不打扰别人的情况下，继续进行谈话、观察。你完全可以想象，我们要花多久才能抓住人们言行之中的那些弦外之音和言下之意；例如，圣公会教堂举办了一场女性所做物品拍卖会，苏菲阿姨托人把做好的派拿去送拍，自己却未现身。苏菲阿姨的这一行为可以解释为："我要尽我作为社区成员的职责，不愿像有些人那样置之不理，但要是你对社区做的事情并不了解，对一些处事方式感到不安，你就最好像我一样对其敬而远之，静观其变！"显然，我们对纽芬兰文化的研究，需要一些细致的阐释，才能发现每件事情的意义。

　　我在上面梳理了一条便于操作的"文化"定义。在将它与相关概念区分开之前，我想指出一点：人类学家既说"文化"，也说"一种文化"。在前一种场合下，常用"culture"或其大写"Culture"，来指代人类作为社会群体成员所共有的特征。我们说"文化使人类区别于香蕉、蛞蝓"时，指的就是这种意义。在后一种语境下，则指的是某一社会群体所共有的独特认识。我们说"这个社区放弃烧柴改用天然气后其文化也随之改变"时，指的就是这种意义。而与某个社会群体相关的独特文化，则让我们想到了"亚文化群体"或"族群"概念。

👁 渔业文化（二）

　　　　贝拉的儿子拎着一桶香鱼科的小海鱼，倒在一块新种下的土豆田里，贝拉挥起铲子，把小鱼撒到田里。纽芬兰是北大西洋上的一座岛屿，是加拿大最东边的一个省份。大多数北方半岛居民都和贝拉一样，其祖先的根脉可以一直追溯到爱尔兰东南部和英格兰西南部。从 19 世纪开始，他们的家庭就定居在名叫"外港"的沿海小社区，靠捕鱼和伐木为生。1911 年，地理学家 J. D. 罗杰斯将整个纽芬兰的社会结构称作"渔业"社会，其很多特点至今亦然未变，尽管贝拉的儿子现在大部分时间都在伐木、筑路。大溪镇和纽芬兰大部分地区的生活方式仍是"渔业"，这种文化早在二百年前，为了满足欧洲和加勒比海市场上的鳕鱼供应，而建起沿海聚落时便已形成，如今它仍在提供新鲜的雪蟹、虾和比目鱼。我是一个旱鸭子，所以贝拉和她乡人的措辞、服饰、对天气的细致关注，以及说话的开场白，立马就让我联想到了海上生活。

渔业文化与构成北美大多数文化的农业传统相比，在所有权、风险意识和资源积累方面，有着云泥之别。渔民的信仰和他们对待土地的方式，都与农民有所不同。然而，海洋文化并不仅仅是贝拉这样上年纪妇女自豪的资本；孩子们在学校里所学的课程，所进行的实地考察，也都延续着这种知识。更重要的是，学校老师也都生于斯长于斯，浸淫其中，可以以身作则，而不流于教条。贝拉的儿媳就是一位老师。

社区到访者看到的景象，就像是博物馆中的旧时生活与言谈，但是，海洋渔业文化从来都不是静止的。事实上，从我站在贝拉家土豆田边这数十年来，纽芬兰文化一直在经历变迁。传统文化与文化变迁是我之后二十年里的研究课题，这些内容构成了苏珊和我为学界及大众所写的一本书及许多文章的主题。我们对"渔业"文化的认识，将会经常作为本书中引用的个案。

文化、亚文化与族群

许多欧美国家，像美国、加拿大和英国，都在使用"文化""社会""族群""种族"这些术语，多数时候这些术语都可互换。不过，身为文化人类学家，就要区别并厘清这些术语。

我们先来复习一下，"文化"的定义是：一群人通过习得所获得的共有认识，它是人们所作所思的指南。文化不是群体，但却为群体所有。这个群体既可以是一支童子军、一个纽芬兰村庄、一群穿越干草滩的伊拉克牧羊人、一个民族，也可以是几个民族组成的一个整体。一个**社会**，是一群按照社会关系组织起来，履行像觅食、防御或抚养孩子等职责的人群。一个社会往往有其边界、通过代际延续，并至少会在一定程度上做到自我管理。社会的文化决定了社会关系的构成、为什么要履行职责，以及为什么要从事这些活动。

亚文化，指的是一个较大的社会中一些群体独特的共有认识。一种亚文化与另一种亚文化的区别，可能来自语言、穿着、宗教、工作习惯、饮食喜好或抚养儿童的方式，不一而足。密歇根的墨西哥农民和加拿大的法语圈（法语使用者），就属于不同的亚文化。其他亚文化多来自有着共同的居住地、工作或嗜好。像硅谷的电脑程序员和美国内战迷们，都属于亚文化。一百多年前，"校园文化"就是一种相当独特的美国亚文化，这个群体人数相对较少，家境大都比较富有，多为男生，潜心学业多年，他们会在进入社会后追忆在校期间的那些青葱岁月，既有一丝天真，也有几分青涩（Moffatt, 1989）。

族群，是一个社会中经由宗教、语言、共同起源和古老传统等亚文化维系的群体。族群努力将自己与广阔社会中的其他群体划清界限。例如，马来西亚的吉隆坡，就是一个多族群的东南亚城市。马来西亚的穆斯林、来自华南的华人佛教徒，以及许多从农村移居吉隆坡的较小族群，都操持着自己故乡的语言、宗教和历史传统。像贝拉及其家人这样的纽芬兰人，虽然他们曾经独立的国家现已并为加拿大的一个省，并与该国其他地方有着密切联系，但因他们仍在一定程度上保持着从其方言和祖先传统继承而来的文化特殊性，故也可被视为一个族群。

族群常会与其他族群共享一些文化，共同参与社会的政治经济生活。例如，纽芬兰人也会参与加拿大全民选举，和其他加拿大人收看一样的电视节目。族群成员也会意识到他们的群体身份和区别，并会努力强化自己与其成员的认同。在本书中你会看到，纽芬兰人非常强调他们的独特性。族群成员为了将自己与其他群体区分开，会有意强调一些文化差异，即**族群标志**（Barth, 1998）。族群标志既有可能像穆斯林妇女在公开场合遮面的黑色头巾（"盖头"）一样鲜明，也有可能像马来西亚华人店铺收银台边供着的小型财神像那般微妙。对纽芬兰人来说，他们的族群标志之一就是他们的盎格鲁－爱尔兰口音，另一个标志则是他们谈话中使用的那些古老的航海词汇。

族群的标签很容易贴上，如"门诺派教徒"或"日裔秘鲁人"，但却很难在文化上加以区分，所以族群的本质核心与边界总是难以确定。门诺派教徒是不是有开不镀铬黑轿车的确定特征？既然都不说日语，日裔秘鲁人与秘鲁人又区别何在？对个体来说，**民族性**（意为某人对一个族群的认同和参与）往往更难确定。一个人的民族性既可能多元，也可能自己也不清楚，还可能随社会情境而变。由于文化人类学家抓住了其中的复杂性与流动性，所以稍后我们就来修正"文化"概念。

文化与种族

虽然人类学家一直都在研究种族，但他们认为"种族"这个概念并不科学。这是怎么回事？定义"种族"并非易事，不同的文化及学者对此有着不同的看法。事实上，大多数美国人都把"族群"与"种族"当成一回事；但对人类学家来说，**种族**指的是人类当中的生物性差异，"文化"和"族群"指的则是群体之间的行为差异。

19世纪，人类学家试图按照生物学标准，对世界上的种族进行排序分类；但是，我们今天早已明白，这样做并不可行。此外，用"种族"去解释人类在历史、行为和能力上的差异毫无意义，因为事实上，这些差异是由"枪炮、病菌与钢铁"造成的（Diamond, 1997）。人类学专业委员会的"种族宣言"指出，种族解释不了任何现象；它总结道："任何从生物学上划分人类的企图，都是一厢情愿，主观臆断。"

一些族群成员确实与社会中的其他人存在体质差异。我在菲律宾生活的两年中发现，菲律宾华人的确与多数菲律宾人相貌殊异，这是因为，华人与菲律宾人直到16世纪时都被地理隔开。但是，宾夕法尼亚的阿米什人，与周边的非阿米什人之间就不存在体质差异，周边人群和阿米什人一样，都属于德国移民后裔。即使在通常与其他群体存在体质差异的族群内部，也存在彼此间的体质差异。反之一样正确：体质特征相似的个体，可能分属不同族群。换言之，已知群体内（如"德州墨西哥人""日裔美国人""白人"）的生物差异，与群体间的差异一样巨大。

否认人类种族的存在，并不是要否认人类的生物差异。我们人类的生物多样性显然非常巨大，它表现为血液化学构成、身体构造、皮肤颜色、头发类型和生理学（细胞与组织功能）等重要而迷人的遗传特征。不过，这些特征在个体之间各有不同；各种组合都有可能，其中许多都延续至今。这些特征并不会在漫长的岁月中固定一个聚落，形成所谓"种族"。人类学中有一个分支叫**生物人类学**，它的任务之一就是研究人类的体质多样性。其研究表明，人类就是一个物种，一个有着巨大遗传多样性的物种；但因其成员的迁居与杂交，并不存在孑然孤立的亚种。

种族是一种文化建构

尽管没有将人类划分为不同种族的科学依据，但社会却是一直乐此不疲。他们发展了关于人们之间不同差异的观念，因而"种族"就是一种**文化建构**，意思就是一个群体对事实共有的观念模式。一种建构出来的观念需要经受彻底的检验，就像波利尼西亚悬架独木舟船长为了确保航海安全所需掌握的海流和气候知识，必须源自实践。另一方面，一种文化建构只是关于事实的模式中若干种有缺陷的观念之一，大多数种族分类的文化体系都是如此。在进行这些文化建构时，文化行为就像《爱丽丝漫游仙境记》里汉普蒂·邓普蒂对爱丽丝宣称的那样："我用某个词的时候，这个词的意思就只有我选择的那个意思——不多也不少。"人类种族的分类并非事实，而是一种"不平等的意识形态"。例如，北美人关于种族和种族分类的观念，来自 16 世纪以来欧洲人在全世界扩张所形成的不平等观念。欧洲人需要为他们征服其他大洲寻求辩护的理由。因而，认为这些大洲是次等种族的故乡，需要帮助他们拯救灵魂，发展工作伦理，也就成为征服他们的合法依据。在美国，奴隶制、排华法案和西进运动中对美洲土著的迁置，都因把这些人划入劣等种族然后宣布他们存在天生缺陷而变得理所当然。这就是**种族主义**的本质，这种观念借助种族群体之间事实上或莫须有的差异，表明有些群体高于其他群体。

19 世纪时，一些文化人类学先驱就有这样的文化建构，致使这种差异观念流布甚广，而且他们还试图将"种族"观念置于科学的基础之上。20 世纪早期，以弗朗兹·博厄斯（第一位获得大学教职的人类学家）为代表的美国人类学家，开始揭示种族研究的谬误。博厄斯雄辩地主张，"种族"与"文化"应该当作不同的现象来对待，芸芸众生那些被视为种族特征的行为，其实都属于文化范畴。

因此，文化人类学家今天该问的问题，不是人们的种族是什么，而是：各种文化中的人们把自己想象为什么种族？群体把人类生物多样性想成什么、为什么要按这种方式贴上差异的标签？除了对种族名称有共同的认识外，大多数美国人都认为，孩子们从父母那里继承了某一种族，随后一生都属于这一种族。如果一个美国孩子的双亲属于不同种族，确定这个孩子种族的文化法则（常与法律交织在一起）就是**次血统**，意思就是：孩子的种族随双亲中种族地位较低的那个。然而，在巴西这个同样体征多样的多族群国家，种族则更加多样，而且允许人们在一生中改变自己的种族。

每个巴西人的种族都基于其外表，而不是其父母。我的老师曾在一个村子里就收集了 40 个种族词汇。例如，"棕色人"（*morena*）指的是一个有黑直发、黑眼睛、窄鼻薄唇的女性。"浅色人"（*sarara*）指的是有着较淡的发色、肤色、眼睛颜色和宽鼻厚唇的女性。"棕色人"和"浅色人"可以是亲姐妹。巴西人还允许人们随着其生活状况发生改变而变更种族。如果他们需要一种不同的社会地位或文化生活方式，或因晒黑了，他们就会被贴上一个不同的种族标签（Fish，1995）。我老师的巴西研究助手用来指称自己的名称就很多变，如"深色人"（*escuro*）、"黑人"（*preto*）、"深黑色的人"（*mureno escuro*）等（Kottak，2004）。你能在生活中发现下面这一点吗：社会流动在不同社会里的差异，取决于他们相信"种族"是固定的还是多变的？

厘清"文化""一种文化""亚文化""社会""种族"和"族群"这些术语，可以让我们在一定程度上对族群及其共有的认识，有更准确的了解。下面我将继续深化"文化"这一概念，将其与相关概念区分开。

文化的特征

人类学家使用"文化是一种共有的认识和行为模式"这一概念的历史不足 160 年，一开始它被古斯塔夫·克莱姆这样的欧洲民俗学家，用作一种理解农民传统和信仰的方式（表 1.1）。自那以后，数以千计的人类学家都在述及并教授这个一般意义上的"文化"概念。他们甚至还多次宣布"文化"已死，但是"文化"也多次复兴，甚至生机勃发。当今大学里跨学科"文化研究"项目的发展，就表明了"文化"概念的坚韧性。文化研究融合了文学与艺术批评、文化交流、历史和人类学，围绕人文与政治，讨论"文化"的定义。

表 1.1　"文化"概念发展时间表

当时发生的历史事件	年份	"文化"概念
拿破仑大军征服埃及	1796	德国哲学家康德用"文化"（Kulture）一词指代"文明"
第一条电报线横跨美国	1843	德国民族学家克莱姆首次在人类学意义上使用"文化"（Cultur）一词
"水牛比尔之野性西部"展，首度在位于纽约州界内的尼加拉瓜瀑布举办	1871	E. B. 泰勒成为首位在人类学意义上使用"文化"一词的英文作者
田纳西州代顿市举行"猴子审判"，审判约翰·斯科普斯传授进化论一事	1925	人类学意义上的"文化"首次出现在英美字典中
苏联发射第一颗人造地球卫星"斯普特尼克"	1958	莱斯利·怀特受控制论及物理学影响，把"文化"表述为一个获得能量的体系，其单位为千焦耳 / 人
"种族清洗"导致前南斯拉夫在科索沃的大屠杀	1995	美国人类学学会主席安妮特·维娜提出，"文化"概念在当前全球化的世界中已经过时
奥运百年庆典在希腊雅典举行	2004	美国学院及大学开设跨学科"文化研究"项目与课程

人类学家为了从各种理论角度去研究多种多样的人文主题，提出并使用了许多种"文化"定义。这种定义的多样化，可能会让你和许多专业人士认为，如此多的定义可能是学科不健全的标志。但好在是，

每个学科在使用许多宏大概念奠定基础的同时，也都留出了严格定义的空间，从而可以把足够的力量留给创造性工作的产生。人类学中的"文化"定义，恰似其他领域中的"能量""进化""社会"等宏大概念。我还打算在这些宏大概念中加上"市场""人格""权力""艺术"。从这每一个宏大而宽泛的概念中，我们不难识别出与其对应的学科。

尽管存在许多定义，但每本教科书中提到的文化的主要特征却都普遍一致。这种一致性，就连哪种文化对应哪些问题都不差分毫。下面就是文化的七个特征，每个特征都与本书中的章节有关：

1. 文化是整合的。
2. 文化是历史的产物。
3. 文化既会发生变迁，也会导致变迁。
4. 文化会因价值取向而得到强化。
5. 文化对行为起了很大的决定作用。
6. 文化在很大程度上由符号组成并依靠符号传递。
7. 人类文化在复杂性与多样性上独一无二。

文化是整合的

文化是整合的，尽管并不完善。整合意味着，比方说，纽芬兰文化中的一部分与另一部分彼此相关。传统观念认为，一对年轻夫妇应该紧靠丈夫父、兄的房子建屋而居，因为兄弟们会组成一个捕鳕鱼船队。男性要在早上 4：00 发船，下午返航回来，他们的妻子和孩子也要帮忙分鱼、晾鱼。如果船员都住在近处，这些活就很好安排。不过，文化整合并非严丝合缝，因为文化之间也会有矛盾冲突。纽芬兰男性可以在严冬的寒夜中生存，但许多人却害怕自己家中的黑暗。第三章的整体性问题，就是把文化当成一个整合**体系**（即相互影响的不同部分）来加以探究。

文化是历史的产物

我们今天的生活，都会受到过去活动的影响。贝拉的园圃劳作和语言之所以带有"渔业"特色，是因为她们已经在海上生活了两个多世纪。如果美国把德语设为第二语言，今天的美国文化将会大为不同。1850年代，美国议会确曾考虑过采用德语，但最终还是否决了。六十年后，美国对德国文化的态度已然恶化。第一次世界大战时对德国的宣传之强，令德语词成为禁忌。就连德国泡菜（sauerkraut）也被改叫"自由菜"（liberty cabbage）。第四章的比较性问题揭示出，大多数文化都会相互联系，进而相互影响。第五章的时间性问题关注历史与文化变迁。如果文化转瞬即逝，其意义完全依附于特定历史事件，人类学家也就很难建构文化运行的普遍法则（"如果这件事发生，那件事就会发生"），因为遍地都是特例。第二章的自然性问题和第九章的反身性问题，都思考了人类学到底是不是科学的问题。

文化既会发生变迁，也会导致变迁

文化可以快速变迁。例如，1970年代，当地刚通上电，许多纽芬兰人就在家里安装了电视。电视的出现，迅速影响到当地的"走访习俗"。人们不再去邻居那里一块儿打牌，而是窝在自己家里看电视。第七章的社会–结构性问题，揭示了这些家庭走访习俗所展现的社会与文化关系。一种文化既会改变参与者的生理构造，也会因为参与者的生理变化而发生改变。这里有一个关于文化影响人类生理的例子：在史前欧洲社会，当奶牛成为文化中常见的一部分后，天花便出现了，这是因为产生牛痘的细菌在附近的人群中进化发育，变得更具毒性。最后一点，在文化改变人类的同时，群体的生物–物理环境也会改变文化，例如，林地居民获得铁斧后，可以更容易改变或砍掉森林。第六章的生物–文化性问题，将会探讨人类生理、环境与文化之间的互动。

文化会因价值取向而得到强化

文化会因**价值观念**而得到强化，这种价值观就是对什么是好的和该做的、什么是不好的和不该做的事情的一种共识。从文化上讲，这些与我们的许多常识相一致的价值取向，迫使我们去做一些正确的事情。价值取向的出现有助于我们解释：为什么即使觉得不该这样，人们也总是会遵循他们的文化行事。在纽芬兰农村，大多数人都是基督徒，都要遵守安息日不进行任何"工作"的信条，即便那天不用去教堂参加活动。与圣经相连的基督教价值观把第七日作为休息日，这一观念的力量非常强大，任何确实需要做点事情的人，只好偷偷去干。

一到周日，大溪镇上的商店都会关门歇业，所有人都会放下我平日里看到的活计，对此苏珊和我都觉得有些恼人。不过，随着时间流逝，我们也开始站在纽芬兰人的视角去看安息日。有一天，我看到丹正在帮他妈妈贝拉掘土豆，就问他第二天周日会不会回来接着干。丹说："不会，我们小伙子安息日从不干活。谁要是安息日干了活，一周其他六天就没劲去干别的了。"当时我觉得他的回答很有意思，但在几天后把这句话记在笔记里时，我突然意识到：丹把参加安息日活动的价值观，与努力工作的价值观联系在了一起。纽芬兰人给我们留下一种勤奋的印象，不论是在工作中，还是在家边地头，都会长时劳作。称一个人为"勤劳的人"，是一种很高的赞誉。但在圣经《传道书》中，则区分了工作的日子与不工作的日子。

把异民族的行为方式与其自身的历史、文化情境联系在一起的做法，会在第十章的相对性问题中提到。当人类学家从**相对性**视角去看异文化时（即不用本文化的标准去评判他人），我们就会重新审视自己的文化，甚至会对我们对待文化的方式进行自我批判，这一点将会在第九章的反身性问题中提及。

文化对行为起了很大的决定作用

文化对行为起了很大的决定作用，但人们也并非就是文化的傀儡。文化的力量之所以强大，是因为我们从中学到的很多东西，都是我们潜移默化、耳濡目染而来，或因不做便会觉得有悖周遭价值取向，或因周围人都是如此，所以要保持一致为人接受。但我们有时还是会跃出笼子的栅栏，作出一些别出心裁、与众不同、特立独行、富有创意的事情。我们所有人都会在某些时候打破一些规则。在纽芬兰，让我惊讶的是：在一个五百人的滨海小村，保持一致的力量是如此强大。但与此同时，每个人身上也都烙上了个体化的印记，包括一些奇怪的行为与想法。因而，文化会受到实践者的选择、讨论、分析和改变。而这也正是我们之所以要在第十一章里讨论对话性问题的原因。

文化在很大程度上由符号组成并依靠符号传递

把我们的共识用符号的形式集合起来，就赋予了文化积淀下来、在人们之间传递、在代际之间延续的力量。一个符号可以按照使用者的意愿，赋予任何含义。含义既可能由社会文化赋予，也可能非常随意。其行为和对象可能与所赋予的意义之间没有明确关联。行为可以是种符号，如妈妈冲你摇摇食指。物体也可以是种符号，如红色的八边形代表“STOP”标志。本书每章开头的八角星（✷），是一个来自阿米什人和平原拉科塔人至今仍然缝在被面上的古老符号，它代表出现在东方的“孤星”或“晨星”，代表着基督徒的希望。在本书中，我希望它能代表对人类文化的启蒙与洞见。

人类语言也是一种符号。就像散布本页之上的有趣图案（八角星），或如我在课上哇啦哇啦说出的这些话语，都是符号，这些符号向了解英语的读者和听众传递了意义。有些符号传达了深远的意义，如“婚戒”；有些符号的意思则比较简单，如“芦笋”。

每个人的濡化过程，很大程度上都是通过符号交流得以实现，即便需要伴随着实践经验。例如，一个纽芬兰人在教她朋友织地毯时，需要做一些演示，但也非常依赖交谈传授。交谈的内容大部分就是一种文化传递，即讲解如何织毯。这很可能要参考过去（"我妈以前就是这么做的"），进行假设（"这一针还有一种织法"或"注意，不能这样……"），修正指导者与学生之间的关系（"我这么教你，并不表示我就比你做得好"）。

不论语言还是图像，人类的大多数行为都是符号，这些符号包含了参与者赋予的意义。如果我相信《纽约客》上的广告宣传，古龙香水的香味就会具有相当明确的意义。第八章阐释性问题的意图，就是要揭开意义本身的秘密。

人类文化在复杂性与多样性方面独一无二

学者们并不赞同人类的独特性。但因有关人类独特性的争论是一种很好的智慧交锋，所以这里我们就来欣赏一下这一争论。有些人类学家提出，其他物种的能力表明，人与类人猿等其他动物之间，在文化行为上是连续统一的（Savage-Rumbaugh, 1992）。那些人类学家提醒我们注意，强调我们的独特性并没有多大意义，反而会为人类虐待其他动物提供辩护。对于这种看法，其他学者并不认同，他们认为我们不同于动物（Barrett, 1991；Perry, 2003）。他们承认，其他社会性物种，像狼、蜜蜂和黑猩猩，都有复杂的行为、丰富的交流、创造性解决问题的能力；但他们也指出，这些共有的认识，并不是像人类文化一样通过符号习得与表达的，而正是符号极大地拓展了我们的可能性。他们认为，我们是唯一能够讨论过去、计划未来、想象不同世界的物种。一些语言学家则继续提到人类的思维是有句法的（可以将意义组织进句子），认为这为人类所独有（Bickerton, 1996；Chomsky, 1988）。但同样有人反驳说，猿类也能学习语法；倭黑猩猩 Kanzy 就能在电脑键盘上用符号语言造句（Greenfield and Savage-Rumbaugh, 1990）。另一方对此的回应是：猿类只有在人类训练师给予必要训练的情况下，才能进行这种沟通。人类对符号语言的使用则是无师自通。"事实上，你无法阻止孩子去学习符号语言。"（Chomsky, 1994）

有关独特性的争论，导致许多语言、学习、猿类和动物行为方面的有趣发现。不过，无论你站在争论的哪一边，你还是会为人类与其他物种之间，在人类文化复杂多样性，以及人类自身文化多样性上的深堑所震动。就人类文化的复杂性而言，有一项重要证据，就是澳洲原住民的亲属关系和婚姻，而要弄清这其中的复杂关系，可能会让一个学人类学的研究生都感到无比吃力。例如，可以参见"吉得金格利人（Gidjingali）的婚姻方式"（Hiatt, 1968）。

就人类文化的多样性而言，人类学家发现，不同文化在政治或宗教体系等方面存在极大差异。文化变迁的速度也是其多样性指标之一。这是因为，在人们一生的时间里，共有的认识可以发生改变，新的模式会在人们之间传递，一个群体的文化可以转瞬即变。各种人类社会，都有能力发生快速的文化变迁，既可以逐渐变化，也可以突然改变。例如，就在1600—1900年这三个世纪中，大不列颠文化在其南非、澳洲、纽芬兰和福克兰群岛及美国的殖民地居民中发生了各种变化。这些殖民地将其母国（英国）文化，带到土地、气候和社会都有所不同的新的疆土，导致其语言、耕作方式、宗教，甚至是开车行驶方向等方面的差异。

与此同时，这些社会和其他大陆上成百上千个迥异于大不列颠的人类社会，都以自己的方式，适应、接受并创造了自己的独特性。因此，我们从黑洛瓦、萨摩亚、祖尼、中国及冰岛文化中看到的行为差异之巨，远远超出我们从不同种的海鸥和小羚羊中看到的不同之处。人类学是一门立志去发现、区分、解释人类差异的学科，所以第四章的比较性问题，一直都是我们考察的核心。

"文化"随异文化一同变迁

　　"文化创造"暨"创造文化"的人类已经生息在 21 世纪。地球上的人类正在逐渐卷入一张越来越深厚的交流、贸易及交通大网中。这一变迁过程便是**全球化**，这个过程并非方才登场，而是在最近的五百年中，随着欧洲人的扩张，逐步登上舞台。除了少数例外，这一潮流仍在很大程度上受到早期扩张者所属社会的利益驱动，这些扩张者也就是北美及欧洲国家。这一长时段的全球化趋势，对各种文化及人类学的"文化"观，都有深远影响。

　　影响之一就是，"一种文化"等同于一个单独生活在一块有边界土地上的社会这一观念已经过时。1960 年代，人类学家研究的文化还是课本上描述的霍皮人或萨摩亚人这类地理隔离、独自生活的社会。你可以在一张地图上指着南太平洋上新几内亚东边的许多岛屿说"这是特罗布里恩德文化"，或者是指着亚马逊流域的一个点说"这是雅诺马马文化"。而今，除了极少数例外，那些地理隔离、缓慢变迁的独特社会与文化都已一去不返。萨摩亚人生活在洛杉矶，特罗布里恩德岛民会看好莱坞电影。我的许多纽芬兰友人不是移居北亚伯达省的油田，就是迁居北极圈努勒维特的冻原，历史上我们把该地区称作"考帕爱斯基摩人"的土地。

　　尽管如此，"文化"仍是人类活动的中心。民族性在当今人类活动中展现出强大且时而惊人的力量就是明证。所以，身为文化研究者，人类学家仍以文化作为研究主题。但是，人类学家也需要随着文化发生的变化，及时作出调整。有些人类学家用来讨论文化的语言，也应启用、采纳一些新的语言。我们今天视野中的文化，要比过去显得更加变动不居、人为建构、包容整合。下面我们就来看一下这些特征。

文化在人们眼中的**变动不居**与**因人而异**

文化并非仅是一个固守一地的社会中毕露无遗的共有认识。人们会出于各种目的和想法去移动和迁居，文化也会在各个群体中流动。两个互动的群体，会以一种无声交易的方式，调整自己的文化来适应对方。文化会随着情境变化，根据参与者和旁观者的立场，选择或展现不同的方面。1960 年代，纽芬兰人大量移居安大略省去工厂上班时，他们着重强调了自己努力工作、富有幽默感的文化传统，而略过了安大略人头脑中对他们所抱有的那些传统或过时的宗教及说话方式。

虽然一种文化包括了一个人大部分所作所思的原则，但参与者也完全可以用各种方式回应这些规则，或扬抑不同方面，或为旧曲赋新词。例如，在北美，哥伦布发现新大陆纪念日这天是节假日，但今天我们是把他界定为探险先驱，将其作为勇气、雄心和求知的象征来进行纪念。

把文化当作一种**人为建构**的现象

一个群体共有的认识，并不一定会在现实中反复出现；这就是我之前将美国的种族观念视为一种文化建构的原因。群体通过选择这点、忽视那点、再添加他点的方式，建构、创造了他们的认识。建构出来的东西需要面对许多现实挑战，但文化观念总有其自身的生命周期，这由其参与者自身决定。例如，17 世纪北美早期欧洲殖民者所持有的一种观念："草场好，荒野不好"，就是这样一种文化建构。出于实用和宗教原因考虑，对那些垦拓先驱来说，荒野百无一用。进入 19 世纪，一些美国人和加拿大人改变了这种观念，认为荒野令他们的国家变得伟大（Nash, 1973）。北美的荒野在三个世纪中，（除了缩小）并未发生翻天覆地的变化，但是，北美文化中的荒野观念，却发生了根本性改变。19 世纪的美国人认为，他们的风景和社会，与欧洲那种受阶级划定的人工景色，形成鲜明对比。美国人心目中那种自由及力量如同野性自然的观念就是一种建构，这种文化至今仍是美国文化的核心。

文化应该**包容整合**

每个人都属于各种亚文化（例如，你与自己的运动队共有的一种认识）、宗教文化（卡津人或德裔宾夕法尼亚人）、民族（美利坚民族），乃至国际文化（共同拥有英语、核物理、航空旅行、欧元、汽水、交通标志等特征）。人类学家考伊（Caughey，2002）写道："我们都是多文化的。"他的意思是说，我们每个人都了解几种文化，这些文化在我们的生活中有可能相互重叠，甚至相互抵牾、矛盾。

有一年夏天，我在分析旧金山唐人街的家庭访谈时，突然顿悟了人们身处多元文化的观念。我访谈了每个家庭中的父亲、母亲和一个小孩。我的工作是想了解：这些家庭是如何涵化的（**涵化**是指，当一个群体与其他通常较大、较主流的人群发生接触时，其文化发生的变迁）？哪些家庭、哪些家庭成员发生变迁最明显？第一代唐人街移民发生变迁的特点是什么？我设计了一个评估体系，用来衡量访谈对象参与或认同中美文化的比例。我希望能找出一个简单的模式，例如，一个家庭随着时间推移，在语言、娱乐方式、价值观、自我认同和与人合作的族群特性上，越来越少"中国化"而日益变得"美国化"。

收集到的数据与我的替代模型不相一致。不同家庭乃至同一家庭成员之间，在与美国文化发生涵化的程度和速度上，都有极大差异。我最初的预期是：在学校或多元文化中工作的家庭成员会最先接受美国文化方式，但他们在这一过程中并不一定会抛弃中国文化方式。因此，当我看到我的分析表明：与同侪相比，有些访谈对象更偏中国化和美国化，一开始我有些无所适从，但我想起我的语言研究的经验：在双语环境下，有些说双语者要比那些只说一种语言者口齿都要流利。所以我逐渐认识到，一些移民接受了更多的双文化特征。他们既搓麻将，也打网球。

什么不属于文化？

为了帮助你更好地认识文化，下面我们就来思考一下什么不属于文化，至少人类学家是不会这么用的。

1. **文化不同于文明**。19世纪早期的政治哲学家在描述人类史时，将这两者等同起来，然而，这样一来，"文化"一词也就含有"改良"或"纯化"的观念，尤其是在精心孕育的情况下。牧场改良就是这一层面"文化"意义的一个实例，而这也确是18世纪科学取得的最大成就。当时的学者们推而广之，认为人类要是得到合适的教育，也能教化，变得文明。今天的人类学家则提出，每个人类群体都有文化。如今，**文明**指的是由集约化食物生产维持，围绕提供管理、商业、艺术和宗教领导的大都市中心，组织而成的复杂社会。文明代表众多社会或文化中的一种形式，所有这些社会都建立在一般共识之上。

2. **文化并不全是阳春白雪，高居庙堂之上**。这就好比我们想到某个偏爱欣赏歌剧、油画这些欧洲都市文明形式的人时所联想到的。虽然你可能确实"说不上有文化（culcha）"，但你却自有人类学意义上的所有文化。

3. **文化不同于社会**，尽管我们在不太严格的谈话中经常会将这两个词互换。我们可能会说"在阿富汗，普什图文化侵蚀了巴涉利文化"，但我们说这句话的意思是，像普什图人这样共有一系列认知（包括自我认同在内）的人群，移居到共有巴涉利人认同的地区。社会与文化的真正关系是，社会通过其成员之间的互动，创造、共享并延续了一种文化。

4. **文化不是对人类所作每件事的解释**。"是他的文化让他这么做的"，是一种有趣的合法辩解，但人类学家知道，人类既可以遵循、围绕他们的文化行事，也可以违背他们的文化。同样，事情也并非总会照计划发生。纽芬兰人过去用海豹的膀胱在港口的冰上踢足球可被视为一种文化，但至于哪个队会赢、哪个队员会不慎变成落水狗，就不是文化了。

人类学不会说："文化为人类行为提供了全部解释"，而只会说："大多数人类行为中都含有文化因素在内，而行为只有在文化中才能显现出所有的意义"（Krober and Kluckhohn，1963）。从这个意义上讲，"文化"与"市场""个性""权力欲""欲望本身"等重要概念一样，为人们的所作所为，提供了重要但不充分的解释。

5. 文化不是行为，尽管它可以指导我们的行为，告诉我们这些行动者该做什么、为什么去做。文化是一种无法自现的共有认识。人类学家利用民族志，通过观察人们做了什么、聆听他们说了什么、考察他们制作物品的方式，来描述文化。从我们观察到的这些模式中，就能指出产生这一切的一般共识，即文化。第二章会深入讨论我们是如何创造民族志的。

我可以自己预期一下他人会做什么、说什么，然后看一下是不是真会这样，这是我检验自己是否认知一种文化模式的方法。然后，我会按照自己了解到的情况，去检查一下我对他人所作、所言或所为的理解是否有效。如果人们笑着拍拍我的肩，我就成功地检验了自己的文化发现。如果壮汉晕菜，老人对我关门放狗，那我显然就必须修正自己的结论。

6. 文化不单单是饮食习俗、音乐传统和多彩服饰。文化中的这些方面很容易引人注意、与人分享，甚至当成商品出售。在一个内容多样的节日或国际市集上，充满了喜庆的食物、音乐和服饰。这些都是马上就能发现的族群标志：虽然醒目、特别，但却只是整个文化中的很小一部分。文化还包括日常生活中许多司空见惯的东西。

例如，除了独具特色的食谱，文化还会影响日常食物的许多方面：你握叉执刀的方式、要不要一道用上其他餐具、要不要下手抓、该用哪只手来吃，以及什么时候吃、和谁一道吃。除了歌舞，文化还决定了你身体的一般行动，例如，一天里不跳舞的时候，你该怎样走路、体态如何，以及不唱歌时你能发或该发什么声音。除了可能会在节日上所穿的特殊服饰，文化还指明了你该选择的基本服装，例如，你应该穿什么上床、在公共场合应该遮掩哪些身体部位、男女着装有何区别、什么时候该洗衣服等。

7. 文化并非完全统一，全体一致。 你和我可能共有很多文化，但我们依然会在很多事情上产生重大分歧，例如，吃小牛肉的道德准则、抚养孩子的最佳方式、全能的主会不会让恶降到义人身上等。文化的本质决定了讨论的内容，并为我们的争论提供了语言。

每种文化都存在有争议的问题，其中很多内容都不会为另一种文化中的人们所困扰。例如，堕胎是当前美国法律、宗教和政治领域一个非常热门的问题，在理性而道义的人们中引起很大争议。计算一根针尖上能容下多少个天使跳舞，早已不再是我们今天关注的问题，但它却曾是欧洲学术圈里一个非常重要的议题。在关于堕胎的争论上，文化决定了我们的立场。例如，我们可能会讨论，一个女人在掌握自己的身体上享有多大的权力。但是，国家难道就没有保护其未来公民的责任吗？我们也会对受精卵的人格进行争论：这是不是一个孕育中的人——还是要到中期妊娠之后才算是？在美国社会，我们根本不会去讨论，胎儿性别是女孩时该不该流掉。但在其他社会中，有些文化对此就有激烈争论。近来在印度就有与此相关的讨论和立法（Fuluyama, 2002）。

总的来说，每个社会都是一个"多元化组织"（Wallace, 2003）；每个社会的文化都包括对争论主题的共有认识。在他们的"文化立场"上，观念与行为变化多样：有些非常抵牾，有些有待讨论，很多都已达成共识，还有一些则被视为完全理所当然。

小 结

本书把"文化"定义为"一群人通过习得,对其所作所为和每件事物的意义共有的认识"。经过二百多年的使用,"文化"一词的当代内涵已经有了很多形式,但是,这些定义中的核心观念却是惊人的一致。上面提到了广为认同的七个文化特征:文化是整合的,是历史的结果,同时也是文化之外事件的原因和结果。其次,人类学家也认为,文化是人类行为的决定性因素,受到价值观的密切影响,建立在符号交流的基础之上。最后,文化使人类行为变得高度复杂而多样。

进一步厘清人类学的"文化"定义,我们也发现了七点不属于"文化"定义的内容。文化不同于文明,也不全是阳春白雪,高居庙堂之上。文化不同于社会,尽管两者很容易互换。文化无法解释人们的每一样所思所为。尽管文化指导着行为,但它却并不是其所关联的行为本身。文化并不仅限于食物、音乐和服饰这些可见的族群标志。最后一点,文化并非简单地与其实践者保持完全一致。

今天的文化很少会孤立存在,并因受到所谓全球化进程的影响而变化剧烈。全球化对文化和文化人类学都产生了影响。文化(包括文化差异)很可能会对21世纪的人类问题继续发挥显著作用。与此同时,面对文化实践者的移动性和能动性,文化人类学家修正了"文化"概念,强调了另外三个特征:我们要看到文化的变动不居和因人而异,认识到它是一种人为建构的现象,并且包容整合了个体与群体。

👁 渔业文化(三)

我们回到院中,坐在贝拉的厨房里喝茶。贝拉最好的朋友弗洛也凑了过来。我正在问贝拉一些有关她在镇上表亲的情况。弗洛也捎带着帮忙回答,

"Is hant 'ad 'ee。"

弗洛答道："Yis girl"，一边呷了口茶。

"'ee 什么？"我问道。

贝拉耐心地作出解释，就像我们是她两个年幼的孙辈。

我有点一头雾水，也就是说，贝拉与我之间出现了文化差异。我们都觉得自己在说英语。但是，世界上广泛使用的英语，在发音、习惯用语和词义方面，同样存在诸多分歧。《世界英语》（*World English*）杂志就致力于发掘这些差异。如果一起共事的时间不够长，苏格兰、菲律宾和肯尼亚的英语使用者，也就无法互相沟通。直到苏珊和我在纽芬兰进行过多次田野调查之后，我们这才无需在贝拉和她儿子们面前反复重复自己的话，也才无需他们反复重复给我们。

"Is hant 'ad 'ee"是句英语，但其隐含的意思却是深深浸淫于纽芬兰文化中。想要弄懂贝拉说的话，就要将其省去的内容加上，再将其加上的内容去掉。最终答案就是："his aunt had he"（他阿姨生的他）。贝拉解释道，这句话的意思就是，她表亲的母亲未婚生子，表亲由阿姨养大，他的阿姨结婚还有其他孩子。所以他的生母就成了他的"阿姨"，而他的阿姨则成了他的"妈妈"。从纽芬兰的幽默简称中，我们发现这两种说法都讲得通：他的阿姨是他的妈妈。两者的意思都很明白 —— 我们脑子转了一个弯。

所以说，只要有人，就有文化的实践、建构、展现、逃避、整合 —— 以及，经常被误读。大多数时候，大部分人都意识不到文化的存在，就像鱼儿不知道水的存在。但是，等到学完后面所有章节的人类学问题，你就会意识到文化，并会借助这些问题去思考你看到了什么。下一章，我们将要回答人类学家如何了解文化的问题。

第二章

如何了解文化？ | 自然性问题 |

我在一座小竹楼上席地而坐。竹楼位于菲律宾中部的一个农场内，依柱而立，远离公路。作为嘉宾，我应邀前来参加一场祈灵仪式。瑞米是我厨师的侄子，因被恶灵附体，他的家人聘请巫医塔克兰施法制伏附在瑞米身上的恶灵。作为回魂后的报答，瑞米愿拜塔克兰为师，学习如何施法招魂，为社群效力。

目前的情况是，瑞米因被恶灵附体，接连几日行为异常：他像躁狂症患者一样肆意咆哮、啜泣，还试图撕碎衣服。家人为其安全着想，一到晚上就将他捆绑起来。塔克兰认为，这一切都表明，瑞米祖父的阴魂，要求召唤瑞米伺候他们。今晚，瑞米的家人、邻居和我这位美国人类学家，围坐一起，共为见证，并作道义支持；塔克兰与其灵魂，将会通过一个献祭和许愿的仪式，引领瑞米与他的灵魂重新归位。

然而，这一切都是徒劳，仪式没能取得成功。黎明时分，在塔克兰几番舞蹈、念咒和敲锣之后，瑞米仍然处于失控状态。此时，塔克兰静静地坐在祭坛前，祭坛上仍然摆放着祭品，其中有猪，也有昨晚早些时候用来献祭的年糕。我通过厨师作为翻译，问塔克兰："怎么回事？"塔克兰的回应稍显迟钝，但却不失庄严。他似乎不为形势变化所动，"附在瑞米身上的恶灵非常强大，它们目前还不打算妥协。但它们迟早是会妥协的，下周我们再举行一场招魂仪式。"

综　述

小竹楼上的这场招魂仪式，引发了对下列**自然性**问题的思考：了解一种文化的最佳途径是什么？我如何才能在把自己对调查人群生活的干扰降至最低的情况下，了解他们的真实面貌？从性质上讲，这个自然性问题的自然性答案是：人类学家直接进入目标人群。"自然主义"描述的正是田野生物学中"自然主义者"所采用的方法：到田野中观察事情的发展，不进行任何干预。但是，接下来，更难的一个问题出现了：现在我人已到场，可是大家的行为是否自然、事情的发展又是否具有代表性呢？或者也可以说是：我的在场会不会改变事情的发展进程，进而扭曲我的观察结果？

自然观察法与实验法截然不同。采用实验法，我们会有目的地去控制场景，事先便设计好我们想要的行为条件。社会心理学家有时会开展下述实验：把陌生人聚到一个屋子，给每个人分配好任务，观察随后发生的情况。在生态人类学和考古学中，也有实验室场景下的受控实验，但是，文化人类学家对人类的了解则大都来自田野，我们希望，在那里，人们的行为不会因我们的所作所为而有所改变。

本章我将解释这一自然性问题，然后介绍回答该问题的主要方式：民族志田野调查。在田野调查中，需要考查各种田野情况，本章将会介绍一些常用的数据收集方法。最后，我会提出两个相关问题：人类学是否是一门科学？人类学是否存在道德伦理问题？

顺利学完本章，你应该能：

1. 对比自然科学和实验科学；
2. 解释人类学为什么既是科学又是人文研究；
3. 描述民族志方法参与观察法的核心，及其优点和局限；
4. 描述人类学家田野工作的条件范围，并比较田野中民族志研究者的干扰程度；
5. 区分民族志中的田野调查与其他专业（如社会学家、教育家和记者）的田野调查；
6. 了解民族志研究者在田野中采用的一些数据收集方法；
7. 解释为何今天人类学会有道德准则，这些准则对正在进行田野工作的人类学家有何影响；
8. 将职业道德准则应用到选修本门课程的学生及教员的行为中。

👁 严重干扰他人之事（二）

塔克兰招魂仪式结束后的一大早，我就乘车返回位于城里的家中。不知不觉间，怀疑如风寒般席卷我全身：在竹楼上，我的在场让塔克兰陷入更加艰难的处境。当时我既在用磁带录音机记录，又在用闪光灯拍照。整个晚上，瑞米都在不停地接近我，嘴里哼着英语流行歌曲和电视广告。在一种狂热的状态下，他很可能会认为，失控能使他成为关注的焦点。如果真能这样的话，他为何要放弃这种能够引人注目的机会呢？回到城里一周后，我从厨师那里得知，第二场招魂治疗仪式获得成功（是因为我不在场吗？），瑞米加入了塔克兰的团队，白天学木工，晚上学招魂仪式。

在那之后我一直疑心，是我的大块头（相对而言）和录音工具，影响了当晚的结果。毕竟，我只是一个在前一天晚上才偶然闯入这个村子的陌生人，我还没有来得及让村民习惯我和我所带去的技术。可以说，我是在做"路过式的民族志"。招待我的主人家并非受害者，因为他们对我能参加活动由衷地感到高兴。受害者是科学——更恰当地说，是知识。我的在场，改变了这一特定事件的结果。无论是塔克兰，还是我，甚至是瑞米，都无法确定，这种改变到底是怎么发生的。幸运的是，他们并未对我大发雷霆，而瑞米也最终获治。但若当时我研究的是治疗仪式的效果（"多久见效一次？"），很显然，我的研究就泡汤了。因为这时我已无法自圆其说，自己是在观察一个能对其进行概括的代表性事件。

我能否在不干扰的情况下进行观察？

我有幸受邀参加塔克兰的招魂仪式，实现了一个年轻民族志研究者的梦想。这次经历基本上还算让人满意，但它同时也给我带来了一些警示。在接下来的菲律宾田野调查中，这是我雄心勃勃地想要像学者一样进行的一次重大田野调查，我不断提醒自己，在不干扰的情况下进行观察的重要性，以及其难度所在。

让观察对象认为可以与我们一同生活，并逐渐习惯我们的存在，而后不再考虑我们，继续过他们自己的生活，既是观察对象们的适应能力使然，也是对人类学家在田野工作中社交能力的考验，而这两者往往兼而有之。

与招魂仪式相比，我参加的菲律宾中式婚宴，在自然性观察中属于取得成功的典型范例。毕竟，我是在菲律宾中部了解城里的华人少数民族，而非研究驱邪仪式。在市中心的大多数时间，我都是跟一群华人在他们的商店、学校、俱乐部和公寓里度过。其时恰逢一对夫妇结婚，婚礼结束后便是晚宴，这是整个社区的一场盛事，宾朋云集，其中也包括一些菲律宾人和其他非华人贵要。为了促进该市族群之间的和睦，新娘的家人希望邀请菲律宾裔市长和警察局长、西班牙裔神父，以及来菲律宾参观的外国人（苏珊和我）参加。这是让我的角色为人接受的绝佳机会，于是我便和大家一样，兴高采烈地穿梭于宴会之间，与人握手言欢，合影留念，并对各种时尚应接不暇。我可以肯定，不会仅仅因为我的在场而使这一事件走样。因此，我将自己获得的中式宴会信息确认为有效信息，并确信可以从中归纳出相关结论。

我们的在场会给观察对象带来多大程度上的改变，这个问题会因文化而异，在同一种文化中又会因场景而异。通常，我们都会产生某种影响。因此，我们在整理收获时，也理当考虑到这一点。例如，与人交谈常会产生各种**响应效应**，即访谈数据会根据说话人、听众和情境的特征而呈现重大差异。"期望效应"是众所周知的一种响应效应。如果我们在提问时采取了寻求某个特定答案的方式，应答者为了取悦我们，就会说出我们想要听到的答案。例如，"你们这些家伙是否已经改掉了喝酒打架的坏毛病？""那还用说，当然改了。"

另一种响应效应是"霍桑效应"：当人们意识到自己是被关注对象时，便会有异常的行为表现。我不禁怀疑，在前述巫医招魂仪式上，产生的就是霍桑效应。在俄亥俄州霍桑市一家通用电气公司装配车间，当研究人员调亮灯光时，工人们的工作热情也被点燃，他们工作起来更加卖力。过了一会儿，电压降低，灯光变得昏暗，但工人们依然振作精神，再次更加卖力地工作。可见，真正的激励因素并非明亮的灯光，而是被关注这一事实本身。只要工人们意识到他们是实验对象，他们的自我意识就会提升，并会通过加倍工作予以回应。

为了更加确信我们听到或观察到的东西货真价实，我们采用了各种方法和有效性检验。本章将会对这些方法进行解释，第九章将会介绍有效性检验。近年来，一些人类学家将他们的在场对某个群体的影响作为研究对象。第九章和第十一章将会介绍这种更具自我意识的方法的实例。

有时，我们造成的干扰微不足道。例如，如果我和纽芬兰人坐在一起，纽芬兰人在我掏出笔记本时很可能就会变得自觉，于是他们就会开始注视我，而不再一边编织一边随意闲聊。这时只要我收起笔记本，不一会儿他们就会接着刚才的话题继续聊下去。但有时，干扰就会很严重。布里格斯在与乌特库人（加拿大北部一个因纽特人族群）一起生活时，带去了很多工具。这些工具超出了这一迁徙族群的搬运能力。接纳她的主人因纽提阿克（Inuttiaq），不得不让雪橇超载，好让她能跟上这个族群。布里格斯最终出版的作品（Briggs，1970），让读者对因纽特人这个具有复杂社会性的群体敬意倍增，因此这种干扰或许物有所值。但是，田野调查期间到底会发生什么呢？这一切究竟是否值得？

田野调查

以前，田野调查包括搭乘一艘驶往远方的慢船，到达异域之地，然后用上一年左右的时间与蛇搏斗、对抗孤独，直至收集到足够的数据，或者是患上严重的疟疾，最后重返家园。人类学家想要研究的民族并无书面记录，田野调查是了解他们的唯一方式。田野调查最初是一种必需品，现今它已成为人类学了解文化不可或缺的方式。现在每个人的文化都可以成为人类学研究的课题，因而田野调查也就无处不在，历时则或长或短。例如，费拉尔（Ferrar，2000）骑着哈雷机车，与一群骑摩托车的女子一起穿越美国。近藤（Kondo，1990）则是进入日本一家工厂的制造车间，与众多工人一起工作。

文化信息有多种收集途径，如档案室、图书馆、博物馆和政府数据库，但这些都是二手资源，而田野调查则是第一手资料来源。田野调查要求研究者进入他们想要了解的那种文化的社会生活中。这种自然性田野调查的目标在于，基于观察者对自然状态下人群的所见所闻，撰写关于该群体的民族志，或者对该群体的文化进行描述。

民族志有两种典型结构：一种是从部分到整体，另一种则是从整体到部分。谢珀－休斯（Scheper-Hughes，1992）的《没有眼泪的死亡》一书，就是从部分到整体结构的例证。谢珀－休斯想要深入了解，亲眼目睹众多儿女夭折的巴西穷人之母爱。她以贫民窟环境为背景，通过对婴儿母亲的描述，最终向读者展现了整个文化概况。我的博士论文，关于菲律宾华人的民族志，则采用了第二种结构。论文前几章介绍了东南亚、菲律宾及菲律宾中部海外华人的历史和文化背景；后几章则集中介绍我的研究成果，向读者展现了华人这一少数群体为何能够取得商业上的成功。

"那么，一位民族志研究者究竟靠的是何种魔力，唤起土著人的真正精神，展现出部落生活的真实面貌？"（Malinowski，[1922] 1984）马林诺夫斯基这本经典著作，以这句问话开篇，生动地描述了热带海岛上棕色皮肤的"土著"，以及围绕缕缕炊烟展开的故事。玛格丽特·米德（Margaret Mead）是公众眼中最负盛名的人类学家，马林诺夫斯基则是民族志田野调查的守护神。马林诺夫斯基号称自己能用魔法唤起土著文化的真正精神所在，但他同时也是严密方法的积极倡导者，并且可以说是几十年来唯一一位详细介绍如何开展田野调查的人类学家。我读研究生时，曾为其《西太平洋的航海者》一书中的特罗布里恩德群岛贸易网络狂喜不已。马林诺夫斯基的精神，在他对自然性田野调查的描述和赞美之下生生不息。

马林诺夫斯基写道，民族志田野调查的目标是："理解土著的观点，以及他们与生活的关系，并认识他们对世界的愿景。"为了获得这种理解，他坚持认为，研究者应当完全浸入被研究的群体中。在浸入过程中，田野调查的核心方法就是**参与观察**，即尽量参与当地人的日常生活，以便了解如何做事、如何说话，以及各部分如何相互衔接。马林诺夫斯基在特罗布里恩德群岛村庄前沙滩上的帐篷中住了两年多时间，他发现（Malinowski, 1984）：

> 争吵、玩笑、家庭场景和各种事件，总是颇为琐碎，但有时却也充满戏剧性，意义重大，所有这些构成了我自己和他人日常生活的氛围……由于土著每天都能不断看到我，他们不再对我的存在感兴趣，也不再大惊小怪或感到难为情，我也不再是我要研究的部落生活中的干扰因素，部落生活不会因为我的接近而发生改变，而新来者通常都会引发这些情况。

简而言之，马林诺夫斯基认为，他能对这个自然性问题给出一个令人满意的答案：他最终会按照生活的本来面貌去观察日常生活。田野工作者参与场景的数量，视场景和田野工作者本身而异。在苏珊和我参加的菲律宾中式婚宴上，我完全是一名参与者。如果要我自己举办一场宴会，我将不仅仅是一名参与者，我还要经历举办宴会所需的费用筹措和组织宴会的复杂性。相反，在菲律宾河源张颜同宗总会举行的中秋晚会上，我几乎算是一名观察者，而非参与者。男人们掷骰"博饼"赢取月饼（一种代表幸运的豆沙馅糕点）时，我则在一旁拍照，并不时向我的助手"本"问这问那。我是一名"未被察觉的观察者"，因为这些男人们早就习惯了我的在场。我既没有掷骰子，也没有品尝任何糕点，但我却了解到很多东西。

有些人类学家建议，要想真正理解另一种文化，你就必须"入乡随俗"（Agar, 1996）。这种方法受到伦理和实践的限制。仿效一个群体行事，可能会迫使我去做一些我本人强烈反对的事情，或是去做一些这个群体认为对访客身份而言显得有些荒谬或不妥的事情，或是去做一些会让我陷入人身危险及财务危机的事情。但好在是，大多数时候的参与情况，都能丰富我的理解，我将在下一节详细解释这个问题。

　　要想确保田野调查的自然质量，就应考虑到各种工作方式。查冈（Chagnon，1997）直接走进委内瑞拉的雅诺马马印第安人部落，将吊床系在他们的吊床旁，像雅诺马马人一样将全身脱得只剩短裤，与他们进行物品交易，吸食毒品，并照他们所教的方法召唤"荷库拉"（hekura）之灵。与查冈的方式不同，苏珊和我住在菲律宾中部一所郊区大学的校园里，我们周围生活着菲律宾人和美国传教士。每天我都要花上半小时时间，搭乘一辆豪华吉普，从郊区赶到中心商业区，拜访那些华商。对查冈来说，田野调查是一种完全浸入；对我而言，田野调查则更多算是一种日常通勤。

　　从菲律宾回国十年后，苏珊和我开始前往纽芬兰进行田野调查，这次我们力争采取完全浸入方式。我们搬进村子中央的小房子里，昼夜不停地参与村民的生活。我们的衣着打扮跟他们一样，我们也会讲纽芬兰英语，在邮局收发邮件时也会和他们开上一两个玩笑。到了晚上，我们会和村民和一同在公路上巡游，伺机猎取驯鹿。如果隔天一早在河边散步时闻到我们邻居家里食物飘香，通常你都会发现，我们也会出现在他们的餐桌旁。然而，我们并未成为本地村民，反倒是成了颇受欢迎的季节性访客，就像格陵兰海豹一样可靠地出现在地平线上，等到春天大块浮冰开始消融时返程。

　　研究项目本身就能决定田野调查的方式。有一年，我们在纽约研究住处附近漏油带来的社会影响，除了更具阶段性和周期性外，它与我们在菲律宾研究时乘车往返的工作方式很有几分相似。周一到周五，我们在家开展人类学助理教授的工作；周末则"在河面上"观看和观察漏油工人、受害者、激进分子，以及推举出来的执行官。这种工作方式的优点在于，我们可以从狂热、紧张、忙碌的社交活动中抽身出来，经常获得休息，并有机会得到恢复和进行反思。这种工作方式的缺点同样在于这种经常性的休息，此时我们的注意力和视线就会脱离受到污染的社区。阿加（Agar，1996）曾对美国城市街道上的海洛因成瘾者进行田野调查，他发现，开展田野调查的日子与其他日子之间的割裂，同样会给人带来情绪上的痛苦。

具体工作方式可能会有很大差异，但是，民族志田野调查也有一系列相同步骤，这些步骤可以根据时间要求加以缩短或延长。首先，你要选择合适的调查地点，并获得**入场许可**，即从官方或具有影响力的当地居民那里获得进入调查地点的许可。入场许可通常以找到居住地为标志。要是他们不想让你生活在他们中间的话，例如，菲律宾华人就不欢迎我住在他们中间，你就会突然之间便无房可租。获得入场许可后，你就可以开始探险、被他人所见、进行少许无障碍观察、绘制邻里地图并被引见给合适的人。在这个阶段，你的主要任务是设定你在该社区的角色或身份：相对无害，能够经常出现在社区，并为当地居民所理解和接受。然后，你将开始挑选报道人，参与重要事件，记录并组织调查结果，提高沟通技巧（参见下页表）。久而久之，你就会赢得**亲和力**，即你与当地居民之间开始有了一定程度的相互理解；有了亲和力后，就能加快你对更深层次问题的文化学习。与此同时，你也需要处理**文化震撼**问题，这是与另一种文化不断交互产生的一种社会心理应激症状。（第十章会深入关注这个问题。）这时你就需要中途休息，以保持身心健康。随着田野调查进入后半阶段，你需要重点寻找支持性的证据，证明你对人们共有认识的直觉正在不断增强。最后，你将会采用当地人接受的方式，满怀感激之情，并且通常都是眼含热泪，离开田野调查地点。你会满载田野笔记、照片和赠别礼物，回到家中的书桌前。你将会和以前有所不同，并需作出一番努力，才能重归原来的生活。之后，你就得开始撰写民族志！

报道人

以上简要描述，并未能充分强调进行田野调查时的一个核心所在，即要与你所研究的群体保持紧密的个人关系。对民族志研究者来说，

日期、报道人	1972 年 11 月 24 日 Vincent T——
场所	在他位于莫洛郊区的院子里
助手	本（Ben）随访
人口统计	V 现年 51 岁，有 13 个子女，
婚姻状况	6 名由菲律宾妻子所生，7 名由华人妻子所生。
移民史	V 生于厦门（中国南部），12 岁时移民怡朗市。
工作经历	由于患有肺气肿，V 已于最近退休。他曾任 I- 酿酒厂经理，这家酿酒厂的业主为怡朗市华人商会（CCC）前任主席，H——。
商业关系 社区关系	同时，H——还曾任怡朗市华人商业高中荣誉校长，该所高中由 CCC 赞助。H——的儿媳是该所高中英语系主任。
亲戚关系	T——是这所商业高中毕业的学生。在 T——生病退休期间，H——的儿媳减免了 T——一位小女儿的学费，因此 T——欠下了 H——儿媳的人情债。
正式组织	华人商会和商业联合会之间的宿怨与其政治立场有关。华商会馆指责 CCC 支持共产党。华商会馆支持国民党。
亲戚关系	H——的儿媳与 GSC 硬件公司 G——的一个儿子结婚。G——同样也是华人商会的实权派人物。
移民惯例做法	V 声称，外国人满 14 岁必须支付 50 比索的注册登记费，因此很多人都从未进行注册登记。未支付上述费用或无力支付上述费用的人会被官员小额勒索。年费约为 10 比索，另外还有一些搭税。
与菲律宾政治的关系	V 退休后回到 Barrio［村］并被选为该村负责人。在我们抵达的当天，V 组织并发动 Barrio 村大部分成年居民参加共产党在怡朗市举行的政治集会。他和他的村民为此付出了代价……

　　在参与观察期间，收集并整理记录用于确认自己的预感，这是一项持续而关键的任务。上面是从我在菲律宾田野调查记录本中摘录的一页。右边是手写的原始记录。几天后，我在左边空白处按主题对其加以分类。几周后，苏珊根据主题分类，耐心地将这些内容输入索引卡，使其能按主题、日期或报道人进行分选。电脑使得这些工作变得更加容易。

人们并非实验"对象"或观察对象，也并非可以从中挖掘民俗智慧的积淀物。他们不是推动科学发展或个人事业成功的手段，最终目的只能在于他们自身。因此，必须留心建立起令人满意的私人关系，在作出研究决定时务必牢记：应该把该群体的利益和福祉放在第一位。这一原则已被编入我们的职业道德准则。优秀的田野工作者非常清楚，如何将自己的研究兴趣，与被研究群体的利益结合起来。

在被研究群体当中，那些为我们提供该群体相关信息的成员，按照惯例被称为报道人。**关键报道人**是指那些见闻广博、知道如何解释其自身文化并与田野工作者建立起密切关系的个人。对某些人来说，"报道人"意味着间谍或泄密者，因此他们将其渠道来源称为"咨询顾问"。还有一些人则称他们为"老师"（McCrudy, 1996），这一称呼抓住了我们关系的一个方面；但遗憾的是，并非所有关键报道人都是受过培训或有才能的老师，因此，田野工作者必须成为受过培训并有能力的学生。在第十一章我们将会看到，旧时的报道人（一种殖民主体，如坐针毡般地待在人类学家的门廊上，为了获得几美元的酬劳而尽职尽责地回答有关其亲属体系的问题），现在已经成为共同研究者，有时甚至成为合著者。

一般而言，关键报道人同时也是我们进入异文化的接纳者、语言教师、翻译人员、介绍人、付费研究助理、导游和朋友。我在菲律宾做研究期间，有幸认识了几位关键报道人，其中三位担任我的付费研究助理：BH、本和罗伯特。这三位同事只比我小几岁，最近刚从镇上的华文高中毕业，正要开始自己的职业生涯。对他们来说，帮助一名美国人研究他们自己的民族，是一种消磨时间的有趣方式，既能练习英语，又能挣点小钱。

就拿本来说。他帮我改正闽南话的语法，介绍我认识华商以便我收集关于华商的生活故事，陪我参加红白喜事和中秋晚会。他会跟我谈论他的家人，当他和未婚妻意见不一时也会向我发发牢骚。他的家人去附近岛屿野营时，他也邀请我和苏珊参加。在市长险些被暗杀后，本解释说，这是地方政治的鬼蜮伎俩。他从华文报纸上剪辑有趣的文章给我，并教我玩中国象棋。如果没有本及其同仁的带领、解释、培训、更正、鼓励和款待，我不可能坚持到底并充分了解菲律宾华人社区，更写不出有关该群体的民族志。在获取关于某种文化的详细情况时，人类学家不可避免地会欠下提供该情况的内部人士无法偿还的人情债。相比之下，无论是调查问卷填写者，还是实验对象，都不像报道人这般重要。

田野调查的回报

和其他自然科学一样，民族志田野调查的缺点，就是存在将读者驱回化学实验室这类更具结构性领域的风险。首先，田野调查费时甚多，不论是一次性进入社区还是连续拜访，通常都会持续上好几个月甚或数年。其次，田野调查非常复杂，因为田野中正在发生的、[被研究对象]所说和所作的一切可能都很重要。就像本章开篇我所讲述的，田野工作者的在场，很可能会扭曲结果。再次，田野调查也不具有系统性，因为我们几乎无法使用像随机取样、标准测量、控制组研究等严格的科学方法。田野调查会受到观察者偏见的影响，其研究结果很难为其他田野工作者所复制；并且难以进行报告，因为不存在像实验科学那样适用于在研究刊物上发表的简单格式。

与此同时，田野调查也很可能会发生危险。若非我要搭乘的吉普车满员，差五分钟我就赶上了针对市长小车的手榴弹袭击。布洛迪（Brody，2000）在《伊甸园的另一边：猎人、农民和世界的形成》一书中，报道了他在加拿大北部与因纽特人一起进行的一趟狩猎之旅。在这次旅途的最远处，雪橇犬所载的食物不见了，这些人差点饿死，最后还好找到了海豹的藏身之处才得以幸免于难。

田野调查并不是文化数据的绝对可靠来源。由于田野工作者通常都是单独进行研究，所以他们的洞察力既是其个人强项，同时也会暴露出其个人和文化的不足之处。尽管马林诺夫斯基采用了开拓性的方法并作出了精彩分析，可他依然忽视了特罗布里恩德群岛岛民生活的某些方面，而且对其他某些方面也存在一些误解。人类学女权主义批评兴起于1970年代，它曾一针见血地指出：我们很多经典民族志，例如《西太平洋的航海者》，均为男性所著，其内容也是关于男性的世界。即使文化人类学领域也曾出现过一些深受推崇的女性，如玛格丽特·米德和劳拉·纳德（Laura Nader），但批评家指出，考古学和生态人类学几乎成了男士俱乐部。而且，整体上，即使在文化人类学中，也仍是男性视角占据主导地位。例如，人类学家将建立在野生食物来源基础上的文化称为"狩猎文化"，尽管在某些社会中，大多数食物都由妇女采集而来。

对男性偏见的批判，使得田野调查变得更趋平衡。其中经典之一就是维娜（Weiner，1976）在马林诺夫斯基到访特罗布里恩德群岛岛民六十年后对当地岛民的再访。维娜写道："任何研究，如果未将女性角色——通过女性视角——作为社会建构方式的一部分，就都只是对该社会的部分研究。"她能够再次进行研究的原因，说起来让人有些难以置信：特罗布里恩德群岛岛民仍然像马林诺夫斯基多年前观察到的那样，举行复杂的仪式，进行财产交换，并从事广泛的贸易航行。

维娜进行的研究，更加注重妇女的社会地位。她发现，妇女确实具有重要的公共作用，尤其是在复杂的葬礼和货物交换中。妇女具有独特的"价值"，即编织裙装和围裙材料，用于展示和交换。总而言之，她的结论是：妇女的权力集中在与生育和死亡有关的事务上，男人的权力则体现在当下对氏族和村庄的管理上。

当然，维娜对马林诺夫斯基调查结果的修正，远远不止加入了妇女视角这一点。例如，她还向我们证明了，这个有名的母系族群，通常并不像有关母系社会的推测，以及马林诺夫斯基所强调的那样，会将自己的儿子送去与母亲的兄弟居住。（**母系社会**是指子女根据血统属于母亲所在的氏族，而非父亲所在的氏族。）事实上，儿子通常都会与父亲一起待在家里，在父亲的园圃中劳作并继承其财产。关于母系社会的这一发现，使得我们这些授课者，不得不修改我们老生常谈的讲义中有关这一经常援引的太平洋文化的笔记！（**父系社会**是指子女根据血统属于父亲所在的氏族，而非母亲所在的氏族。）维娜的著作证明，即使伟大的田野工作者也会犯错，而更多的田野调查则能帮助我们弥补这些错误。

抛开所有这些缺点不谈，如果田野调查建立在参与观察的基础上，它就能给我们提供很多增长知识和提高洞见的机会，使得田野调查利大于弊。田野调查作为一种调查方法，其最大优点就是秉承自然。例如，像布洛迪和马林诺夫斯基这样的田野工作者，通常都能成功地与其所研究的生活方式建立密切联系，并将他们对这些生活方式的干扰降至最低。这样一来，我们就能看到事件在相同的背景下重复发生，并且通常是我们所要了解的人们自然而然地参与其中。马林诺夫斯基（Malinowski，［1922］1984）建议，通过这种浸入，田野工作者不仅可以建构该社会的框架或结构，还能抓住"无法估量之事物"，即实际生活及典型行为中的自然细节，包括：

> 男人每天的日常工作、他收拾自己身体的细节、进食及准备食物的方式；交谈时的语调和围绕村庄篝火的社交生活，存在于人们之间的深厚友谊或强烈敌意，一闪即逝的同情和厌烦；通过个人行为及周围人的情绪反应，以微妙而又明确无误的方式体现出来的个人虚荣心和野心。

换句话说，通过田野调查，田野工作者与被调查的人群及其生活方式之间会建立起某种亲密度，使田野工作者能同时在理智和内心深处了解正在发生的事情。具体到我身上，通过学会举止得体和正常交流，我开始全身心地了解华商文化。听到华商说起他们被暴徒殴打、被绑匪劫持时，我便深感不安。而我语言老师的父亲在一场抢劫中被人刺死，这一事实更加让我感同身受。在参加守夜、出殡、送葬和入土仪式时，我遵照华人的方式与我的老师一起进行哀悼，并在此过程中尽量使用华语。

参与观察还有其他好处。这种参与能够提高我在所要了解的人群中的名声，他们会将我的努力视为尊重的标志，进而也就更愿帮我忙。随着时间推移，浸入和参与能够获得观察对象的信任，因而当我在场时，他们就会放松地"做他们自己"或"行为自然"。他们也会开始把那些一般不会告诉陌生人的重要事情告诉我。事实上，赢得信任的田野工作者，如果纯朴并且相对无害，很可能会被允许听到或看到通常不会与所有社会成员分享的事情（Berreman，1968）。如果人们信任我，除了帮助我，他们还会容忍我有做错事或站错地方等众多失检行为，因为他们相信我的"本意是好的"。当然，在原谅我的同时，他们也会帮我纠正错误。马林诺夫斯基（Malinowski，[1922] 1984）发现：

> 我一再违反礼节，那些和我很熟的当地土著则会毫不犹豫地指出来。我必须学会如何言谈举止，而在某种程度上，我也获得了对土著而言有礼和无礼的"感觉"。

随着时间推移，浸入式田野调查会给研究者带来很多机会，让我们能够通过观察一些重复发生但又存在很多细微差别的事件，再次确认我们的直觉。我们也会不断发现，人们并非总是对自己所说的身体力行。对规范的偏离，往往可以清楚地表明：人们为何通常会遵守该项规范。雷贝克（Raybeck，1996）第一次对马来西亚农村进行田野调查时，有人告诉他从邻国泰国越境走私货物为非法行为，但他最后却发现"所有人都在走私"。等他亲身走过一趟走私之旅后，他才发现了这一行为背后隐藏的深意：这种冒险之旅在很大程度上支撑起了整个村庄的核心价值观。

浸入式田野调查还会让人类学家注意到，生活的一部分与另一部分之间存在很多联系，因此，在我们的社会中通常会加以区分的活动（如宗教、政治、抚养孩子和娱乐）之间的界限就会开始消失。这种相互联系的感觉是第三章的主题。在菲律宾，BH 及其兄弟在他们的父亲七十大寿时为其举办了一场盛大的寿宴。我发现，这场寿宴不仅表明儿子孝顺父亲，还表明这家人事业有成；寿宴上收到了其他华人给本市华语学校的捐款；此外，它还增进了与宾客之间的社会关系，其中包括教父教母、客户、政客、财务赞助方，以及父子们的酒友。

田野调查还有一个宝贵的特征就是，它增加了偶然发现的概率。也就是说，我们会偶然了解到一些意料之外的东西，这些东西与我们的研究假设并无关系，或者不是我们访谈列表上的问题所要解决的目标。偶然发现也可能会促使我们修改假设，或者是促使我们像警犬一样鼻子贴地、毫不放松地，循着新的线索，探究其结果所在，并豁然发现一片新天地。在菲律宾中部做研究的那十八个月里，我几乎天天都与华商混在一起，因而也就不可避免地会获得一些偶然发现。我发现，尽管这个民族面对外来压迫或文化同化时能做到团结一致，但其内部分裂也是无处不在，遍布政治派别、商业对手、敌对家庭、竞争教堂和华语学校之间。在不放弃我原有假设（"华人擅长经商是因为他们团结一致"）的情况下，我也开始追问自己："华人如何在内部紧张关系与对外团结一致之间保持平衡？"

如今，并非只有人类学家在进行自然性的田野调查。像社会学、教育学和新闻学，也会进行参与观察。但是，文化人类学的田野调查，与新闻学或教育学田野调查的不同之处在于，它旨在描述特定场景的文化。而与社会学家相比，人类学家则更关注场景背后的语言学及生物学方面。

因此，田野调查并非为人类学所独有，但其独特之处可能在于：没有田野调查，也就没有人类学。要想获得文化人类学的专业学位，进行田野调查必不可少。这种作为他人生活参与观察者的强烈浸入式体验，使得人类学家成为"专业陌生人"（Agar，1996）和"场内局外人"（Keesing，1992）。作为一种自我界定，这听起来可能会让人觉得有点生硬，但我们不妨想想下列因素：文化变迁和人类迁徙如今变得如此快速而深远，以至于某种程度上，我们所有人都是在新大陆上努力前行的移民，人们的谈吐、衣着、速度和节奏、技术产品及价值观，都已不是我们成长过程中所熟知的那些了（Berreby，1996）。在这样一个世界上，拥有一点民族志田野调查能力，也许能够有助于你度过忙碌的一天。

田野调查方法

一些田野工作者设计出周密的计划，用来进行系统观察或调查人口，对某些行为进行取样并记录事件。我遵循这种严格方法，对 95 名华商进行取样，并对其生活经历做了访谈。有些田野工作者只是简单地为著名的重要报道人充当学徒，放开手脚但保持密切关注。贾凡帕（Jarvenpa，1998）就采取了这种策略，整个冬天他都以新合伙人的身份，加入帕特里奇两兄弟在加拿大萨斯喀彻温省北部用陷阱捕猎动物皮毛的活动。无论采用哪种方式，都可能会有引人注目的发现。在我们的狂思乱想中，有太多方法可用。我在高阶专业课上所用的方法论教材中，有关防止找不到切入点的方法，就能证明这一点。

为了表明方法的多样性，这里仅列举来自两名田野工作者的数据收集方法：查冈在委内瑞拉雅诺马马人村庄二十年旅居期间采用的数据收集方法，我在菲律宾中部城市居住的十八个月间采用的数据收集方法。当然，每次我们都是只选用其中几种方法，但它们是我们的"工具箱"，在印证或确认我们的参与观察结果时，均可为我们所用。

- 生活经历（报道人讲述他们自己的故事）

- 事件分析（看着某事发生，然后询问人们的观感）
- 绘制社区、其园圃和农场等外部财产及其与周边社区连接点的地图
- 调查（系统调查各个单位或具有代表性的样本）
- **世系表**（绘制亲属关系谱系）
- 社交网络分析（制作图表，表明谁和谁之间存在社会关系）
- **民族语义学**（制图表明说话者通过词汇对世界进行分类的方法）
- 录音录像、照相
- 搜集故事（如神话、笑话、奇闻轶事、寓言）
- 正式组织研究（用于成员关系确定的指定组别）
- 文化史（社区安装电话时发生了什么、第一次离婚发生在何时，等等）
- 文献研究
- 关键报道人访谈
- **人际距离学**（分析人们在社会交往时是怎样利用空间的）
- 学习语言（该门语言尚无刊行的语法书或字典，必须在田野中学习）

在接下来的章节里，每个人类学问题都会用到某些田野调查方法。不论研究者的精力、持续时间、工作方式或场所如何，自然性田野调查的经历，一直都是文化人类学中起到决定性作用的事件，为该学科带来了诸多欢乐、各种危险和许多精彩的故事。

人类学：关于文化的科学？

按照生活的本来方式观察生活，尽量减少干扰，其天然目标源于

一个广泛的信念，即文化人类学是一门科学，也就是说，它基于可靠的实验证据来积累知识。人类学家所积累的知识，既包括一般文化，也包括特定文化，同时还包括将人类视为"有文化的动物"的相关知识。有了这种知识，我们就能得出并确认一些概括性结论，而这正是科学事业的另一个特点。有些概括性结论仅适用于单一事件，例如，我们可能会这样写道："纳瓦霍人是一个说阿萨巴斯卡语（Athabaskan）的人群，其祖先约于公元 1000 年从育空河迁至新墨西哥。"另外一些概括性结论则适用于几种或多种情况，例如，我们可能会这样表述："在没有役畜而由妇女承担大部分农活的社会中，膏腴之地通常是由女儿从母亲那里继承的。"

一份对畅销教科书的调查表明，畅销教科书的作者一致认为，文化人类学是一门科学。尽管这些年来重点有所变化并出现了一些新的主题，但是，各种教材关于文化的核心认识仍然相同并保持相对稳定。作为一门科学，我们一个多世纪来对文化的研究是累积性的；也就是说，现在我们对文化如何起作用，已经有了更多的认识。同时，我们也承认文化融合，以及愚蠢无知的比较和评价所带来的危险性。其他领域，如文化研究、教育、文学、历史和社会学，也采用了"文化"这一概念，其中有些领域还采用了民族志方法。

文化人类学具有科学性，这就需要我们凭借自己的洞察力，努力累积客观知识。文化人类学是一门历史或田野科学，是人类行为的自然史。田野生物学家在追踪白尾鹿时，或者田野地理学家在调查裸露地表的岩石时，都是自然历史学家。所有这三类学者：人类学家、生物学家和地理学家，都需要努力减少其对研究过程的干预。所有这三类学者，都必须努力克服无法控制实验条件的缺陷。在田野中，一切都在变化，因此每个场景都可能是独一无二的。所有这三类学者都在研究历史现象，拼凑事件的景象，而这些事件极有可能仅以此方式发生一次。尽管存在这些限制，所有这三类学者仍然都会努力挖掘现象反映出的特征，并对这些现象进行归类、比较和分析，其目的则在于得出一些概括性的结论。

马林诺夫斯基所受的教育是自然科学,但在《文化论》(1944)一书中,他将自己视为人类学家。他认为,特罗布里恩德群岛的文化,为其调查"简单文化"中男性思想如何运作,提供了一片丰富的田野。例如,处于母系社会的特罗布里恩德群岛岛民,会抚养那些患上俄狄浦斯情结的男孩吗?弗洛伊德与马林诺夫斯基处于同一时代,他认为俄狄浦斯情结是人类男性正常发育成熟的特征之一。与弗洛伊德的看法相反,马林诺夫斯基认定,特罗布里恩德群岛的男孩并不嫉妒父亲。他们更害怕舅舅,因为舅舅是男孩自己家系中占统治地位的男性,享有的亲权大于他们的父亲。

如果你不同意人类文化的概括性结论具有可能性、效用性或伦理性,你很可能会提出相反观点,即文化人类学具有人文性,它试图描述、赞美、体验、评价、解释和想象人类丰富的多样性和复杂性。这的确是一个值得称道的目标,并且也准确地描述了很多人类学研究。格尔茨是人文主义人类学星空中最具智慧的明星之一。格尔茨用和上述科学家认真措辞不同的开玩笑语气说道,人类学"这门科学的进步标志,并非众口一词体现出的完美,而是通过唇枪舌剑变得更加精炼。让我们〔人类学家〕相互辩争所用的措辞更加精确。"(Geertz, 1973c)他建议人类学家把时间花在查探某个族群周围编织的"意义之网"上,因为这才是他们独特的文化。为了说明这种方法,他对印尼巴厘岛人喜爱的斗鸡行为的含义进行了解释。我在第八章中将会深入介绍格尔茨对斗鸡的分析。

也许我们没有必要表明立场。我的老师科塔克(Kottak, 1997b)解释说,人类学确实是一门科学(就像我定义的),但它同时也是"学术领域中最具人文性"的学科。他认为人类学具有人文性,是因为人类学尊重人类的多样性,对各种人类行为都怀有兴趣。我不敢说我的研究领域是人类学的核心,或者是占据人类学的大部分内容,因为这些看法很难得到经验上的证明。尽管如此,很多人类学教材都认为，人类学既是一门科学，也是一种人文研究。格尔茨则反之，他认为人类学"既非科学也非人文研究"，因为人类学的目标既不是发现可预测人类行为的规则，也不是回答有关生命、宇宙和万事万物的深层次问题，而是"为我们提供有关那些（在他们的山谷中守卫自家羊群的）他者问题的答案，进而将它们纳入人类知识的仓库中"（Geertz，1973c）。

人类学的科学性和人文性，可能会在我们工作过程中的不同阶段发挥作用。也就是说，在田野调查过程中，收集信息是一种经验科学，但分析和解释我们的调查结果并撰写相关著作则可能具有人文性。例如，我为了获得博士研究支持而写的研究经费申请就非常具有"科学性"，因为它是用来提交给联邦政府的，而相比起人文学科，联邦政府通常更愿在科学上投入更多经费。但我依据论文写出的作品，同时也具有人文性。《菲律宾怡朗市华商家庭》一书中的有些章节，就采用科学模式对商业文化做了分析，并概述了要在海外华商圈中取得成功所需了解的知识和作出的行为。这些概述性的结论，建立在我旅居怡朗市十八个月间与几十个商人多次谈话的基础上。

但更富有人文气息的是，我在该书中专章介绍了罗先生的生活经历。罗先生在童年时代移民菲律宾，最开始是在他叔叔商店的里屋工作，他叔叔要他穿着没有口袋的短裤，以防他有小偷小摸之举，而到了晚年，罗先生已经在管理一个财源滚滚但也是纷争不断的家族企业帝国。我希望罗先生的传记能够代表我在该书中分析的另外一百多份传记，但他故事里那些不同寻常和超越传统的因素，确实令我对他白手起家的故事肃然起敬，不由得在书中为其单辟一章。自我写完这本书后二十五年来，我认为自己在田野中更具科学上的复杂性而在分析中则更具人文性，而这很可能也是其他很多人文学者的发展趋势。

这个自然性问题和本书其他人类学问题一起，提供了关于文化的独特人类学视角，不论文化具有科学性还是具有人文性。至于你是要以科学家为荣，还是打算以人文学者立身，完全取决于你。

指导人类学家的伦理原则

自然性问题除了关注我们的信息具有多少代表性、我们概括的结论是否合乎情理，还同时提出了伦理问题，或者也可说是与他人接洽的正确原则。我应当如何参与文化场合，而不给人造成任何伤害？由于我们不能只做一名观察者，而是必须浸入他人的生活，去了解他们，而我们的存在又会产生影响，因此，我们必须考虑自我行为的伦理标准。

例如，查冈为了裨益雅诺马马人，便用钢制弯刀同他们进行交易，雅诺马马人对此非常欢迎，因为他们可以用钢制弯刀去干农活。但查冈不会用散弹枪同雅诺马马人交易，尽管他们曾经向他提出过此类要求。他们声称："打猎时我们需要枪支。"但是，查冈怀疑他们会用枪支去袭击其他村庄。雅诺马马人还邀请查冈参与他们的杀人袭击，但无论是否作为参与观察者，查冈都拒绝了。我们的一本方法教材中写道："一切使你感兴趣的事物发生时，都会载满你和你所研究的人们可能会遇到的风险。"（Bernard，2002）即使查冈没有参与杀人袭击，但是近年来，他对雅诺马马人持续多年的田野调查，还是引发了伦理方面激烈的争议，详见后文所述。

我们从人类学家的日记及非正式谈话中可以了解到，一个多世纪来，他们一直都在努力寻求摆脱困境的方法、如何选择研究主题、如何与报道人相处、如何处理他们的数据资料，但他们却无法开诚布公地讨论这些幕后事宜。1960年代，各种历史潮流涌动，改变了这种局面。公民权利传播、殖民主义终结、越战，以及专业人类学家的快速增长（其中一些人为中情局的秘密项目工作），驱使人类学家重新审视他们的伦理标准。1971年，人类学专业组织美国人类学学会（AAA）出台了一份职业伦理守则，此后历经多次修改。该守则的现行版本发布于1998年，可在网站 www.aaanet.org 上查看。

现今人类学的各个分支都发布了自己的伦理准则。应用人类学协会的"伦理声明",特别重视其成员在为客户及雇主服务时,所扮演的文化变迁代理人或社区代言人的角色。美国考古学会守则,则强调考古学家作为考古记录保管者的责任。由于考古遗址和其遗存具有不可替代性,从中提取信息会给其造成内部破坏,该守则号召保管并保护已出土的材料、未发掘的遗址,以及与这些遗址有关的所有文献记录。考古学家同时还劝阻任何可能会增加考古资料商业价值的行为,因为这很可能会招来盗掘者和走私者。该守则还要求考古学家保持对当代社区的敏感性,因为当代社区可能会认为它们与被研究的地方或社会存在某种联系,比如,那里也许是他们祖先的圣地或长眠之地。

在美国人类学学会出台的文化人类学家伦理守则中,与本书最为相关的条款总结如下。

研究伦理

职业伦理守则第三部分的标题是"研究",它解决的是我们在收集信息时遇到的问题:

1. 坦率说明你是谁、为何要到这里。不得瞒报,也不得进行间谍活动。通常你可能会遇上的难题是,例如,你得努力向没有受过高中教育的人们解释博士论文是什么、与他们一起生活如何能够帮助你撰写博士论文?

2. 避免伤及人或动物。除了生理伤害,同时还存在社会伤害或心理伤害的风险:努力避免让任何人感到困窘、羞愧或恐惧。也要避免造成间接伤害:确保你的所作所为不会导致某人伤及其他人。最后,在田野中,我们通常会与动物生活在一起,有时甚至还要依赖动物,如一头驴、一只挤奶山羊或一头猪。即使当地人对它们很粗暴,你也应该以人性化的方式对待它们。

3. 避免信息提供者在安全、尊严或隐私等方面受到威胁。

如果他们想要匿名，你应当尊重他们的选择。不要承诺你无法做到的事情。原则上，你的所有数据资料都可以经传讯成为法庭证据，尽管到目前为止极少有这种事情发生。

4. 你的所有信息都必须经过提供人明确同意。也就是说，你已经同他们建立起下述关系，即他们知道你想要了解的是什么并愿意提供。这是否意味着你所观察或与之交谈的每个人都必须签署知情同意书？我认为并非如此，但联邦法律规定，我的研究计划应当经我所在学院人文学科评审委员会批准。无论在什么情况下，我都必须有为何无须签订知情同意书的充分理由。

学术伦理

除了要对信息提供者（接纳我们的研究对象、朋友及文化报道人）履行义务，人类学研究人员也要对学术和科学本身承担伦理义务。

1. 研究计划应当明确说明伦理方面的考虑。除非你能表明你已意识到将要承担的风险，否则也就不值得你花费时间或金钱去开展此项工作。

2. 在田野中不得从事任何会给人类学抹黑或降低人类学诚信度的行为。例如，不得捏造数据、妨碍其他研究人员或掩盖失职行为。

3. 为其他田野工作者创造机会。如果你给当地人留下的印象是一个不受欢迎或无事生非的人，下一位到此进行研究的田野工作者就会受到冷遇。

4. 尽可能发表你的调查结果，与其他专业人员分享你的数据，并为子孙后代留存你的数据。这里所说的"尽可能"，并不排斥为单一委托人收集信息，之后由该委托人拥有信息，不予发表或分享。你可能会说："我可不会这么做！"但我就这么做过：为了与美国海岸警卫队就研究漏油造成的社会影响签署合同，我不得不签字放弃对资料的所有权，而由海岸警卫队购得。幸运的是，他们从未禁止我在发表的文章中广泛使用他们的数据资料。要是他们不同意，情况又会怎样呢？

面向公众的伦理

对研究者来说，这份职业伦理守则也包括面向公众的责任部分。它要求我们尽可能准确地广泛公开自己与调查结果，同时也要顾及这种公开对公众及我们所报告人群的影响。

例如，当有记者联系到我时，我可能会在两种情绪之间左右为难。一方面，我非常高兴能有机会宣传我的工作，并发表人类学领域可贵而有趣的作品。另一方面，我又害怕这名记者可能会误解或误读我的作品。如果这名记者为其一己之私利用我，很可能会使我的纽芬兰人貌似愚蠢，或者是给我留下一个黑心刺探者的形象。

教授人类学的伦理

这份职业伦理守则在邻近结束的部分：第四部分"教学"中规定，除了其他事宜，人类学教师有责任让其学生牢记每个工作阶段涉及的伦理挑战。我在本章中就是这么做的。我提出的伦理敏感度可能会让你完全失去进行田野研究的勇气，但我们生活的各个方面都涉及伦理困境；接受自由教育的人们过的却是不断审查的人生。因此，你会从中恢复过来，并继续进行一些有趣的文化人类学活动。

我们如何开展学科伦理研究？

牢记守则就足以让人类学家的行为符合伦理吗？非也。毕竟，这一守则并不具有法律效力。而且从根本上说，该守则只是一份有关人类学共同体文化的声明——是我们对如何开展工作的共有认识。我们所有的工作均公开进行，我们所作的一切都愿接受评论。这一点很重要，因为如果裁量不够准确，任何人都可以检验研究者在其同行"法庭"上经受的批判。

查冈最近就站在了这一"法庭"上。他的《雅诺马马人》出版三十年来，使得委内瑞拉这些原住民以"凶猛之人"著称（或臭名昭著）。查冈从 1960 年代早期开始，对雅诺马马人进行了数十年的田野调查。在对委内瑞拉的多次田野考察中，有一次他带去了一队遗传学家和生态人类学家，为很多雅诺马马人接种麻疹疫苗，当时这种致命性疾病正在居住于亚马逊河流域广袤森林地区的这群原住民之间蔓延。一名调查记者（Tierney, 2002）在《黄金国中的黑暗》一书里，对查冈的这种行为提出了批评。这种预防接种是助长了麻疹流行，还是挽救了人们的生命？查冈的团队是否是在未经雅诺马马人知情同意的情况下对其进行医学"实验"？这名记者瞄准这些问题并提出其他一些指控，一些著名人类学家也支持这些指控，而专业意见法庭则就查冈行为的伦理性一直争论不休。例如，2000—2004 年间，查冈的指责者和拥护者，给专业月刊《人类学通讯》写了很多封信。尽管人类学专业（学会）并不能对伦理行为进行裁决，但它也加入了这场论战，因为这场论战涉及重大利害关系。2001 年，为了帮助被困的雅诺马马人逆境取生，美国人类学学会指派特别小组对证据进行评估。最终得出的结论是，蒂尔尼的著作存在严重缺陷，它"未能遵守负责任的新闻工作应有的伦理道德"，查冈及其团队并没有让雅诺马马人感染病毒，但他们可能也违反了伦理准则。然而，特别小组的报告并未能结束这场论争，查冈案至今仍是纷争不断。在我写作本书时，一场旨在取消特别小组报告的投票公决正在讨论中。不论最后会就查冈田野调查的伦理性达成何种一致意见，单从该案引发的强烈关注就可得出下述一致性结论：田野工作者参与观察另一个社会的活动，很可能会引发一定后果，其中有些后果还会很严重，有些则是无意的，但是人类学家都要对这些后果负责。

有时很难在伦理上作出正确定位，原因在于具体情况的复杂性，以及相互冲突的伦理规则同时存在。我要不要举报发现的犯罪行为？还是说，我应当保护我的报道人和研究项目？我是否应当像社区成员希望的那样，强调社区的族群团结？还是说，我应当根据自己的亲眼所见对其予以否认或提出异议？与此同时，每名民族志研究者自身的情况同样也很复杂，需要综合考虑其家庭教养、政治和专业素养才能作出判断，而这种种不同情况之间，有时就会发生激烈的碰撞。

学生应当遵循哪些伦理准则？

我们应当如何将人类学职业伦理准则，转化为自身行为准则呢？我建议，这个问题可由老师授课时自行展开，因人施教。下面是关于学生伦理准则的三条建议，它们建立在我对前述美国人类学学会准则所作阐述的基础之上。

1. **坦诚**。不应强迫或欺骗任何人向你提供信息。因此，在课堂上不得要求任何人分享与他们有关的文化信息，不得要求上这门课的任何人向你提供信息。师生面临的挑战是，如何在课堂上和田野中营造出一种恰当的氛围，让人们自愿提供关于其自身文化的信息。你要牢记，人类学家将这种良好的工作关系称为亲和力。练习时，你可以到任何通常允许的地方，去看、去听你一般能看到或听到的一切，但不要向任何人谎报情况。例如,我的学生经常发现,尽管他们本身不信,但还是可以自由地参加与某种信仰有关的宗教仪式,但要是他们并不打算这么做的话,就不能让任何人觉得他们信仰这种宗教,或者是打算改信这一信仰。你在观察兄弟会招新聚会时,该指南同样适用:你不能让"兄弟们"误以为你想当牧师。

2. **保护隐私**。从你的报告中不应辨认出任何人,大学校长或市长等公职人员除外。你在收集课外信息时,人们的隐私要比你的任务更重要。作为一项经验法则,可以隐去你资料中所有人的身份。有些人在知道你会把信息用于学习项目时愿意向你提供信息,但这一事实并不能免除你的责任,因为你的报道人并不知道其他人会如何理解他们的言行。除了隐藏身份,还可改变会让人认出参与者的场景细节。例如,你无须指明具体哪栋宿舍楼或哪家快餐馆,而完全可以用"大学男运动队"代替足球队,或者是通过其他方式让他人难觅踪迹。

3. **行为无害**。不得因为报告你所了解的知识而让任何人受到伤害。这要求你作出一些艰难的决定! 如果你的报道人告诉你他在网上购买学期论文,你会怎么办? 在我任教的大学,《行为准则》要求学生向当局举报该人,否则将被视为同犯。如果在你的田野调查中出现此类伦理两难境地,你应当与你的任课老师私下或在课上公开讨论这种情况。

小 结

自然性问题指的是:我该如何了解文化? 在不被水流冲走或变得麻木的前提下,我们应当尽量深入并长时间涉足所要了解的生活之流。我们努力分辨典型情况,给"文化"下了一个定义:对所作所为和每件事物意义的共有认识。通常我们具有人文性,但积累这类概括性结论也是一种科学实践。文化人类学是一门科学,它不是实验科学或理论科学,而是自然史科学。它的主要方法是参与观察,它独具特色的产物是民族志。在进行民族志田野调查时，可以采用各种工作方式和方法工具，但是田野调查的阶段顺序也存在一定共性。

　　我们还提出了一个问题："我以参与观察者身份在场旁观，是否会改变该场景？"答案通常都是肯定的，所以我们应当努力减少自身带来的影响。通过参与观察获得的认识，足以弥补我们所冒的风险和其中不够严谨之处。在田野中，在书桌前，我们经常都会反思我们行为的伦理性，因为这会影响到我们研究的人群、我们的读者、学生及这门学科本身。伦理原则同样指导着学生们对本书的使用。

> ## 👁 严重干扰他人之事（三）
>
> 　　回想起在竹楼上的那个夜晚，有时我不禁会想，如果塔克兰第一场招魂仪式就取得成功——瑞米和他的灵魂得到控制——我是否还会注意到我在场的影响。我的学生也曾问过我："瑞米是不是真被恶灵附体？塔克兰是不是江湖骗子？"我能看得出，瑞米是一个迷茫而不快的青年；你要是觉得你的祖父阴魂不散，你也会终日惶惶不安。塔克兰的专业行为则使他具有某种程度的感召力。而也正因如此，我才会全心全意地加入这群筹钱举办招魂仪式的家人和邻居之中，并挤进小屋为其提供道义支持。
>
> 　　因此，我到了"田野当中"，虽被虫咬但却心记学理，虽执科学好奇却又不堕人文之心，努力参与而不至于令人生厌，故人们的行为能一如往常，而我也能对他们开展自然性研究。我研究的对象是什么？一切事物。第三章讨论的整体性问题，就有助于我们研究一切事物。

第三章

这种实践或观念的背景是什么？

| 整体性问题 |

👁 每样和土豆有关的事情（一）

窗外下着蒙蒙春雨，苏珊与我缓缓地驱车行驶在纽芬兰大北方半岛的西岸，不时躲闪一下路上的坑洼之处。整个早上我们都在雾中穿行。透过烟雨笼罩的迷雾，我们在路的另一边看到了一片独特的景象。我们停下车，摇下溅有污泥的车窗。这是一座用大木板"围栏"圈起的土豆园。一个稻草人，戴着一顶破旧的帽子，慵懒地立在田中央，身上的衣服不住往下滴滴答答。我们已经开了一个小时的车，却没见到一个社区，离目的地也还有半小时车程。为什么田野里会冒出这块土豆园？我们正在考虑在大北方半岛选一个可以住下来的社区，挑一个可以研究的文化主题。写完菲律宾华商那本书，我们就已决定不再重返热带，因此，纽芬兰便成为我们的兴之所至。怀想一下：身居滨海小村，背倚北方林沼，面朝汪洋冰海，将会是怎样一番情景？随着夏季调查之旅逐步展开，苏珊与我将要面对各种各样的问题。我们将会跟

以捕鳕鱼和龙虾为生的渔民谈天，也会跟教师、镇长、商人
和为人母者，交流他们面临的问题及其采取的应对之道。可
是，路旁这座用粗篱笆围起的土豆园却映入了我们的脑海。
那是什么意思呢？

综　述

整体观是一种把观念和行为当作相互关联的要素，置于更大的文
化和异文化背景下来理解的视角。整体性问题讨论的是：这些具体实
践或观念，如何与人们生活的其他方面联系起来？整体性事件关注的
是各部分如何组成一个整体。与此同时，整体又如何影响部分？我们
必须把观念或实践放在文化背景下去理解，因为它们与文化中的其他
观念和实践相互关联。与整体观相对的是**还原主义**，即把一个问题简
化为少数可以观察、控制的因素或变量来看待。

人类学家之所以要思考整体性问题，是因为人们绝大部分毫无意
义或貌似不道德、不实际的所作所言，只有放在更大的文化背景下去
考察，才能揭其真义。例如，对笑话或漫画的理解，完全建立在共有
文化背景的基础上，只要讲笑话的人与听众之间存在文化差异，笑点
就会完全消失。"我不明白这到底是怎么回事"，是研究整体性的文化
人类学家永远都要面对的一个挑战。

总的来说，不经专门训练，我们北美人很不擅长进行整体性思考。
人类学家同样需要不断练习，才能提高他们对事物的整体把握。整体
性思维不但是本书这门导论课的核心主题，而且在所有人类学课程和
书籍中都随处可见。

本章先从整体性思维出发来定义、透视文化。然后介绍人类学家
将人类的行为和思维按照文化联系分成的几种类型。整体观最初源自

早期田野工作者对小型社区所作的民族志调查。那些田野工作者发现，小型社区的不同社会机制之间总是相互交叉——这正是我们本章所要定义和展现的现象。最后我们会通过一个较深入的个案，借助像采集或农业这样的食物生产方式，重新用整体性观点来看待经济。本章还讨论了阻碍我们获取整体性视角的两个障碍。

顺利学完本章，你应该能：

1. 解释像纽芬兰人园圃劳作这些明显边缘化的行为，怎样与当代人类社会的核心问题联系在一起。
2. 解释用整体性视角来研究文化的价值。
3. 用一张图表展现文化的整体联系，解释文化组成之间如何相互影响。
4. 指出并区分六种文化各部分之间整体性联系的类型。
5. 说明为什么要用观察异文化的整体性视角来看待所有的文化。
6. 在民族志田野工作中指出整体观的起源。
7. 指出文化机制的交叉，并用它来说明一个社会中文化的互动机制。
8. 解释整体观视角存在的两个问题，指出如何解决这些问题。

👁 每样和土豆有关的事情（二）

第一年夏季田野之旅在纽芬兰大北方半岛的社区中安顿下来之后，我们与房东和邻居的谈话便逐渐谈到了园圃劳作。等到夏末，我们就计划申请资助，重返纽芬兰研究当地的农业方式。

如果你现在是一个来自传统时代遵循文化传统的本科生，园圃劳作对你来说就是一件你再熟悉和亲切不过的事情。但你可能会问了，我需要投注巨大财力，倾尽所学，来了解饥饿、疾病、环境退化、战争、经济发展或文化排异等问题吗？事实上，我打算申请一笔经费，通过农业这个视角，将这些问题巨细靡遗全部囊括。我们对当地的农业种植考察越多，就越是能够体会到：它们是饥饿与疾病（尤其是败血症、夜盲症和贫血症这些摄入不足导致的疾病）的有效屏障。随着时间发展，我又申请经费研究了过去两个世纪里政府对纽芬兰的摇摆计划：不是宣称纽芬兰人的园圃劳作是农村多样化生计方式不可或缺的一部分，就是将其视为一种无知、落后甚至可能有害的生活方式。我们对纽芬兰的园圃劳作了解愈多，就愈是发现，这些农人发展出了一套在外人看来很是奇特但实则非常卓越的生存策略。这包括将土豆田远隔村外，用大木板围起，用稻草人赶鸟。因而，整体性问题能让我们不再把园圃劳作当作一项狭隘、琐碎的研究主题来看待。实际上，园圃劳作与饥饿、经济发展和性格狭隘等重要主题，有着密不可分的联系。

文化的整体图像

从整体性的角度来考察人类行为，首先建立在"文化是一个各部分相互联系的整合体"这一观念上。系统思考，意味着我们要把文化想象成一张大网，结构、符号、信仰、规律和法则，都在其间相互作用。它能帮我把这些关系整合起来。图 3.1 是文化体系的一种展现。这张图虽然无法展示文化的所有方面，但却有助于我们把文化想象成一个相互联系的体系。其子系统也并非随意拼合，而是出于实际需要与某些其他子系统紧密联系，这从下面纽芬兰北部的例子中就可看出。维系社会的工具和技术，是最基础的文化子系统，它与生物－物理环

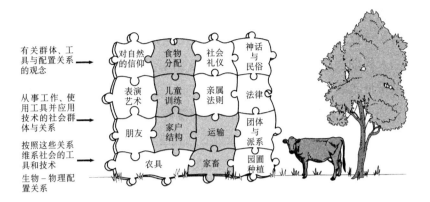

图 3.1 整体性视角下的文化组成。文化中的共有认识由许多彼此不同但又相互关联的成分组成，这些成分通过参与者的日常活动连接起来。书中会展示阴影部分的联系。

境发生直接互动。这就是所谓文化体系的**技术－经济**组成。其次是构成社会群体和社会关系的法则。这些群体组织了劳动，并承担了更高或基础子系统的运行。高于社会组织层面的子系统，是社会所共有的关于社会本身和世界的观念。因而，透过"文化"概念，可以看到三个子系统：技术－经济、社会和意识形态。

头脑中有了这样一种概念，人类学家就会不断尝试将文化的某一部分与其他方面联系在一起。例如，在纽芬兰北部，喂养雪橇犬（文化的"工具和技术"基础之一），会对食物分配产生一定影响，而食物分配则是更高观念层面的一部分，与生存层面相去较远。是中间层将这两者联系在了一起：运输技术、家户结构与儿童训练方式，这些都属于图 3.1 中阴影部分。从食物分配开始：我们认识的纽芬兰人会吃各种海鱼，包括贝类和鱿鱼，但他们却很鄙视狗鲨（一种小鲨鱼）和"平鱼"（鳐鱼）。我在饭店吃过鲨鱼和鳐鱼，觉得味道还不错，那么为什么纽芬兰人会看不起它们呢？要想揭晓秘密，我们还得从儿童训练方式说起：直到很晚近出现强制教育之前，小孩在家户生活中都有很重要的责任。我们现在就能把运输体系与家户组织钩织在一起：小孩的工作就是等船队停靠上码头，拾鱼去喂雪橇犬。最后，我们再来看一下蓄养动物技术：鳐鱼和狗鲨是从码头上叉来的，显然是要拿去喂狗。所以从小叉鱼的孩子长大后，自然是不会吃"狗食"的。因此，雪橇犬运输就通过孩子训练和家户组织，与食物分配搭上了关系。而食物分配也就以这样的方式一直延续下来，即便不用再拿狗鲨去喂狗仍是如此，只因喂狗的记忆经久不灭。这种分配方式反过来也影响了食物获取的基本方式：渔民网到狗鲨，往往随手就会将其扔回海里。

这种整体性思维，就是我们研究纽芬兰园圃劳作过程的基本策略。由于纽芬兰人热衷谈论他们的园圃劳作，我们就在进行田野工作的最初岁月，打开了切入他们生活的方便之门，并逐渐涉入其他更加敏感的主题，例如，他们的财富观、性别角色，以及收入有限的经济之道。由于园圃劳作与生活中其他方面有着多方面的联系，它也就成为我们了解饮食习惯变化、对待自然的态度，以及家庭结构的准确指标。我们可以从广播节目、农业发展署和报纸专栏中撷取新的观念。我们还能看到，采用新技术如何引致日常生活中其他方面发生相应的变迁。1970 年代，当公路穿过纽芬兰北部的云杉林，修路的工人把挖出的土，就近堆在了路肩边上，农人们很快就在那上面种上了蔬菜，因为沿着礁石岸边错落分布的渔村边，少有优良的园圃。苏珊和我跋涉走过的泥泞道路，也由此对园圃劳作产生了影响，进而也给人们提供了一项娱乐活动（沿着这条路一直走下去可以看到驯鹿）、减少了人们外出务工或购物的路程、为青年人求爱提供了场所，并影响了当地生活的其他方面。

从整体性视角出发，透过一个小小的土豆园，就能看出诸多隐藏其后的大问题。文化人类学家博德利（Bodley，2001）在《人类学与当今人类问题》一书中，指出了人类学家的整体性问题，在暴力、贫穷和环境退化等方面的应用。他将这些问题，合情合理地与**过度消耗**、商品化、人口增长、全球化和政治化进程联系到了一起。**过度消耗**指的是，以自然无法承受的数量和比率来生产和消费物品，废弃物无法回收。**商品化**指的是，给一个社会原先通过市场以外的礼物赠予、实物交换及仪式庆典等方式交换的物品和服务，贴上越来越多的市场价格。回想一下前面所讲，全球化指的是，通过物品、人口和信息逐渐增长的流动，将地理上分隔的区域联系得更加紧密。**政治化**则指的是，将地方和地区群体的权力，转移到中央官僚体系之下。

虽然博德利没有在他的书中展现这些方面，但我会在我的纽芬兰研究中，勾勒出他所描述的体系。图3.2是我想象的今天全球关系的整体性网络。看一下网络右边的两个结点。这里反映出饥饿与耗用耕地有关，这代表了这张庞大网络中的一组联系。与之紧密联系的还有缺乏家户收入去购买食物（从左边指过来的一个箭头），以及方块里一系列总结为"人口增长"（从右边指过来的一个箭头）的因素。

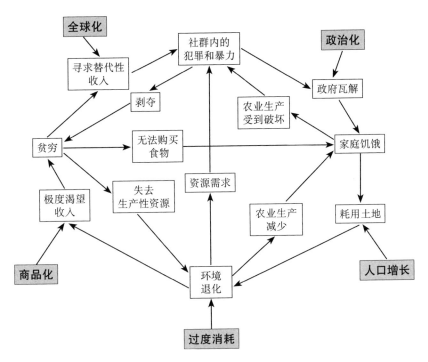

图3.2 文化事务互动网络。整体性视角揭示了环境问题、饥饿、贫穷和社会／政治瓦解的互动关系。这张网络展现了当代生活的五个趋势（见方块所示），汇聚成发展中国家经济和政治问题的原因。经过这类汹涌的事件，文化趋于解体。有关如何处世之类共有的认识，随着家庭离析，为了果腹、御体的短效低耗之举而灰飞烟灭（Bodley，2001）。

像这张相互联系网络一样的整体性图像，有助于人类学家避免滑入简单因果关系的**线性思维**之误，即由于"A 导致 B"，就相信我们抓住了问题的本质。实际上，大多数文化实践都像图 3.2 所示，受到诸多因素的影响（它们是**多因子的**）。除此之外，许多文化实践也是**多因素**决定的。也就是说（我们继续借用耗用耕地这个例子），虽然贫穷、饥饿和人口增长都促使家庭过度耕作土地，但这些因素中的任何一个，都不足以使家庭作出这样的选择。

人类学家所追求的整体性联系，是其他观察者所不太注意的。拉帕波特（Rappaport, 1967）的《献给祖先的猪》一书，是一本关于巴布亚新几内亚僧巴加马陵人的民族志。在这本书中，他将该社会的祭祖仪式，与猪群、首领们的雄心、蛋白质匮乏、结盟盛宴、生育和精神威胁观念，以及开战时间和战略，全都联系到了一起。简而言之，拉帕波特提出：这些联系组成了一个文化体系，使人、猪和土地，在新几内亚空间促狭、农业薄弱的山村，达成了一种平衡关系。猪、园圃和战争在这一体系中的联系，是我最为赞同的。和平时期，没有猪宴飨乐盟友，猪群蓬勃发展，无拘无束。猪闯入园圃，拱撞妇女，女人告到首领那里，首领就会决定举办猪宴。第六章会详细讨论僧巴加马陵人的猪、战争和仪式体系。

对人类学家以外的研究者来说，单是整体性视角所揭示出的关于他们本文化的某些相互联系，就足以令其拍案惊奇。语言学家坦嫩（Tannen, 1994）在《办公室男女对话：女人和男人的交谈风格是如何影响到谁占主导地位的》一书中，将英语说话风格与美国人的工作场所联系到了一起。她描述了工作场所中的谈话，如何引起误解，进而影响效率、导致失业，甚至造成工作危险。存在这些误解的工人，将问题归咎于他人的恶意、能力有限、人品有亏、他们自己的不足，或者是与别人拉不上关系。坦嫩认为，这并不是在讨论个人失败的问题；谈话的参与者只是没有看到说话方式与工作场合之间的联系。误解经常是男女说话风格差异所致。例如，美国商界男性之间的谈话，以体育比赛的笑话和运动方面的比喻最为典型。然而，美国商界女性之间交流的语调，通常都是平等的、附和的。因此，当一个男人与一个女人讨论工作问题时，她就会觉得他很自大，而他则会觉得她做事犹豫，或是她想让他领情。坦嫩承认，这两种方式在工作场合都有各自的用处，但它们之间的差异，有时却会使工作出现问题。她告诉她的美国同胞，要意识到美国的工作场所都为男性主导，所以男性谈话方式是最常见的。女性和其他族群成员，在进入工作领域并按"自己的方式"行事时，他们的谈话方式很可能会使其处于不利地位。

整体性联系的类型

从整体性视角来看，文化的方方面面，会以下述几种方式联系在一起（Harris，1997）。

1. **因果**联系。例如，在前面提到的纽芬兰案例中，喂养雪橇犬是人们不愿吃鳕鱼的一个原因。

2. **背景**联系，意为与较大机制或行为的某些部分有关。我们要从较大的婚姻机制背景下来看待**嫁妆**（新娘家在结婚时交给新郎家的财富），它把两个家庭连在了一起。在第十一章，摩洛哥农民法吉尔·穆罕默德（Faqir Muhammad）发现女儿婚后生活不快时，便开始为嫁妆犯了愁。他对问题的背景非常敏感，意识到婚姻机制有许多复杂因素，而女儿的不快则让所有这些因素都浮上台面：他与女儿嫁妆密切相连的财富，他与亲家公的政治关系，伊斯兰教法，摩洛哥的价值观和礼仪，等等，不一而足。

3. **过程**联系，意为几种文化特征都参与了文化变迁过程。例如，古时候，墨西哥、埃及和中国，都通过书写体系、常备军、灌溉系统和长距奢侈品贸易等文化特征，建立了国家政权组织。这些特征相互影响，共同促成了国家的出现。例如，拥有书写能力的官僚或祭司等级，负责管理复杂的灌溉系统，由此增加农业产量，进而扩大税收，支付管理者的俸禄。国家需要军队来保卫脆弱的灌溉系统，因为他们同样要靠剩余农产品过活。奢侈品贸易令统治阶级得以保持端庄仪容，这些统治阶级包括将领、祭司和官僚。同时，贸易也使得相邻社会，以贸易伙伴关系，替代了彼此间的敌对剽掠。

4. **隐喻**联系，就是用一种符号象征另一种符号。例如，天文学上用来表示金星的图像符号（♀），在其他场合还可表示"女性""黄铜"或"青铜"。我们的诗歌、通俗用语、艺术和宗教信仰中，包含有从性别、金属、数字、恒星与行星、灵魂与神灵观念中借用含义的大量证据。

5. **并列**联系，这些相关的文化要素之所以能够联系起来，是因为它们有着共同的源头。纽芬兰人在其偏远的园圃中播种的蔬菜类别、下种时田垄的形状、用鱼类和海草来肥田的方式，甚至如锸（一种铲子）和镈（一种锄头）之类的具体农具之间，都有历史联系，因为所有这些因素都是爱尔兰南部和英格兰西南部的食物生产要素。除了一些适应纽芬兰特殊气候的变迁外，这些相互联系的园圃劳作特征，都或多或少被纽芬兰人的移民祖先，移植到了新世界。

6. **主题**联系，意为文化实践与观念，在内容、形式或价值上，会整合入同一主题。例如，韩国、中国和日本的社会生活，在很长一段历史时期，都比较注重强调纪律、等级和责任的文化价值观。由这些价值观组成的一个主题，渗入东亚社会包括武术在内的许多方面。学过武术的人类学家范·霍纳（Van Horne, 1996）发现，少林寺流空手道传入美国后，它的主要价值观也随之传入。因而，在空手道大师门下修习，也就学习了日本的价值观念。

地域背景下的文化

整体性视角让我们明白：任何观念与实践，都与文化中的其他方面有所关联；任何文化所承载的社会，都与其所在地域的其他方面，有着千丝万缕的联系。我们文化人类学家，一方面要进入世界一隅一个小社区的日常生活，另一方面又不能将它与其他社区割裂开来研究。考古学家发现，哪怕是数千年前的许多社会，也都通过贸易、劫掠、移民和通婚，与周边许多社会发生了互动。

周边的社会有时非常庞大。霍普韦尔互动圈（Hopewellian Interaction Sphere）是一个证据充分的互动网络，这是一个以美国中西部为中心的美洲土著社会的贸易网络，时间介于公元前 200 年到公元 700 年之间（Waldman, 2000）。这个网络从科罗拉多延伸至大西洋海岸，从加拿大延伸到佛罗里达。这一长距贸易的证据，来自从大型工程和墓葬中找到的人工制品。例如，落基山脉的黑曜石、墨西哥湾的鲨鱼牙、密歇根湖上游半岛的软铜、东海岸的贝壳，都可以从俄亥俄与伊利诺伊的霍普韦尔遗址中找到。这表明，极少存在与世隔绝的人类社群。

甚至还有很著名的学者（Coe, 1999）提出假设，认为中美洲的玛雅人和东亚的中国人，早在公元前 900 年时便有来往。没人认为玛雅文化来自中国，但他们在历法、宇宙论（宇宙观）、天文学和纸制品生产等方面都极为相似，让人不由得怀疑他们是否是天各一方独立发展的结果。不过，这种联系肯定要远远超出一小队中国贸易者被风暴吹到了美洲，因为其中相似的文化特征都非常复杂。

另一个长距互动的案例是古挪威航海者，他们在纽芬兰大北方半岛上建立了一个前哨，该地距离苏珊和我进行研究的地点只有 40 公里。过去我曾认为欧洲与北美在哥伦布之前就有联系的观点，纯属"金字塔是外星人建造的"这样的伪科学，但至少在这个案例中，考古学证实了这种可能（Ingstad, 1977）。考古发掘证实了古挪威传说中的内容：公元 1000 年左右，一支 30 人的船队从格陵兰航向纽芬兰北部，建立了一处有草皮屋和牲口棚的殖民地。考古学家对史前挪威人移民据点的重建提醒我们，早在哥伦布历经万难泊靠于加勒比海岛五百年前，欧洲文化便与北美原住民发生了联系。这些史前先驱在放弃前哨退回格陵兰之前的许多年里，与多塞特因纽特人进行贸易，发生冲突。尽管这次短暂接触对纽芬兰岛随后的历史发展没有产生什么影响，但它却揭示了，该地（很可能）是古挪威人与其他文化之间广袤航行、掠取、贸易范围的最西端，这一范围从冰岛沿着西欧沿岸，经由地中海，远达里海进入东欧。

与此同时，多塞特因纽特人本身也有着广阔的活动范围，与许多文化相邻。他们分布在从哈德逊湾至纽芬兰的北美海岸，并一直抵达古挪威聚落所在的纽芬兰海岸边缘。多塞特人与格陵兰古挪威人之类邻人的互动，在公元 1400 年前很有规律。这一点，可以从多塞特遗址和墓葬中找到的古挪威人工制品中得到证实。

有关跨大西洋贸易联系的整体性问题，让苏珊和我将考古学引入了我们对纽芬兰的研究。事实上，对任何文化实践的整体性考察，例如，成为一名印地语学者，都会涉及所有人类学分支：语言学、文化人类学、考古学和生物人类学。语言学显然有助于我们去理解文字，但考古学也能帮我们揭示印度文字的起源与发展。生物人类学则能帮助我们确认发明文字的南印度人群，或者是揭示印度发明文字后产生的生物性影响。

不同层面背景下的文化

整体性的文化人类学，不仅关注地方文化场景之间的联系，还关注不同组织**规模**（意为分析层面）之间的联系，即关注地方社区与区域，与国家（文化整合体），及与文化之间国际事务的联系。例如，苏珊和我生活工作过的大溪镇，就位于纽芬兰大北方半岛的顶端附近。我们倾心融入当地文化但又不失整体性视角，从细微之处去管窥当地事物及观念，与更大层面体系之间的互动。

地方层面：大溪镇的孩子们都在当地村校上学，但这只是半岛北面由十多所村校组成的教区中的一所。校长和老师都由距此 250 里外的花湾市督导办公室任命，督导办公室有来自大溪镇的代表和学校档案。

省级层面：大溪镇居民要投票选举省长，省长组阁的政府则会为他们村镇筹资维修码头，修建冰球场等冬季设施，以便于他们泊船，提高渔业收入。

国家层面：大溪镇居民向首都渥太华交税，他们的孩子高中毕业后会离开镇子去参军，去修道院，去公司，或去大陆做公务员。反过来，渥太华则会向大溪镇居民发放失业保险，发放新种子对付（土豆）腐烂病，并会派出骑警（加拿大皇家骑警）前来维持治安。

最后，我们还必须从世界层面来审视大溪镇：当地人每天早上运抵海湾的新鲜渔获，都由（散布加拿大大西洋沿岸）代表跨国公司的渔业经销商集中到一起，然后再运送到从日本到德国的市场。

田野中的整体观

随着参与观察在田野调查中成为一种标准研究方法，提出整体性问题也同时成为文化人类学的一个标准步骤。一战期间，马林诺夫斯基因国籍问题（他是奥地利人），而被特罗布里恩德岛上的英国政府办事处禁足于此，由此他便有了充裕的时间，在岛民村落中游走，观看岛民收割芋头、制造独木舟的过程，与长者讨论贸易路线，与岛民共进一餐。由于每件事情都在马林诺夫斯基身边发生，几乎一览无余，所以他也就有机会从整体性观点去看待特罗布里恩德岛民的文化。他总结道，人类学对文化的描述，应该关注社区的所有方面，"由于所有这些方面都是彼此交织，若不了解其他，便一个方面也无从了解"。

　　就像其他小规模社会一样，特罗布里恩德岛民社会的文化，也没有在政治、经济、宗教和家庭构成方面作出明确区分。实际上，特罗布里恩德岛民的文化机制相互渗透。当一个氏族首领向他的邻人、支持者和亲属要求提供芋头，以举办一场向其他村庄炫富的宴会时，就会将所有这些机制都串联起来。例如，为了准备此次盛宴，氏族首领的部民就要多种芋头（经济），因为他们是他的表亲（亲属关系），或者是他们尊崇他的个人人格精神力量，即马纳（*mana*）（宗教），或者是他们欠了他的（经济），或者是他们希望他能帮助调解他们之间的纠纷（政治）。成功举办的宴会，会增加他们首领的马纳（宗教），让出席的客人们欠下人情债（经济），为婚姻带来一些令人向往的新前景（亲属关系），加强联盟关系去劫掠第三方村落（政治），促进精美编织的胸甲的交换（还是经济），增强整个主办村生育之神的法力（还是宗教）。

　　马林诺夫斯基在那些沙滩上闲庭信步半个世纪之后，大部分人类学家都在研究类似特罗布里恩德岛民这样的小型社会，这也使得整体性视角成为一种标准。与此同时，人类学家也发展出一整套采集信息的步骤（既有发明的，也有借用的），并进而提出整体性问题，记录实践与观念之间丰富的联系之网。我们可以打个比方，如果一个文化人类学家在探索疾病模式、语言形式、原初神话、贸易网络和房屋建造（我们热衷做这类工作）之间的联系，那他／她就要熟练运用各种技巧，将这些方面灵活转换、全盘考虑。这也是我们在上一章中列出一系列田野工作技巧的原因。

嵌入性

　　人类学家在对小规模社会进行了数十年的田野工作后，对**嵌入性**有了非常敏锐的意识。嵌入性的意思就是，要看到亲属关系、宗教或领导权之类在我们文化中各不相关、区别对待的文化机制的层叠关系。

人类学家就是带着嵌入性的观念，去观察远达太平洋群岛、近如我们本文化在内的种种社会。

我曾在纽芬兰岛民的泥泞园圃驻足，他们生活的就是一个与我们相去不远的社会，其中的机制几乎都层层相因。在商业捕鱼成为一种"高科技"并于 1980 年代走向衰落之前，亲属关系就与经济相互关联。例如，渔船上的船员之间，一般都有兄弟、连襟、叔侄或甥舅关系。一天捕鱼结束后的加工过程：剖鱼、抹盐、排放，则交由船员的妻儿子女，还可能是祖父母，以及年老的叔伯完成。因而，对船员来说，房子比邻而建最为便利。居住模式由此就与经济合作群体相互重叠。宗教与政治也有交叉。比邻之家的女人会带着孩子去同一教堂参加活动，她们也会作为同一街道成员选举镇议员。收购这些家庭干鱼的商人，通常都是教堂里领读经文的人，他们也会选他做镇议员。议会为了保障孩子们前往学校的道路安全，会制定法律，限制家庭散养的奶牛，并收税修路。学校由教堂管理，可能是救世军派或联合教堂派主办的。建造教堂的男人们来自渔船船队，支付他们工资的则是商人和渔民家的女人们，她们的钱来自缝制海豹皮靴卖给渔民。家庭、政治、经济和宗教（与其他机制一道），就这样嵌入了纽芬兰社会。

这些嵌入性所导致的一个结果便是，我们不再把任何一种单一机制，当成文化实践者作出决定的"纯粹"动机。在纽芬兰，一个渔民网中的一大条肥美三文鱼，既可以从鱼类加工厂给他带来现金收入，也可以是送给学校老师的一份礼物、贡献给圣坛会集市的一件卖品、对某位表亲修好了雪橇的一种回馈，或是家人的一顿美餐。既然有这么多目的要平衡，这个渔民在衡量这条三文鱼的最佳用处时所考虑的，也就不单单是要送去卖个好价钱。

整体性视野下的亲属关系

我拍下贝拉"密密匝匝"的土豆园时，还分析了这些人们是谁，以及他们是如何联系起来的。我在那个泥泞下午所做的笔记，将会告诉我们该如何思考文化的某个方面（具体到这个例子中就是家庭和亲属关系），这个方面又是如何嵌入了包括政治、经济、宗教和社会生活等许多方面在内的更大背景的。

首先，我绘出了一张世系图（图3.3），搞清了这些园圃劳作者之间的血缘和婚姻关系。人类学家在马林诺夫斯基那个时代之前，就开始绘制这种世系图来呈现亲属关系数据。文化人类学家之所以如此关注亲属关系体系，是因为在学科形成的那些岁月中，人类学家深入其中的那些社会，都建立在亲属基础之上。经济、政治和宗教活动与亲属体系交织在一起，这些联系可以具体到谁生活在哪个村子、谁拥有

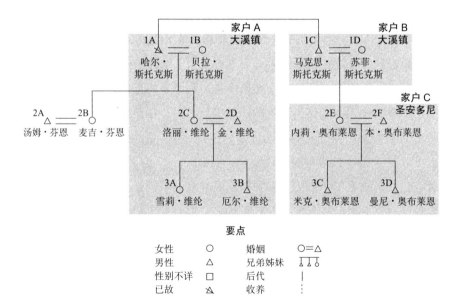

图3.3 贝拉阿姨家一起种土豆田同耕农友的世系图。除了血缘和婚姻纽带，这些个体也通过经济、社会、政治行动和观念彼此联系。

精神或政治权威，以及谁会种芋头。

今天，有不少人类学家都在研究加拿大或法国这类复杂社会，在这些社会中，历史上由亲属关系联系的功能，已被工厂、官僚机关，以及职业化的宗教和教育体系所取代。尽管如此，这些复杂社会仍有亲属体系，亲属群体也依然影响着人们的生活，所以通常而言，亲属关系仍是我们进行整体性考察时一个很有用的主题。我自己就非常乐于绘制、研究我的菲律宾华人报道人的亲属图。这些数据为男性商业生活的故事，提供了重要的背景资料。

在贝拉的世系图中，每个人都用数字和名字代表，以免混淆。在纽芬兰的小村落中，我们经常发现两人或多人重名。我用矩形阴影部分表示组成一个**家户**的亲属，家户表示住在一间住所中的一群人。我们经常把一个家户理解为"住在同一个屋檐下的人"，但因世界上的房子多种多样，所以也就很难给"家户"下一个准确定义。例如，在中国古时候，许多有着千丝万缕联系的已婚夫妇，都会同住在一个大屋檐下，这个屋檐下就住着不止一家。鉴于这种情况，我把"家户"定义成共用一个厨房的一群人。与贝拉同耕的农友包括两类家户：**扩大家庭家户**，即像家户 A 这样至少由两对有亲属关系的已婚夫妇共同居住的家户；**核心家庭家户**，即像家户 B 和 C 这样只有一对已婚夫妇的家户。

我们可以把家户看成**婚后居住法则**的结果，即新婚夫妇该与哪些亲属合住的文化规则。在纽芬兰，占据主流的是**从夫居**，意为新婚夫妇与新郎的父亲同住或住在左近。洛丽和金·维纶维持了他们的主干家庭家户，遵循了一种同样为人接受但相对非主流的**从妻居**模式，意为新婚夫妇与新娘的亲戚同住或住在左近。哈尔·斯托克斯去世后，家户 A 成了一个以洛丽和金·维纶为主的核心家庭家户，他们与洛丽的母亲（贝拉）分担杂务和家计。这种家户模式在人们一生中的循环，在大多数社会中都很常见。

从亲属原则的主题来看，我们可以看到纽芬兰人都崇尚**一夫一妻**

制，意为同时只与一位配偶保持婚姻关系。与我们纽约人相比，纽芬兰人是严格的一夫一妻者，这从人们离异或丧偶后几乎没有再婚的情况中可以看出。从贝拉的世系图中也能追溯父系继嗣的证据：孩子放在他们父亲的亲属群体中来计算，因为纽芬兰（及大多数美国）孩子都继承了他们父亲的姓，这至少在形式上表示他们与父亲的男性亲属（有相同的姓）关系更为紧密。

贝拉的园子为整体性问题提供了丰富的答案。我发现，园子里干活的人不仅一同劳作，还有着共同的亲属联系，都属于跟哈尔和马克思这对兄弟有关的三个家户的成员。贝拉与苏菲也有关系，她们打小就是大溪镇海湾对岸一个小渔村的邻居和朋友。马克思和哈尔婚后搬到了大溪镇，门对门盖了房子，所以这些同耕农友不仅是亲戚，还是多年的邻居，他们的妈妈洛丽和内莉从小就是玩伴。虽然下一代表亲不再为邻（米克和曼尼住在离这里有一小时路程的圣安多尼），但在内莉带着男孩子们来看望父母时，他们仍会经常走动。只有贝拉住在多伦多的女儿玛琪，搬离了这幅从此处开枝散叶的整体图景。

种完园子后，这群农友还要收割，在深秋和隆冬共享储备，照管作物，并经常坐在一张桌上吃饭，尤其是在内莉和本周末前来探望时。亲属纽带连接起来的人们，在其他方面也有经济合作。本去大溪镇收集柴火时，马克思和金会去帮他。而在金失业一段时间后，本则雇了他。濡化也体现在这群一同劳作比邻而居的亲属中。例如，雪莉的裁缝手艺是从苏菲那儿学的，而她和她的表亲则是从每个夏天与家里长辈一起劳作中学会了园圃劳作。这群人通过共同的交往也形成了政治一致性，他们会给同一位镇长和镇议员（一般都会包括洛丽或金！）投票。这个群体还与宗教派别联系在一起，因为除了本，他们都去英国国教（圣公会）教堂。毕竟，金的父亲是一位牧师。而来自一个爱尔兰天主教渔民社区的本，则弱化了他原有的民族性，以便自己可以更好地融入这个群体。

在本章开篇的描述中，我曾提出一种看法：耕种土豆田的行为，在深嵌纽芬兰的经济体系的同时，也与他们的烹饪传统、环境关系、营养和民族传统紧密相连。我在本章中向大家展现了，如何从整体性视角来分析群体（贝拉的农友）行为。我们看到，田园劳作的人们如何通过亲属关系、经济、政治、邻里关系、社会、历史、宗教和其他纽带联系在一起。贝拉阿姨的同耕农友，在大溪镇的家庭中并不特殊，我在纽约州北部的友人，同样生活在这样一个复杂的网络中；所以说，这种嵌入性并非为异文化所独有，整体观问题也不单单属于"部落"社会。

整体性视野下的经济状况

我们把经济引为嵌入性的例子之后，下面就要进一步从人类学视角出发，对经济行为进行更加全面的考察。对一个社会的经济行为进行整体性考察，会把我们引入权力、文化和环境问题。例如，经济行为与权力关系相互影响的方式，就是**政治经济学**的核心。经济体系与环境系统相互影响的方式，则是**生态经济学**领域的重心。而经济观念与实践和文化中其他方面的联系，就是**经济人类学**这一分支学科的主题。这些交叉研究学科的命名表明，人们广泛地认识到，非常有必要对经济机制与文化中其他方面之间的联系加以考察。

人类学家把**经济**定义为：与所需物品和服务的生产、分配及消费有关的观念和实践。注意：这个定义中没有提及金钱和市场，因为并非所有文化都会意识到这些要素。人类学家对一个群体的观念和行为所提出的经济问题包括：他们需要什么物品和服务，谁负责生产这些物品和服务，以及物品和服务是如何分配的。

群体是如何定义"需要"的？

"需要"和"欲求"在不同文化之间的定义，可谓是大相径庭，不断变化。特罗布里恩德岛民需要剩余的芋头，而我们美国人则完全不会觉得我们会需要芋头。特罗布里恩德岛民之所以需要剩余的芋头，与他们首领的成就有关：首领需要通过与其他村庄展开攀比式宴会，来提升他们的地位和精神力量。

群体是如何定义各种资源的？

生产需要的物品和服务离不开资源。我们美国人把小虾定义为一种有价值的食用动物；但我们不会觉得蝗虫有价值，即便从分类上来说它和虾都属于节肢动物。在中国华南地区，广东人有时会吃蝗虫，把它们叫做"旱虾"。美国人对虾和蝗虫的区分，与我们的农业有关，我们依靠农业生产的猪、鸡、牛，让我们吃肉像吃蝗虫一样便宜。

谁拥有关键资源？

所有权通常确认了对资源的控制，以及从中收获的利益。卡拉哈里沙漠中的芎瓦西人，把永久性水源当作**头人**（**游群**首领）的代表，游群意为在一个地区扎营居住，由朋友和亲戚正式组成的小型移动群体。只有头人才能许可其他游群或游动的个人在这个泉眼喝水，我们可以把这视作一种恩惠。许可总会给予，无需付费。泉眼可能是土地上唯一能让某人宣称优先权的特征。否则，芎瓦西人就只有他们背在背上的那点"所有"了：背囊、贝镯、弓箭，而就连这些东西他们也都要与人分享，以示自己并不吝啬。芎瓦西文化把所有权定义为"暂时的职责"，这与他们必须在沙漠中按季节逐猎物和水源而居、与他们的小规模游群和压抑首领权力，以及与其他游群的众多亲友联系有关（Lee，2002）。

想一想，这与我们美国乡村中的资源所有权，形成了多么大的差异啊！每棵树、每潭水、每垄田、每块石、每只鸟或每条鱼，都属于某个人或某个组织，这些人或组织可能是一个郡、一座家庭农场、美国鱼类和野生动物局，或者是一家水力发电公司。所有者对这些资源拥有唯一归属权，但社会则可能会限制所有者动用这些资源。例如，我是我的房产的唯一所有者，但镇上的法律则禁止我在上面树立广告牌。美国唯一无人拥有的自然资源就是空气——或者连空气也为人所属？你看，外国战斗机就无权飞越美国领空。或者你烧一下劣质烟煤试试。

物品和服务如何生产？

纽芬兰人准备盖房子时，不会去找一位房地产经纪，或者是去雇一个承包人。他也不会从自己的收入中拿出一些去交抵押贷款。他会挑上一些亲戚朋友，选定一天，驾上自己的雪地车，去林子里找寻粗壮的云杉树。他的房子都是亲手建造的，现金只用在去百货商店买一些乙烯基地板或墙纸——以及在最终落成的感谢派对上。纽芬兰人取得资源和建造所需房屋的方式，与他们能获得公共土地上廉价的木材，社区相对缺乏现金，伐木、捕鱼工具和技术同样适于盖房，以及他们团队合作与共享的传统有关。相比之下，我在纽约州北部的邻居都住在一种模板房里，建材来自田纳西州的流水线，而这些建材又都是由墨西哥湾或委内瑞拉的石油制成。这一令人瞩目的成就，与贷款制、自然资源的世界贸易、工业组织、发达的州际公路网络，以及盖房者本人忙于高收入工作，无暇也无力建造房子有关。

谁生产了物品和服务？

这是一个关于**劳动分工**，即经济责任专门化程度的问题。是每个人都承担相同的职责，还是把一些工作留给全职的面包师、补锅匠和裁缝？上一段中描述的纽芬兰人盖房子的事情，就几乎不涉及劳动分工。一个社会中的**劳动性别分工**，意为男人与女人之间工作的专门化。即使在同一地区，社会对男人和女人所从事工作的预期，也会有很大不同。例如，在美国西南部的霍皮人中，男人是织工；而在附近的纳瓦霍人中，则是妇女织布。无论是由男人还是女人编织，都应该与男人是否打猎、男女双方谁来自织工氏族、谁负责种地、谁负责放羊，以及织物的使用方式有关——是作为家户的自用品，还是用作跨部落联盟的礼物。在后一种情况下，阿拉斯加海岸的奇尔卡特男性，会为庆典展示和宴会赠礼设计毯子，但之后则会安排由女人去编织（Ballantine and Ballantine，2001）。

虽然**采猎经济**指的是一种依靠采集野生作物和狩猎野生动物（换言之就是男人要把肉拿回家）的经济方式，但是，进一步考察却揭示了，这其中有着更加复杂多样的劳动性别分工。一个世纪前，加拿大因纽特人的生计主要依赖狩猎，男性事实上捕获了大多数海豹和驯鹿。不过，等把死海豹拖进家，要让肉能下口、剔出筋线、加工灯油、制成皮靴，还要花上很多工夫——这些都是女人的工作。女人和孩子还会参加捕鱼、捕鸟、收集鸟蛋，所以她们其实也给家里带来了肉食。因此，因纽特人的劳动性别分工，就与获取的自然资源、迁移群落的规模、技术、配偶从事这些工作的能力，以及其他文化因素有关。与此同时，在卡拉哈里沙漠，不同的整体性联系，使得芎瓦西人男性几乎提供了所有的肉食，但是，妇女采集的富含营养的坚果、瓜类和块根，则提供了占卡路里总量 85% 的食物。

这种生产需要什么投入，回报又是什么？

劳动是一种投资形式，而从生计角度来说，卡路里和蛋白质就是一种回馈形式。李（Lee，1968）跟随芎瓦西男女的采猎过程，计算出每个成年人每周平均要花 12—19 小时来采集各种食物，这些食物平均可为每天提供 93 克蛋白质和 2100 卡路里。这是营养学家对体重 108 斤的健康美国成人建议的卡路里摄入量，蛋白质则有些超标。这些劳动所获得的巨大回馈，与人们丰富的生态知识、熟练使用手工工具、分享食物的传统，以及他们对生活目的的看法（生活并非仅仅是工作并积聚物品），都密不可分。

园圃经济指的是那些农民不靠农具、徒手种植的经济方式，这些诸如特罗布里恩德岛上的芋头种植者，或种植香蕉和甘蔗的雅诺马马人的经济方式，平均 20 分钟生产的卡路里回馈，就相当于芎瓦西采猎者 60 分钟的所获。不过，园圃种植者很多时候都会追求剩余产品，所以他们会工作更长时间。园圃种植者之所以会将劳力投入田园，与他们对亲属和村落首领的义务、对他们的灵魂受到污染的担心，以及贸易机会等其他文化因素有关。

集约化的**农业经济**，即像中国人那样在永久性的农田中投入大量劳力、水和其他物资，在 13 分钟内产生的卡路里，便相当于芎瓦西人60 分钟的采集。不过，由于中国人需要靠农田养活众多人口，所以他们在劳作上花的时间也就更长。他们的投入与上缴国税、给女儿攒嫁妆、攒钱再买头牛、购买风水历书有关。

谁有权力消费这些物品和服务？

所有人都能获得经济活动的产品，这对采猎文化来说，意义最为深远。与全营地每个人一起分享芎瓦西猎人捕获的牛铃，是一项艰巨的工作。另一方面，一起采集食物的女人也要相互分享其每日所获，但她们无需和游群中的每个人共享。芎瓦西文化中还有好几种相关特征，阻碍男人或女人囤积或炫耀任何财富。其中一项约束就是，害怕别人的嫉妒会让自己得上精神疾病。

另一个极端则是集约化的农业经济，其中的分配并不均等。人类学家的整体性解释是，许多诸如士兵、工匠、书记这类为权力精英服务的专业人士，必须依赖农民收获的供给。人们认为有些职位应该得到较高的报酬，所以他们获得特殊物品和服务的权力，也就划分了他们所处的不同地位。许多世纪以来，在中华帝国，帝国政府对不同官爵的支度标准，颁行了一系列严格规定，具体到某级官爵可从国库中支取多少石米、房子该住多大、婚礼筵席允许多大规模，甚至连院门该漆成何种颜色都有一定之规。中国的例子生动地展示了：社会、政治和经济机制如何联系在一起，同时也表明：嵌入性并非仅仅局限于热带小岛上芋头种植者的文化中。

物品和服务如何分配给消费者们？

等到牛铃被拖进营地，或者是把毯子从织机上取下来，一些预设的文化方式早已决定了哪些人可以享用这些成果。人们可以将其送人、交换或卖掉，但不拘是哪种方式，都与这个群体的其他观念和实践有关。

我们把将物品和服务当作礼物或交换物分送的做法称作**互惠**，这在所有文化中都是一种很常见的做法。当一个纽芬兰人给自己孩子一块糖霜面包，或者是一个雅诺马马人给要成为他连襟的男人一把斧头时，社会创造的物品和服务，就在通过文化敷设的路径开始流动。对交换的共有认识，会确定和谁交易、交易什么东西、交换价值是多少。例如，纽芬兰人盖房子时，经常会把他们的木头扛到邻居的锯木坊，把木料"锯成两半"。这意味着，锯木工可以留下一半，然后把另一半还给盖房人。这一多少比较公平的交换，就叫**平等互惠**。

馈赠也要讲求平等，但有时也可以显得更为大方甚至不用还礼，我们把这种情况称作**慷慨互惠**。这种馈赠发生时，大家会心知肚明赠礼者是否希望回礼或给予帮助，以及是不是要回赠别的东西，若是回赠的话要不要略少一点，或者是稍晚一些时候。人们对礼物是用来建立社会关系，还是无需考虑回馈的共识，区分了不同的馈赠。从整体性角度来看，我们可以考察（在这些联系中）体现了哪种社会关系，某种物品或行为为何会被选作赠礼，以及社会情境如何被礼物所改变。

无论何时，一想到馈赠，我就会想起喜剧电影《回到过去》（*Scrooged*，又译《衰鬼波士》）里的一个场景。比尔·默里（Bill Murray）主演的男主角、个性凉薄的电视台大亨弗兰克，纠结于该给他的朋友送些什么圣诞礼物，他的计算很简单："浴巾……浴巾……录像机……录像机——等等，他今年没请我去他的俱乐部：给他块浴巾就得了。"交换的选择取决于（并形成了）社会关系。

另一种分配物品和服务的方式是**再分配**，即将物品汇集到某个焦点人物那里，随后由他予以分派。特罗布里恩德岛民的村落首领就是这样一个人物。他从邻里那里好言哄来芋头，针对竞争的村人举办一场盛宴，用他的生产力和慷慨震住他们。由此，他的追随者的芋头收成，就通过他进入了村里竞争者的锅里，他收到了大人物的威望，耕者则收到大人物的感激。我生活城市的市委会同样是一个再分配的焦点机构。它收取了我们的税金，要把这些钱花在铲雪车、乡村图书馆和穷人身上。红十字会和圣公会也有类似功能。我们从整体性角度来看再分配，就会发现政治与宗教机制经常会导致经济行为。

市场也会计算物品和服务，市场作为交换媒介，赋予物品（铜棒、布匹，或一张有国父华盛顿签名的再生纸等）以价值，为其交换其他物品提供了场所。几乎没有一种文化会把市场看成和分配或互惠一样重要，但是，全球化逐步提升了市场的地位。尽管如此，市场的出现也并不意味着人们就不再积极重视再分配与互惠。

我们之所以乐意从整体性角度去看待市场的一个原因是，人们并不觉得所有物品和服务都适合市场交易。什么不能拿到市场上去交易？为什么？我的纽芬兰邻居愿意与他人交换劳动，而不是出售。其中包含的文化逻辑就是："付我钱的是我老板；但你是我的表亲（或邻居或朋友），这不是一种雇佣关系，所以你不能付我钱。"最近我参加了一场挺大的乡村室内拍卖，房主要举家迁往美国西南部一间公寓。他们把大部分家当都拍卖了之后，把家里的狗也贴上标牌卖了。这让我很是震惊，以至于我觉得他们大概也会把他家的小男孩给贴上标牌，因为小杰瑞和可怜的老狗菲多一样，对公寓来说都是个麻烦，而且还可能会卖个好价钱。不过，好在小杰瑞最终还是跟着大人一起去了西南。由此我得出结论：看来美国人也不是什么都舍得卖。（对不对？）

对整体观的挑战

虽然整体性构成文化人类学的基础，但对其中两点，我们也要保持足够谨慎。第一点可以称为"完美整合的错误"。我们在提出整体性问题时，通常都会假设文化的任何方面都与其他方面有关。然而，实际上，这些联系也有可能非常微弱，无法完全整合到文化中。1961年，澳大利亚政府禁止了巴布亚新几内亚杜姑姆达尼人的战争，人类学家海德（Heider，1970）担心，杜姑姆达尼人的文化可能会因此而崩溃。他发现，部落中仪式化的战争，与杜姑姆达尼人生活中的几个其他方面——在主题、原因和进程上——有关；所以他预言，离开了战争，他们的文化就会走向分裂。但是，实际发生的情况却并非如此。达尼人见识了澳洲人的冲锋枪，聪明地发现：没有战争，他们也照样可以生活。对人类学家的挑战就是，在看到文化各部分联系的同时，不要想当然地认为这些都是必不可少、缺一不可的。

对整体观的另一个挑战，与其自身研究力度密切相关，我们可以称之为"表面化的威胁"，意思就是：我们可能会涉及许多主题，但却很少具体到细部。从整个背景下去考察一些事件和主题，是一个令人钦佩的目标，可是哪个研究者单靠自己一己之力就能处理好跨度如此广泛的主题呢？单是文化体系中的某一个方面，如经济、政治等，就足以让每个社会学家费尽心血。因此，人类学家会不会样样都懂（略懂一二）但却样样不精呢？我可不可以又会解释谱系学，又会保存、识别芦荟叶子呢？我是否要同时做到，又会画地图，又要发现每周集市上分配的物资、理清政治结盟关系、考察人们对外表美或旋律的看法呢？

幸运的是，并非每项田野调查项目都需要我们在技能和背景知识上做到面面俱到。不过，人类学家在探索一个貌似直接的问题时，如关于岳母回避或捕猎驯鹿之事，所涉及的主题范围也确实够庞大的。有志于从事文化人类学的人们，应该对文化的复杂性抱有充分的耐性，因为我们要接触的东西，往往超出我们的经验，会有太多意料之外的情况发生。既然我们依然努力坚持系统性的思维，我们就应无惧于这些挑战。而且要想真正理解事物的发生，有时往往也只有通过"全景视野"这一条道路。

小　结

　　回顾一下，整体性问题始于下面这个问题："这一具体观念或行为，是如何与这些人生活中的其他方面联系在一起的"。目标就是，要让你把研究的东西，跟其他与之互动的文化因素放在同一背景下。提出整体性问题，就是要探讨联系。我们要避免只专注行为的一个方面而忽略其他因素，或是认为其他因素都是"固定不变的"。整体观是一种认识现象的思维方式，有助于我们把现象视作相互联系的部分之体系，我们可以将其想象成一张网络图或流程图。在这张图上，我们可以看到：大部分文化要素，都会受到多种因素的影响。

　　整体观之所以必要，是因为我们发现，文化在一定程度上都是整合的。大多数文化观念和实践，都与文化中的其他一些方面有关。人类学家想要探索的，是其他没有被人想到，或是文化实践者本身不以为然的联系。我们追寻的这些联系，并不全是因果联系，而是部分-整体、过程，以及隐喻、主题、并列的联系。文化人类学家会借助考古学、语言学和生物人类学方面的知识，一道来探索这些联系。

　　整体观建立在古往今来所有人类生活的基础上，让观察者可以从本文化出发，从人类的角度来概括文化。同时，它也可以让我们从其本身来看待文化，而不是借助周围异文化的观点。

　　整体性问题来自文化人类学家在小规模社会中长期生活进行研究的历史，这让我们关注人类的机制在日常生活中是如何相互嵌入的。从贝拉纽芬兰同耕农友的个案中可以看出，她的亲属关系，与宗教、经济、政治、社会、历史，以及其他相关纽带，紧密相连。我们可以在经济、社会和政治机制中追溯这些联系，例如，像芎瓦西人这样的小规模采猎社会，就与中国人这样的大型集约型农业帝国，在文化上截然不同。

　　探索这些整体性问题会面临许多困境。完美整合的错误就在于，它有假设每样东西都与其他事物紧密连接的危险；表面化的威胁则是因为我们想要了解许多事情；因而，我们需要借助各种工具，巧妙收集各种信息，才能发掘我们所欲探讨的庞大主题的内在联系。

👁 每样和土豆有关的事情（三）

探索泥泞路边的田园，可不只是为了那些小土豆。我们采用整体性视角，是要揭示并找到民间智慧、现代化、营养学、家户劳动性别分工、共享模式，与个人能力核心价值、自给自足和互惠等这些纽芬兰文化中其他方面的联系。

对我们来说，纽芬兰的"怠田"（lazy bed）农业技术特别复杂，因为这和我们自己种地的方式有很大不同。纽芬兰人在四面有水沟中间隆起的田垄上种植。他们种植的时候会用海草培田，并会在一个月后在田垄间撒上小鱼。尽管这种方式让农业推广员大眼瞪小眼，但我们却发现，在大多数年份，这种做法确实可以给当地居民提供稳定的作物生产。怠田能在一个每月都有霜冻的地区保持土地温度，并能防止多雨水少蒸发的地方出现水涝。与此同时，海草和小鱼则为土壤提供了所缺的有用矿物质。

纽芬兰人是唯一这样种田的人群吗？缅因州的渔民们也会这么干吗？纽芬兰人拥有大西洋海洋性气候、酸性土壤、用小鱼和海草肥田的技术，以及故国土豆种植传统。我们或许也应该看一下他们的英格兰和爱尔兰故国内那些阴冷而多雾海岸边的园圃吧。安第斯高原的美洲土著农民，在旧大陆居民第一次看见土豆很多年前，就已在用怠田方式种植土豆，这又有何深远意义？在第四章中，我们将会以人类学的方式提出并解答这些问题。

第四章

其他社会也这么做吗？ | 比较性问题 |

◉ **大派对（一）**

　　一月初主显节过后两周，菲律宾人便要为"桑托尼诺先生"（Señor Santo Niño，即"婴孩耶稣"）办寿宴庆生。在大多数以罗马天主教为主的乡村市镇，女人们都希望为桑托尼诺的受孕之光而祈福。但在苏珊和我居住的位于岛屿北端的寂静市镇卡利波，却因阿提汗节（Ati-Atihan）而突然变得活跃起来，阿提汗节是一场桑托尼诺节前后的狂欢。我们和数百名菲律宾城里人驶向卡利波去参加阿提汗节。镇上的居民和单位大开房门欢迎来访者，这些游客大啖免费自取的虾蟹，大喝啤酒、朗姆酒不停，黄夜散会后不拘何地倒头便睡。那里既有假面舞会，也有游艺场，但主要活动还是在镇上广场，那里有十多支盛装舞队的游行，伴随着鼓声、号声、铃声和哨声。

　　一类舞队由50－100名青年男子组成，他们赤裸全身，只围一块腰布，用烟灰从头到脚抹黑，精心装点着贝壳、羽毛和流苏披风。他们经过很好的排练，步调一致，张扬着独特的旗帜，上面写着他们的名字，如"龙族"或"海之子"等。我从边上一位游客那里了解到，舞队的服装是要打扮得像"阿提人"，这是马来定居者13世纪从婆罗洲移民菲律宾之前就生活在这些岛屿上的原著黑人民族。今天称作埃塔人（Aeta）的人群，就是阿提人的后裔，他们仍然居住在岛屿中部的山区。

另一类舞队也穿着盛装服饰，但每支都有一个不同的主题。前面走着斯巴达战士，后面跟着美洲印第安人（他们全身涂成红色），随后是一群衣着泰国舞者服饰的女孩，簇拥着一条巨大的纸龙，她们身后是一大群年轻姑娘，身着粉色、桃红、玫瑰色及地盛装礼服，长袖善舞。从她们打的旗帜上看，她们是医院护士。我找到报道人，弄清了这些是青年会、学生团体和单位员工，他们都在为争得最佳服饰奖、最佳舞蹈奖而争芳斗艳。他们已经为筹备资金、制作礼服、进行排练，花费了弥月时间。

第三类走过广场的舞队叫小丑。他们或单独巡游，或为小队，只是表演小品而不舞蹈，竭力耸人视听。一队穿着大猩猩的服装，另一队穿着黑白相间的条纹囚服。这些队伍的旗帜不显高傲，但却尽有自由精神，"永葆活力的伍德斯托克音乐黑帮"最让我欣赏。一个男人穿成孕妇模样，模仿分娩，两个人跟在后面，挎着医生的包囊，露出婴儿娃娃。一支男性管弦乐队慢腾腾地走过，奏着"幸福的日子又来了"。一个高大的长发男裹着尿片，吸着奶瓶，坐在一个超大的婴儿车里给人推着走。一些穿着小丑服的团体正在发表政治宣言。一群下层阶级的学生推着一张巨大的病床，上面放着一个打吊瓶的病人塑像，上面贴着"菲律宾人"的标牌。一些小丑发表的宣言我听不太懂。一个男人和一个小男孩搭档的组合尤为吸引我的兴趣。男孩刷成金色,裹着尿片。男人穿着麻布衣,像个宗教忏悔者,拿着一个巨大的十字架,十字架交叉处挂着一只烤鸡,两头则绑着土著棕榈酒瓶。

随着白天的表演进入高潮,越来越多的舞队拥上了巴士和卡车;镇子广场上现在挤满了无始无终的游行队伍。舞者与观众之间的区别不复存在。游客戴着傻兮兮的帽子,脸上抹着烟灰,加入游行队伍,或者是组成自己的方阵。长长的康茄舞队自发形成,蜿蜒通过舞蹈方队。日落后,燃起火把。响声渐增,节拍魅人。

在我看来,"这当然就是忏悔星期二狂欢节(Mardi Gras)!"我的人类学家比较本能开始工作,我努力将身边这场欢乐的盛会划入某个类别。我并未亲身参加过"忏悔星期二",但是阿提汗节的花车火炬游行和假面舞会,狂欢和慷慨,异教成分和对天主教的嘲弄,对性别角色的颠覆,以及团体竞争,不由得让我将其与我从电影和书本上了解的"忏悔星期二"相提并论。可现在并不是基督教四旬斋节"忏悔星期二"开始的日子。其他社会也有这么办盛会的吗?这会帮助我们理解这个节日吗?

综 述

因而,比较性问题就是:这个社会的观念或实践,与别的社会一样吗?它们有多少相似或有多少不同?为何相似或不同?文化人类学的目标就是记录人类行为的所有领域,以此来检验我们对人类的概括。人类解决抚养孩子、养活自己、思索宇宙的意义等生活中常见问题的方式,可谓灵活多样。我们对人类天性所作的概括,往往来自对本文化的研究,因而,比较性视角固有的多样性特征,可以为我们的概括提供最好的反例。例如，我们发现，并非所有社会都是暴力盛行。并非所有人类的经济行为都因贪婪而生。并非所有人类群体都对性充满焦虑和窘迫。并非所有人类都渴望自由。人们确实可以通过研究本文化对人类作出可靠的表述，但要检验这些表述并将这些表述扩展到全人类的广阔领域，就离不开一种比较的维度。

本章首先会把人类学的比较方法，与其他非正式的比较法区分开。然后我们会从六个方面，讨论比较方法对文化人类学的客观性所作出的贡献。由于在做比较时我们必须将文化观念和实践抽离出它们的自然性、整体性情境，这一困境将会向我们揭示出比较方法的局限性。应用比较视角和局内人视角，可以在一定程度上化解这一困境。

顺利学完本章，你应该能：

1. 界定并用自己的语言表述比较性问题。
2. 分辨人类学比较方法的三个常见特征。
3. 解释并展现进行文化比较法的六个原因。
4. 解释整体性视角与比较性视角之间的矛盾之处，并能将这两种视角结合起来使用。
5. 比较主位视角和客位视角在考察文化事实时的不同角度。

👁 大派对（二）

　　我穿越镇上的广场，侧身横过围观卡车上舞者的人群。他们身上那些神奇的本地服饰，也是一项非常不同于"忏悔星期二"狂欢的因素。这天的节日还有其他一些不同之处。一位游客解释说，阿提汗节除了祭拜桑托尼诺，还表现了阿提人原住民和婆罗洲来的马来定居者（现代菲律宾人的祖先）之间的和平相处。而且第二天清晨，我在观看桑托尼诺塑像在广场上巡游的过程中，还看到了宣告"丰收"的旗帜。我心想："这就跟感恩节似的。"但是，旗帜是预祝丰收，而不是庆祝丰收，而且随处可见的小孩和孕妇形象，也与丰收节不太符合。

"这有点像马林杜克岛的面具节（Moriones），"与我同游的一个狂欢者告诉我，"但在那里只有看的份儿，不像这里可以有很多参与的机会。"马林杜克是离我们更靠北一点的另一个岛屿。我把这句话记了下来，但我想知道这与面具节的相似之处何在，因为阿提汗节的特点完全就是观众的热情参与。

我尝试进行另一个比较。加拿大的渥太华曾在二月初的隆冬季节主办过一个冰雪狂欢节。节日上有舞会，市民群体竞相制作冰雪雕塑，这些冰雕或者含有政治内容，或是取自流行文化和童话故事的奇幻、怪诞主题。那里没有衣着半裸的火炬游行，但全省每个人似乎都穿上了冰鞋，在灯光下沿着遍布城市的河道散步。扮成小丑、穿成海狸和北极熊的溜冰者，在人群中不断穿行。这和阿提汗节一样，也有原著人群的参与，此处的原著人群指加拿大原住民，他们以长屋为单位，在游行中表演扔雪蛇①。不过，人们没有阿提汗节那样的款待；没有免费食物和酒水，也没有对宗教或社会准则的嘲弄。尽管这个节日给沿河溜冰者提供了特殊的婴儿车，但它缺乏阿提汗节上的婴儿和怀孕主题。

到了卡利波的周日下午，桑托尼诺的偶像又回到了教堂，在神父的带领下，放在托架上，环绕广场和全镇进行巡游。盛装的舞者和游客为节日精神动容，跟在抬神像的人周围。许许多多的桑托尼诺和圣家族成员，每个都有个人或组

---

① 扔雪蛇（snow-snake throwing）：一种印第安人在雪地上掷木棍的游戏。
——译注

织祭祀。与队列同行的旗帜上写着"桑托尼诺先生万岁"。我把阿提汗节的这个阶段视作"圣徒节"。几个月前,我曾参加过我们市郊区杰罗镇的圣徒节。这个节日和阿提汗节一样,组织有比赛和集市,在镇广场的地摊上,还有小贩卖蛇。其中特殊的仪式也是好几辆盛装花车巡游,展现约瑟和玛丽的偶像。不过,与花车伴行的管弦乐队,以及穿着周日盛装的男人、女人及儿童,全都是整齐列队。他们高举华丽的旗帜,旗上话语无比虔诚,远甚于阿提汗节上对婴孩耶稣的戏谑标语。在杰罗镇也是如此,围观者很少,一脸严肃地站在一边。就我对菲律宾的其他宗教节日所知,要数杰罗镇的情况最为典型,但我可以看出它与这个下午在卡利波广场上熙熙攘攘的节日之间的亲缘关系。"相似,而不相同",我在自己的田野笔记上写道。

几年之后,我了解了新奥尔良的黑人 — 印第安混血人,从中见识到了阿提汗节的另一个类型。住在新奥尔良市区的工人阶级非裔美国人,"戴着"庞大的多彩羽毛服饰(大体上类似于夏安族的鹰头饰),用盾牌、毯子和其他印第安艺术的丰富象征物,举办他们自己的"忏悔星期二"狂欢节。大街上的面具游行,伴随着居民们的群舞。演奏的音乐混合了卡津人、加勒比人和非洲西海岸风格。戴面具的人按"部落"组织分列,花费数月时间去聚集资金,缝制礼服。礼服和歌曲传递出力量与骄傲的信息,表达出他们对印第安人的敬意。符号、用词和名称("大酋长""寻踪酋长"),表达了他们对保护逃跑奴隶及新获自由奴隶的美洲原住民,以及彼此之间通婚的赞美。因而,新奥尔良的黑人 — 印第安混血人,在很多方面都与阿提汗节的舞队有类似之处。两者间的显著差异则在于:阿提汗节的罗马天主教特征,以及它的滑稽和丰饶主题。

我见过的节日愈多,也就愈发肯定:有很多节日都可拿来与阿提汗节进行比较。许多巴西、法国和德国城市，都有以狂欢和巡游为特征的"忏悔星期二"狂欢节。有些如巴伐利亚在主显节开始的喧嚣节日，和桑托尼诺一样。这些都贴上了嘉年华的名称，庆祝春天到来，庆祝丰饶，满足肉欲的欢愉，平日不许的所有事情都在此时开禁。近来我还发现，在新奥尔良的"忏悔星期二"狂欢节上，面包师做的"蛋糕之王"，是会给家里的欢宴带来好运的象征：一个婴儿的形象！卡利波围绕着圣徒节的阿提汗节，在罗马天主教世界中广泛存在。这与拉美国家的节日尤其相似，因为它们和菲律宾一样都有西班牙殖民的历史。例如，一些墨西哥圣徒节的特征就是：歌颂圣婴、寄望丰饶、偶像游神、精美面具、管弦乐队、举办集市、为"丑陋国王"加冕、焚烧巨像、倾情纵饮。

　　因此，对阿提汗节的参与观察，促使我提出一些人类学问题。当我努力想要弄清周围舞动的人群时，这些经历让我提出了比较性问题：这些仪式与其他地方菲律宾人或其他民族的节庆仪式有何相同或不同之处？我的目标是将其加以分类，至少也是暂时分类。"这是一个圣徒节，这是'忏悔星期二'，这是颠覆仪式，这是谢神节日 ……"我挨个考察，当我将其放在一个类别下进行思考时，这个类别下其他文化的仪式，为我提供了许多可以询问之处，例如，节日的功能。我想："这是对他们先人的祭祀，或是一个和平协议，或是孩子庆生仪式，或是在一段有限时间内对现有体制嘲讽的宽容。"比较方法还对傻兮兮的帽子和花车的意义给出了可能的解释。比较法从整体和部分的角度，分别提出了这些仪式的起源。这个节日可能有西班牙传统、罗马天主教、前基督教时期的马来亚文化，以及全球大众文化等历史之源。当然，我并不想把阿提汗节简单解释为"不过是另一种嘉年华"、与其他嘉年华狂欢节在特征上别无二致。不同之处与相同之处一样有趣，这两者一同将阿提汗节的本质呈现在我们面前。

我们该如何比较？

某种意义上，每次文化接触的时刻，都可视为一次文化比较：观察者站在自己本文化的视角，去接触一种不甚熟悉的文化。与人们自己的文化进行比较，并不像看上去那么简单；而这也正是人类学人文诉求的核心之一：增益我们对自我的了解。第九章还会进一步探讨这一诉求。通过比较来了解自我，也是本书的目的之一。但与大部分本文化之外其他文化之间的比较，则是人类学与众不同的研究方面。

比较不同的社会并非人类学所专有，比较心理学、比较社会学、比较经济学和比较历史学等学科，也都会比较不同的社会。而且比较的方面也不独一。比较可以针对各个层面，既可以是一种文化内部，也可以是对世界范围内数百种文化的考察。一些比较建立在人类学家进行比较性田野工作的基础上，另一些比较建立在其他人收集的出版报告的基础上，还有一些比较则是把田野工作与文献结合起来。文化的所有方面都可以加以比较，从怀孕妇女专供或禁用的食物（Ayres，1967），到战斗胜利方处理俘虏的方式（Slater and Slater, 1965）。从这些人类学的比较方式中，我们可以找到三个常见特征（Lewis, 1956）。

第一，人类学家在头脑中牢记整体性背景。要想提供充分的整体性背景，就必须有关于进行比较的文化的详尽报道，或者是来自个人的亲身经历。这些知识能让我跳出眼前视域，看到所考察的特征与其他特征之间的联系。例如，本章开篇，我注意到阿提汗节是菲律宾基督教文化的一部分；所以，它没有在四旬斋节开始时举行，事实上就表明它并非类似"忏悔星期二"那样斋戒阶段之前的派对。从整体性角度来说，阿提汗节符合菲律宾人的历法，而不像"忏悔星期二"那样符合新奥尔良人的历法。

如果只比较一些文化（这常是研究的一个核心目的），保持整体性背景就会比较容易做到。美国西南部悬崖文化保护计划（Kluckhohn and Srtodtbeck，1961），就是文化背景保护的一个范例。一支由人类学家和心理学家组成的考察队，对同一地区的五种不同文化进行了自然史考察，这五种文化包括：西班牙裔美国人、纳瓦霍人、祖尼人、摩门教徒和德克萨斯农场主。一开始，比较这五个族群文化的价值是该项目的首要目标，但是，随着研究者拓展了他们对族群历史、宗教和经济的认识，如何解释这些异同之处立马变得重要起来。

第二，人类学家在比较文化时，不能被表面异同所迷惑。比较法固然复杂，但当我们深入进去就会发现，其实颇为准确。大多数特征都是"既有几分相似，又有几分不同"。卡利波的菲律宾人和新奥尔良的非裔美国人都穿着华美的服饰，让人想到这片土地上的原住民族群。然而，菲律宾人扮作"阿提人"，与非裔美国人扮作夏安人的"大酋长"，却是出于不同原因。我认为，盛装的菲律宾人是在一种想象的前基督教文化中欢庆自由、纵欲的观念。而盛装的非裔美国人则是从自奴隶时代起便一直保护他们、与他们通婚的印第安邻人那里吸收了尊严与力量。所以说，并非所有衣着精美羽饰盛装、效法"高贵先民"的行为都有相同的含义。它们"既有几分相似，又有几分不同"。

如果比较文化时不够小心，就会导致各种妄加推测。20世纪早期，人类学家史密斯（Smith，1928）受到当时对古埃及大量考古发掘的鼓舞，写下了《开端：文明的起源》一书，把世界上其他古代国家都视为古埃及文化**传播**（借用或移民）的产物。埃及人在四千五百年前建造了金字塔，三千年后危地马拉的玛雅人也建造了金字塔；所以史密斯提出：玛雅人肯定是通过与埃及人的接触，或者至少也是从埃及人的观念中，获得了建造金字塔的想法。史密斯的理论是，因为相似，所以它们有相同的起源。然而，事实上，这两种金字塔并不太相似。埃及金字塔是边缘平滑的覆盖墓室的陵寝。举行过王家葬礼之后就会被封闭，永不挪作他用。相比之下，玛雅人的金字塔则是一座阶梯建筑，只有一些内有墓室。大部分都有台阶，供人拾级登上顶端的神庙，神庙中会周期性举办纪念仪式。简言之，这两种建筑都与它们各自的宗教紧密相关，但也正因其各自宗教不同，所以各自建造的金字塔也就有所不同。不过，这两种金字塔确实值得一比——例如，它们在一定程度上都有太阳崇拜的成分，都建在没有山丘的土地上，都展现了成熟的工程设计和控制巨大劳动力的能力——但是，所有这些显而易见的异同之处，也都需要谨慎考察。

第三，人类学比较法还有经常需要注意的一点是，人类学家与也会进行比较考察的记者或小说家有很大差异，因为人类学家会使用"相关"和"共变"这类严格的方法。统计和其他分析工具，可以帮助我更加细致地去对待所谓的"相似"，或同时描述许多异同之处。我在卡利波的田野调查中，有时会非常严格、有时也会较为随意地使用两种方法；下面我就来介绍一下人类学训练中经常使用的这两种比较方法。

在本章开篇我还搞不清阿提汗节时，就将它分别与几种文化加以比较，以确定它们之间的共同特征。这叫 **Q 模式分析**，即比较几种文化中的各项特征。我每次比较一组，先将阿提汗节与面具节（其他菲律宾人的节日）比较，然后将阿提汗节分别与巴西的嘉年华、新奥尔良黑人–印第安混血人的"忏悔星期二"狂欢节，以及德国和加拿大的节日单独进行比较。我选来进行比较的特征，都与公开饮酒、集体舞蹈、游行、彩车、展现宗教形象、丰饶主题、嘲讽政治和宗教、性别易装，以及其他令我震撼，或从我的学科训练中获知的特征有关。

我的 Q 模式分析可以看成是表 4.1 的列表结构。例如，在比较菲律宾人的阿提汗节和加拿大人的冰雪狂欢节时，结果显示在第一行第五列，我发现它们之间有三个共同点：展现了之前的原著居民，社区群体之间的竞争性展演，用动物或小丑装束巡行。在 Q 模式分析中，按照定义，共同点越多的节日越相似。所以，阿提人的阿提汗节与里约热内卢的狂欢节（6 项共同特征），就要比与加拿大的冰雪狂欢节（3 项共同特征）更为相似。这种 Q 模式分析是我考察某些节日为何相似的第一步，随后我就要对它们的历史提出时间性问题（第五章），对它们的意义提出解释性问题（第八章），以及其他人类学问题——把所有

表 4.1 大派对:用 Q 模式分析比较节日之间九项常见特征的数目 *

	马林杜克岛的面具节（8 项特征）	里约的狂欢节（6 项特征）	新奥尔良的黑人－印第安混血人"忏悔星期二"狂欢节（5 项特征）	巴伐利亚的狂欢节（4 项特征）	渥太华的冰雪狂欢节（3 项特征）
卡利波阿提汗节9 项特征	8	6	5	4	3
马林杜克岛的面具节		4	3	2	2
里约的狂欢节			2	3	1
新奥尔良的黑人－印第安混血人				1	1
巴伐利亚的狂欢节					3

* 这九项各种节日中存在或不存在的特征包括:斗舞、丰饶意象、四旬斋节开始、公开饮酒、
  性别易装、政治嘲讽、崇敬原住民、罗马天主教形象和彩车游行。

问题一起提出。

我还感兴趣的是，哪些节日特征最常出现，哪些特征只是相伴出现。对这些比较性问题的回答称作 **R 模式分析**，即比较特征在不同文化中的分布。先从特征开始考虑，找出哪些节日具有这些特征。例如，在四种文化的节日里都能找到"斗舞"（里约的狂欢节，新奥尔良黑人－印第安混血人的"忏悔星期二"狂欢节，卡利波的阿提汗节和巴伐利亚的狂欢节）。表 4.2 展现了对六个节日特征的 R 模式分析。"斗舞"位于第二列。为什么那四种文化都有这一特征？为什么渥太华的冰雪狂欢节上没有斗舞？这张表格可以让我们更加清晰地看出，哪些是需要作出解释的。R 模式分析也揭示了哪些特征是每个文化共有的。例如，"公开饮酒"和"斗舞"共同出现在三个节日中（第二列，第二行）。出现在哪些节日上？它们出现在巴伐利亚狂欢节、黑人－印第安混血人"忏悔星期二"狂欢节和阿提汗节上。为什么是这三个？对阿

表 4.2　大派对：用 R 模式分析比较六个文化特征在两个节日中同时出现的数目 *

	公开饮酒（5 种文化）	斗舞（4 种文化）	性别易装（3 种文化）	崇敬原住民（2 种文化）	政治嘲讽（5 种文化）
罗马天主教形象（4 种文化）	4	3	3	2	4
公开饮酒（5 种文化）		3	2	2	5
斗舞（4 种文化）			1	2	2
性别易装（3 种文化）				1	3
崇敬原住民（2 种文化）					1

* 用于比较的五个文化节日为：卡利波的阿提汗节、里约的狂欢节、新奥尔良的黑人－印第安混血人的"忏悔星期二"狂欢节、巴伐利亚的狂欢节、渥太华的冰雪狂欢节。

提汗节的 Q 模式和 R 模式分析，都体现了人类学家将大量表征整合到一个体系，并提出清晰研究计划的努力。

我们把这种文化与另一种文化进行比较后，能获得什么？

比较方法对人类学研究有六个方面的价值。它可以帮助我们审视自己；了解文化多样性；认识并尊重差异；发现放诸四海而皆准的规律；分析不同区域；记录变迁或不变。每个方面都与某些方法有一定联系。

审视我们自己

比较法的目的之一就是从一种新的视角来审视自己，即通过另一种文化中的人们，发现人性中的普世性。人类学家克莱德·克拉克洪（Clyde Kluckhohn）在 1944 年说过一句名言：人类学为人类提供了一面镜子。透过这面镜子，我们能用更大的多样性来看待自己。透过这面镜子，我们的本文化就会呈现更多异域性，因为它将会与许多异文化放在一起来比较。例如，既然全世界90%的婴儿都是与大人同睡（Small, 1999），那么美国人把婴儿单放一屋让其独睡的情况，难道不让人觉得奇怪吗？

另一方面，有些人的文化可能并不会显得那么有异域感，因为比较显示，它与其他文化较为相似。许多美国人得知摩门教曾有遵奉**一夫多妻**制的特点后都大为惊讶，但事实上，来自世界上93个前工业时代文化的样本显示，其中75%都允许或鼓励多妻（Murdock and White, 1969）。严格的单偶制（不论何时都只能一夫一妻！）只占这些文化的24%。所以说，虽然摩门教徒的婚姻法则在19世纪的美国社会中显得颇为离经叛道，但从更大的世界角度来看，他们其实要比其他美国人的婚姻显得更为"普遍"。

我们可以把文化表述为："许多对本质相同问题或有差异的解答"，这些差异是由人类的生物和环境多样性造成的。这就是文化比较之所以有趣的原因。我们可能会对纽芬兰人把蜘蛛网用作药物或泡树叶水感到陌生，但我们却很容易看出：一位母亲因与自己的孩子分离，或者是让自己的孩子失望而表现出的焦虑。

这里我们来考虑一下中东妇女是否受到男性压迫这个问题。包括很多民族志研究者在内的西方观察者通常得出的答案都是：这些女人受限于家庭领域，禁止参与公共领域，即无法进入男性主导的政治和市场。然而，关于中东女性的民族志（尤其是女性所写的）提供的比较视角，则提供了一个不同的答案。人类学家纳尔逊（Nelson, 1974）通过比较，观察到西方人把"家＝女性＝无权"和"公共＝男性＝权力"这一分类方式，应用到了中东社会情境，但这一分类方式其实并不准确。纳尔逊问及该文化中的妇女她们有何影响、能控制什么时，她们一再提及她们可以通过几种方式去影响男人和公共领域。她们在家庭和亲属事物上有深远影响，她们可以通过自己的意识去影响男人，她们可以促进结盟，她们可以从妇女独一无二的稳固网络中获取重要信息，并把这些信息提供给亲人。她们与西方人刻板印象中蒙面的妻妾大相径庭，蒙面妇女可能更像我们而非她们，通过仔细比较而浮现出来的中东妇女形象是：她们在生活中的重要事务上发挥着影响，其中也包括男人们自认为占据主导地位的公共领域。

写作民族志时，与我们自己的文化进行比较在所难免。民族志研究者永远都要解决的一个问题就是：如何将另一群人的共有认识，翻译成他 / 她的读者（通常是民族志研究者的本文化成员）所能理解的语句。民族志试图让异文化变得略显熟悉。例如，布洛迪（Brody, 1981）所写的关于一个加拿大原住民的民族志《地图与梦》一书，就描述了生活在不列颠哥伦比亚东北部森林中靠渔猎为生的德尼扎人。布洛迪与德尼扎人一同生活的时候，有一条天然气管道穿越了他们的领地，他提出了与加拿大官方截然不同的解释，认为这条管道的铺设并非善举。在听证会上，一些德尼扎男人出示了一张驯鹿皮地图，上面记录了一个老人在某次启示性梦境中得悉的前往天堂的路径。加拿大官员不解其意。与此同时，布洛迪发现，那些官员也有表现他们觊觎该地区的地图：自然资源开发图。不仅如此，许多加拿大白人也像德尼扎人一样，能够感受到他们与荒野之间在精神上的联系，他们也想在德尼扎人的土地上狩猎、捕鱼。布洛迪成功地向观者展现了两种文化都依赖地图与梦想。但他心里很明白，德尼扎人的驯鹿皮地图，并不会为渥太华的立法者所理解；所以他仔细标出了德尼扎人狩猎、捕鱼和采集浆果的地方，展现出这些地方对德尼扎人所具有的经济价值，好让加拿大白人也能明白，这些原住民社区仍在"利用"自己的土地，而管线一旦铺设，就会给他们造成难以弥补的深远影响。

了解文化多样性

比较方法的第二个目的是：记录全世界文化在观念和实践上的多样程度。默多克（Murdock, 1967）与其助手一道，最终在《民族学》杂志上发表了关于 1264 个社会的文化档案。其中记录了 860 个历史上独自生活的采猎社会。一些此类社会以很小规模的人口生活在小片土地上，与相邻人群有着相似的文化，有关他们社会的记载甚是寥寥，因为他们的文化发生过剧变，人口正在渐趋消亡。尽管如此，我们仍然可以从这么多的文化中看出，人类作为一个物种在行为上所表现出的巨大差异。要考察如此众多的差异，文化人类学家不得不诉诸比较。

把所有时代的所有文化作为我们的研究对象，可以确保我们不会仅仅从本文化出发，以偏概全地去囊括所有人类。我在菲律宾有一个重要报道人，是一个在台湾受过教育的华人，他曾嘲笑他的公立学校课本上堂而皇之地写着"世界历史"，实际上书里面的内容却只有中国历史。他将自己的文化视作众多文化之一的观念，令我感慨他的与众不同。

要想展现比较性问题是如何阐明人类多样性的，我们可能需要进一步深入之前提及的默多克对婚姻类型的跨文化考察。美国人那种一对夫妻在自己的家户中以核心家庭为单位生活的道德和理念，并不能放诸四海而皆准。历史上，世界各地的婚姻形式和家户类型，都有哪些不同的变化呢？关于 186 个前工业社会文化的标准跨文化样本（Murdock and White，1969），给出了一个回答的范本（表 4.3）。

表 4.3　186 个前工业社会文化样本中主流的婚姻形式 *

婚姻类型	样本中的文化数量	占样本比例
一夫一妻	34	36.6
有一夫多妻	36	38.7
有些一夫多妻	22	23.7
一妻多夫	1	1.1
总　计	93	100.1

*　样本中另外 93 种文化缺乏数据。
　　引自 Murdock and White（1969）。

这些数据更加明确地证实了我之前所述，大部分美国人选择的婚姻形式都属于非主流。样本大约五分之一的文化中有些家户存在一夫多妻；由此我们可以得出结论，在许多其他允许或提倡多妻的文化中，一夫一妻仍占大多数。而且，工业社会的道德和理念都是一夫一妻。但要注意，这其中还有另一类婚姻形式：**一妻多夫**，意为一个以上的男子娶了同一个女子。样本中只有一种文化属于这一类型，即南印度的托达人。为什么会存在这样一种婚姻形式？是不是因为人口中缺乏适宜的女性？一妻多夫为何如此罕见？是因为男子会因此嫉妒吗？我们在下面讨论到比较方法对解释文化实践的价值时，会再次讨论一妻多夫问题。

认识并尊重差异

对文化多样性的考察，同样揭示了文化的独特性和与众不同之处，而人类学家站在人文学者的角度，也对这种独特之处充满敬意并乐在其中。我在讨论阿提汗节时提到的比较对象，并不是要把一些文化现象（"这是一个'忏悔星期二'狂欢节"）分类归档，然后便撒手不管；事实上，做这些工作的目的是为了找寻"反常数据"，即无法简单解释的反常个案，然后把雷同的比较项先放一边，全心投入去考察这一个案。

眼下就有这样一个个案。世界上大部分社会都是**族长制**（patriarchal），意为男性掌控公共生活领域（政治、经济、宗教），而且常常在私人领域（家庭、家户）中也有合法的权力（Rosaldo and Lamphere，1974）。这样一种概述马上就会激起人类学家的热情，背起行囊去寻找反例。莱波斯基（Lepowsky，1993）就决定找出一个这样的反例。她的《故乡的果实：一个平等主义社会的性别》一书，是一部关于新几内亚附近苏德斯特岛瓦那提那伊人（Vanatinai）的民族志。瓦那提那伊人的亲属关系是母系继嗣，即孩子是其母亲亲属群体的成员，所以在他们的生活中，有影响力的男性是他们的舅舅。但从我们对亲属关系和女性地位的比较研究中（再次应用了 R 模式分析！）可以了解到，母系继嗣本身并不一定（等于）女性平等。莱波斯基报告，瓦那提那伊人天生性别平等。他们的观念支持性别平等，他们的实际行为也与之相符。女人和男人都能获得威望，参加仪式交换和悼念仪式，安排自己的劳动，安排劳动所得和他人的劳动。

如果比较法揭示真正的性别平等凤毛麟角，那它为什么会存在于这个南太平洋岛屿呢？莱波斯基指出，客观条件与文化倾向这一整体性网络，共同塑造了当地的性别平等。除了女性通过继承掌控土地；还包括社区规模较小、成员组成具有流动性、（包括妇女在内的）个人可以自由移动；尊重个人自主；合作是核心伦理，不存在一小撮攫取政治权威的人；在其他社会关系（如代际关系）中没有等级制。她总结道："瓦那提那伊人的案例表明，女性屈服男性的情况并非一种人类普遍现象，更非天经地义。"

发现放诸四海而皆准的规律

人类学家报道过关于女性地位、房屋建造、身体装饰、治疗仪式等世界上类型各异的有趣现象，数量不胜枚举。经过一个半世纪的田野工作和分类，文化人类学家对世界上大量文化都有了汗牛充栋的翔实资料。一个文化研究者该怎样通览这些多样现象，或者是仅仅通过一个案例去检验一些关于人类的假设呢？

默多克（Murdock，1967）的《民族志图集》（以下简称《图集》）一书，是一本可以帮你概览世界的经典材料。《图集》对862个有案可循的社会里的84个文化主题（亲属关系、饮食、语言、宗教、房屋类型、渔具等）做了等级排序。该书对世界上各种文化提供了一份有益的概览和长达40年的个案资料。另一种比较数据文献是"人类关系区域档案"（HRAF），许多研究型大学都订有这份文献。"人类关系区域档案"现已大量数据化，其数据库由最初的民族志摘引构成，描述了全世界范围内的121种文化（www.yale.edu/harf）。《图集》列出了有关同一文化不同表征的摘引，这些可以作为跨文化比较的索引。

使用《图集》或"人类关系区域档案"比较文化时，要做大量细致工作。我们在区分加纳的阿赞德人、北美大平原上的福克斯族（梅斯夸基）印第安人，以及荷兰人的某些实践是否相似、是否可以归为一类时，其实非常困难。这个文化中的神格是否够"高"、那个文化中的神格是否够"远"、是不是和我们的某个类别相吻合？这个社会的样本能否代表世界上的所有文化？另外，会不会出现下面这种情况：两个或两个以上的样本文化之间存在历史联系（这种联系造就了它们在宗教信仰上的相似性）——这样一来，我们实际上比较的就不是互不相同的独立个案？

一些文化人类学家还会为世界范围内统计研究的不足而倍感受挫。不同的田野工作者在不同的田野环境、不同的时代中收集的信息，可能既不完整，也不准确。但值得称道的是，这类世界范围内的比较，确实经得起"明确性"科学标准的检验：所有的数据和分析过程都清晰呈现，因此后来者就可以检验（或改进）作者的文化样本，或采集条件，或分类情况（如科曼奇人或毛利人解决矛盾的方法）。而像这种过程的明确性在民族志中并不多见（Cohen，2003）。

尽管跨文化比较有其必要，具有不可或缺的作用，并有科学需要，但这其中的困难与不足之处也不容忽视。前面我们提到了一种比较罕见的婚姻形式：一妻多夫制，这里我们就以对它的解释为例。我们可以比较不同文化，发现一些规律，帮助我们解释该文化为何会采用这种实践。通过跨文化比较发现，一妻多夫制非常罕见，大部分存在于南亚的托达人（这是一个南亚的畜牧社会）、斯里兰卡农业社会的僧伽罗人、中国西藏和尼泊尔北部实行农牧混合的藏族人中。一妻多夫主要是要解决女性不足这个问题吗？实际上，托达人和僧伽罗人确因**溺杀女婴**，即有选择性地溺死新生女婴，导致女性不足。跨文化比较发现，人口比例中缺乏女性比较罕见，所以初步来看，是溺婴造成了一妻多夫。例外的是，有些社会在溺杀女婴的同时并不一妻多夫。委内瑞拉的雅诺马马人也因溺杀女婴造成女性不足（不足并不明显，因为许多男性都因暴力而英年早逝），但他们奉行一夫多妻。一夫多妻再加上女性不足，使得雅诺马马男性父系亲属群体间，在寻找适婚女性时的紧张加剧，也就不足为奇了，但竞争配偶则是另一项值得跨文化考察的规则。除了溺婴，对比研究还揭示出某个社会奉行一妻多夫制的别的什么原因呢？

一妻多夫的另一个解释是，这种方式可以防止出现许多继承人，导致生产资料分析流失。思考一下其中的难题：一个有三个孩子的农民，要把土地留给其中一个，让另两个自谋生路，这是一种欧洲人常有的模式，但对两个一无所有的孩子来说却并不理想。这个农民也可以把土地平均分给继承者，但这得在土地能让每个人都能维持生计时才有意义，就像美国在 17—19 世纪开拓边界时那样。要是生产性土地没有增加，每代人的进一步析产，很快就会让有用的资源所剩无几。为了解决这个问题，藏族人就实行了**兄弟共妻**，即几个兄弟共娶一个妻子（Goldstein，1987）。藏族人并不溺杀女婴，也不存在女性不足。他们缺的是良田。在喜马拉雅高耸的山脚下，农场和牧地都很稀缺。藏族人一妻多夫制的目标是过上"美好生活"，拥有更多丰裕土地，成为村落商业精英。男人要长期离家外出经商或军事远征。一妻多夫保证至少有一个兄弟在家承担丈夫和父亲的职责，并处理家户事务。女人生下很多继承人，就像她的诸多丈夫一样，如果她的男孩共娶一妻，家庭财产就不会析分。共妻的兄弟长期按照一种严格的等级关系维持各自的关系，所以共妻丈夫之间的嫉妒，并不会造成经常性摩擦。

分析不同区域

比较有着相同环境或历史互动过程的文化，会对我们有所启发。比较的目标就是要重建一个地区所有社会的文化史，换句话说就是要理解：它们虽然发生互动并存在于同一环境之下，但却为何会有所不同？

我第一次主要田野工作是在菲律宾，所有调查都在怡朗市这个地方，但在离开该国前，我对其他地区也作了短暂走访，这让我发现了该国少数民族华人之间的许多有趣差异，而这则是我先前没有考虑到的。其他城市的华人有时会按照美国俱乐部模式组织扶轮社（Rotary），或在家中，或者是通过添置豪车，来展现更多财富。总的来说，怡朗市的华人相比之下还是显得略为保守、守旧，这也是该市菲律宾人的名声。显然，每个城市的海外华人社区，也都分享了该市与众不同的特征。

后来，苏珊与我开始研究纽芬兰，我们把区域比较纳入研究计划。我们发现：几乎所有的纽芬兰园圃种植者，都在用怠田方式种植作物，并用小鱼和海草肥田。我们对此感到困惑，便后退一步从区域视角来看这一做法。该地区还有哪些人群使用这些农业技术、为何如此？我们发现，文献中提到，17世纪马萨诸塞州和缅因州的定居者、圣劳伦斯河群岛的法裔加拿大人、新不伦瑞克省的爱尔兰人，也都使用这种园圃劳作技术。我们总结认为，这些是纽芬兰人生活方式的"旁系文化"，即它们有着同一位文化上的祖先。这些地区的定居者和纽芬兰人一样，来自不列颠群岛和法国的同一地区。来自这些旁系文化的农民，在新世界遇到了相同的环境挑战，都要在沿海或山区瘠薄、寒冷、潮湿的土地上种植作物。当我们发现：定居者在较远的内陆或较好的土壤上种植时很少使用怠田方式，这也就肯定了我们的观点。

我们为了检验自己对这些园圃种植方式的解释，又向东寻去，跨过大西洋，去找寻苏格兰赫布里底群岛、史前爱尔兰、威尔士和英国西部农村的怠田。这些地区有着"祖先的文化"，即它们是纽芬兰、缅因州和马萨诸塞州生活方式的源头。这些地区也都要面对寒冷、潮湿、瘠薄的土壤，并将定居者输送到了纽芬兰及其邻近地区。阿尔卑斯的瑞士人和爱尔兰与冰岛之间法罗群岛上的居民也会培高田垄，这表明：如果环境相似，遥远的相关"旁系"文化也会采用这一技术。此外我们还发现：哥伦比亚安第斯山地区的史前园圃种植者，会堆出一块高起的田垄种植土豆，这表明：只要农民有需要，这一技术就会多次独立发明。所以，正是历史和环境这两方面原因，促使纽芬兰园圃种植者种植怠田。从历史上看，这类园圃就是他们文化遗产的一部分。从环境上看，怠田排干了土壤，保持了热量，而海草与鱼骨也确实给土壤添加了有利的微量元素和生长激素，并使其能够抵抗霜冻（Omohundro，1985）。

比较相关文化而非满世界的样本，能让我更好地比较像"怠田"这类具体实践和观念的相似性。我保持了更加整体性的视角，例如，每个农业人群还吃别的什么，还追求什么贸易机会。这让我有能力控制常量，进而也能忽略诸如历史、环境和人类生物性之类其他因素的影响。例如，如果我研究的所有群体都在6月面临霜冻，或者都是来自爱尔兰东南部的移民，我就可以把这两个因素从我对他们所存在差异的解释中排除出去。这可能是文化人类学家要掌握的最接近实验科学的方法，但不管怎么说，这个方法非常有效。

区域越小，比较就越容易控制。我在比较纽芬兰大北方半岛的三个社区时，就需要努力控制比较的方面。大多数社群都由一至两个族群、一到两种主要职业组成，所以我在每个方面各选择了一个来进行比较。表4.4列出了我们的研究方案。你发现这也是R模式分析了吗？特征（职业与宗教）位于首行和首列，拥有共同特征（即"文化"）的社区就在表格中。苏珊与我在这三个社区类型中都生活过（不存在伐木的爱尔兰裔社区，这本身就是个问题）。

表4.4　纽芬兰社区在族群和职业上的区域比较

职　业	族　群	
	爱尔兰天主教徒	英格兰新教徒
捕　鱼	贡泄镇（Conche）	花湾市
伐　木	—	大溪镇

这三个社区都属**寒带**（意为适应寒冷气候的高纬度生态系统）定居者，与北美其他社群保持相对较高的孤立程度，并有相似的定居历

史。它们还有相同的新经济环境：1949 年的一场破产，让纽芬兰加入了繁荣的加拿大联邦。我研究的问题是：这三类社区是如何回应这些状况的？我们发现了一些这三类社区对新渔具、第一条公路、杂货店、失业保险和联合学校等事物的不同适应方式。我们认为，这三类社区适应这些变化时的差异，一定程度上来源于它们在文化遗产、职业和地理位置上的差异，因为它们在其他方面都非常相似。我们为了扩大地域覆盖面，进一步肯定我们的看法，最后加入了另一个位于不同寒冷地区的英裔新教徒伐木市镇，以及两个捕鱼伐木相混合的英裔新教徒社区。我们的区域研究因此有了六个在一些方面相似但在其他方面则有所不同的社区。由此我们可以概括整个大北方半岛地区，以及该地区社区之间的不同之处。例如，该地区所有社区都从事商业捕鱼。但只有一些社区积极投身旅游业。新教徒社区在镇上被两三个主要教派划分成不同的社会区域，天主教社区则相对同质地围着一座教堂聚居生活。

记录变迁或不变

我们可以不断访问一个社会，通过"掠影"式的民族志进行比较，揭示当地人实践与观念中的趋势、所失及所得（Kemper and Royce，2002）。这就是**长时段研究**。

1979—1996 年间，苏珊与我每隔一两年便重返大北方半岛进行一次访问时，想的就是长时段研究。这段时间正好覆盖了半岛上一段有趣的时期，从公路刚通、高技术鳕鱼捕捞勃兴，到渔获量锐减，以及随之而来的禁捕鳕鱼和三文鱼，在此之后则是伐木和旅游业的扩张，这在一定程度上填补了禁渔带来的空缺。

在每一段旅程中，我们都会对我们居住的社区进行一次邻里间普查，了解自从我们上次逗留后，有谁迁入、有谁迁出。我们也会留意家户组成是否发生变化，因为这是文化趋势的标志。有没有更多单身母亲？家户规模是否在继续缩小？有没有越来越多的高中生毕业后离开这里去参加工作，或进入大学？地区中的职业总是非常多样，但我们一直努力在人们有意改变工作时记录他们的去向，这有助于我们抓住当地经济盛衰变化的动向。和我们上次在这儿相比，伐木或采扇贝的人有没有变多？设网捕鳕鱼的人有没有变少？种云杉的工作为什么会突然剧增？我们翻看过去那些年份的田野笔记，走访镇上居民获取新闻；这样就能确定人们放弃镰刀，或改用一种百货商店出售的绿色汽油割草机，或拆除最后一间室外厕所的年份。我们用步测的方式，丈量当地人园圃的大小，比较今年和两年前的面积。我们还会留意：政府推广的抗病土豆，是否在耕种者中得到普遍种植。

　　无论是比较全球社会极其多样的文化，还是比较一个社会随着时间发生的变迁，接下去的问题总是："为什么？"这些社会在评判一个人漂亮与否的观念，或者是接受抗病土豆的愿望上，为什么会存在文化差异？回答比较性问题时，也提出了其他人类学问题，所以我们要先回答比较性问题，然后好为其他问题提供启发和背景。

比较法面临的挑战：我们会不会"为了剖析而杀生"？

　　在英国诗人华兹华斯那首《推翻的桌子》中，诗人指责了那种为了科学目的而在野外捕捉蝴蝶然后将其钉在盒子中的行为。他写道："我们为了剖析而杀生。"这句诗的一个意思是，我们把蝴蝶分开来时，就已经破坏了我们对蝴蝶的理解。比较法像所有科学一样，承自分类法。它帮我们将狂欢节或种土豆这类极为多样的文化行为，化约到可以操作的程度。它还帮我们提出了许多可以考察的方向，启发我们探讨具体个案的想法，例如我在考察阿提汗节时思考的那些看法。尽管如此，比较法的内部也存在一些问题。本章开篇我就曾谈到，人类学家在进行比较时，头脑中应该牢记整体性背景。那么，我们在某时某地小心翼翼地进入一个群体文化的联系脉络时，如果一再坚持比较的方法和观念，会不会破坏其整体性背景？

　　文化人类学家在将一种文化与其他文化进行比较时，也会有让文化失实的风险。例如，纳瓦霍人关于死者会变成恶鬼的信仰，深深根植于他们笃信生活之凶险、自然之残酷、社会之脆弱的基本观念。我们能否将纳瓦霍人的鬼魂信仰剥离出这一背景，将其与诸如福建省的中国人，或新几内亚高地的杜姑姆达尼人这类不相干文化中的鬼魂信仰相互比较呢？我们本文化中所认可的"死者会变成恶鬼"这一信仰，适用于我们发现的其他个案吗？我们比较这些不同的鬼魂信仰，能和比较苹果、橘子一样吗？

　　在回答这个问题之前，我们先来思考一下：什么可以比较？文化不像原子那样具有基本单位。人类学家提出了"文化特征""文化符号""文化基因"（meme，最小的共有记忆）这类概念，但却没有一种基本文化单位能被广泛采纳。如果我们不把文化分成基本单位，直接就去比较复杂鲜活的信仰和实践，将其划入"狂欢节"或"家庭"这样的分类，我们分类中的差异就会让我们无法找到相似性。因而，为了适应全世界巨大的多样性，我们只好提出一些非常宽泛的定义。

　　例如，我们在定义"家庭"时，要将全世界文化中的各种差异都包括在内。你会发现，"家庭"并不具备诸如"母亲、父亲和孩子"这样一个普遍结构（Collier, Rosaldo and Yanagisako, 1982）。一些文化的家庭中没有父亲（即没有与女人同住、充当她孩子父亲的男性），另一些文化的家庭中有父亲，但却有不止一个母亲。有些文化的家庭中有母亲，但还有不止一个父亲。我们发现，许多文化都规定了谁属于家庭、谁不属于家庭，以及谁有哪些责任等。为了总结这些极大的差异，只能把"家庭"的分类定得非常宽泛，这样就能使其具有相当的包容性：一种生育和抚养孩子为其提供亲属群体的机制。真是简无再简！

　　尽管存在这些风险，我们还是能够比较苹果和橘子。人类学家一直都在进行比较，而这些比较也给我们带来了丰硕的成果。英语人类学的奠基人 E. B. 泰勒，1888 年向皇家人类学会提交了一份关于 282 种文化的比较，"展现了哪些人具有相同的风俗，以及与之相伴或不相干的其他风俗"（Taylor，1889）。泰勒的众多发现之一是，婚后居住法则（如果需要的话，夫妻婚后具体要和哪方的父母同住）显然与**姻亲回避法则**（具体规定公公—儿媳、岳母—女婿中的哪一类不能说话或独处）有关。这种法则相互"对应"，降低了年轻夫妇与年长夫妇之间的潜在冲突。米德（Mead，1923）关于萨摩亚青少年的经典民族志《萨摩亚人的成年》一书，则试图将萨摩亚和美国青少年的青春期压力进行比较。米德总结道：萨摩亚人在经历性成熟的过程中并没有危机感，所以美国青少年的恐慌是来自文化，而不是生物性的。我早年的一位教授约根森（Jorgensen，1979），利用早期读取打孔卡片的大型计算机，发表了一份关于 172 种北美西部美洲原住民文化的比较研究。我们可以注意到，约根森与泰勒和默多克一样，发展了用于比较的严格统计技术——这是本章前面提到的人类学比较法的常见特征之一。我的另一位教授科塔克（Kottak，1990），则发表了关于电视对巴西和美国农村影响的比较研究。比较法增进了我对阿提汗节的理解，而我关于纽芬兰北部的民族志（Omohundro，1994）中，有很大篇幅都是对前述表4.4 中三个社区近来文化变迁的比较。

　　如果说在你看来，文化人类学就像是把脑袋劈成两半，一半给比较法，一半给整体性，那是因为我们试图从两种视角的交锋中获得创造性思考：一种视角是，每种事物都是不同的；另一种视角则是，每种事物都有相似之处。创造性的交锋反映在人类学上，就是它既强调比较视角，也侧重参与者的视角。人类学对这两种视角都做了明确规定，各有偏重，使文化的解释变得更加丰富（也更加复杂）。下面我们就来考察一下这两种视角。

我该采用参与者或比较者的视角吗？

人类学家把比较者的视角称作**客位**观点，这来自"语音学"（*phonetics*）一词，指语言学对人类语言所有发音的收集和分类工作。人类有数百种声音，而每种语言都只用到其中一小部分。例如，说桑语的芎瓦西人使用 96 个辅音；英语有 20 个辅音，但夏威夷人却只用 8 个（Bonvillain, 1997）。语言学家将这些声音称作"浊唇齿擦音"和"舌吸爆破音"。（摩擦音的一个例子就是英语中"v"的声音。包括芎瓦西人使用的桑语就有内爆破音。我们发"啧啧"[tsk-tsk] 声时，就接近这种动作。）

文化人类学就是运用类似的方法，通过客位视角去收集、分类文化观念或行为的各种类型，然后用概括性语言，描述具体个案中的观念或实践。例如，文化人类学家收集了世界各地的许多仪式资料，将其分为过渡仪式、岁时仪式、酬神或谢神仪式等。从客位视角来看，"忏悔星期二"狂欢节和阿提汗节，包括了人类学家所称的**颠覆仪式**，即对文化上正常或恰当的事情，进行仪式性的颠倒。颠覆仪式看似有一些亵渎或不敬的成分，但它们事实上可能是在告诉人们文化允许的方式，并有助于人们释放出一些通常因为"中规中矩"而产生的紧张情绪。我从客位角度去看阿提汗节，注意到一些具有颠覆仪式性质的事件：男人穿着女装；花车和场景中使用婴儿耶稣的好玩形象，而不是对其庄重祈祷；平时行事极为严谨之人在公开场合喝得烂醉。我从客位层面思考颠覆仪式："这是一个角色颠倒……那是嘲讽……那边是公开放纵……"但我身边的菲律宾人就不会这样去谈论这些事情，他们对这些吸引我的特征并不感兴趣。我的客位视角是一种局外人视角；这让我能将自己全新的体验，与其他人类学家之前描述过的像"忏悔星期二"狂欢节和巴伐利亚狂欢节现象加以比较。

文化任何方面的研究都可以使用客位视角。例如，就性别关系而言，世界上的不同民族对什么是性别、不同性别该有怎样的行为，给出了许多定义。人类学家将这些不同定义收集到一起，加以分类、标注。结果这些不同定义中就包括了第三种、第四种性别认同，如变性者、易装者、同性恋者、双性恋者、两性人，以及男同性恋者（*berdache*，"双灵合体"）——这是拉科塔印第安人和其他北美大平原相关文化人群所用的一个概念（Bolin and Welehan, 1999）。为了避免被表面上的异同所误导，我们依据的客位分类，必须建立在值得信赖的民族志和充分多样类型的基础上。例如，并非每个穿女装的美国男性都是同性恋者。然后我们在描述任何一种文化更有限的性别认同时，就能借鉴这一客位词汇，不论这是美国、印度还是特罗布里恩德岛民的文化。综上所述，客位视角试图尽可能地从所有文化中获得一种全球性概观，然后创造出一种常用的比较语言来描述任何一种文化。

我们把参与者视角称作**主位**视角，这不是一种概观，而是一种局内人视角。主位来自"音位学"（*phonemics*）一词，指语言学确定一种语言中的各种语音如何与音素（即具有意义的最小声音单位）相结合的工作。比较语言学家从客位视角出发，会觉得她听到的是一种声音，说话者说的则是另一种声音；而从主位视角出发，就会把这两种声音视为一种。另一方面，将一种现象替代另一种现象，结果就会变得毫无意义，或对听者表达的完全是另一种意思。说英语的人会发现，"I have a gun"和"I have a gud"完全不同，尽管这两者只有最后一个辅音上的细微差别。

与语言学的音位一样，文化人类学中的主位视角，重在强调参与者眼中的意义是什么。进行主位思考时，人类学家要把所有比较视角和通用的客位语言都放在一边，把我们的注意力转到文化参与者对事物的定义、区分、侧重的方式上。如果参与者没有区分谋杀与过失杀人，那么我们也要这么认为。我在课堂讨论上发现，学生们不会像生物学家那样去区分无脊椎动物（如海星、黄蜂、龙虾、蜘蛛）。当然，学生们没有必要像生物学家那样去分类，因为他们不知道生物学家基于动物躯干结构的客位分类，他们只是在按照他们自己的传统对其分类，即按可食性或危险性来赋予重要性的主位分类。

客位/主位这一区分，有助于我们处理不同文化之间的独特性和相似性这一困境。在人类学中，比较法对防止以偏概全颇有建树。它为研究不同文化的人类学家，提供了一套能讨论这些文化的共有词汇（客位语言）。同时我们也能认识到，人类学家所研究的那些文化中的人们，是在以一种非常不同于人类学家的方式定义他们的生活，赋予不同事物不同的重要性。

虽然民族志先驱马林诺夫斯基在这个概念问世前就已去世，但要找出一个主位视角与客位视角完美结合的典范，则非他的《珊瑚园及其巫术》一书莫属。马林诺夫斯基从主位视角出发，巨细靡遗地描述了特罗布里恩德岛民对园圃劳作及其产品的看法。对你我来说不过尔尔、无甚特别的芋头，对特罗布里恩德岛民来说却是三种不同的东西。特罗布里恩德岛民把我们所谓的成熟芋头叫作 *taytu*；熟过头的叫 *yowana*；熟得发芽的叫 *silasata*。园圃种植者的分类，显然不会与农学家的分类相一致。因此，主位方式就会阻碍我们将特罗布里恩德岛民的园圃技艺和知识，与世界上其他地方的园圃种植者进行比较。

与此同时，马林诺夫斯基也从客位角度进行了研究。他观察到，好的种植者要想获得丰收，除了花费劳力和技艺，还要仰赖巫术，因此他对巫术提出了定义和解释，使之能够应用于所有文化。他关于巫术的客位概念，不是来自特罗布里恩德岛民的生活角度，而是根植于西方心理学，后者至今仍对比较研究有所帮助。简言之，马林诺夫斯基认为，在诸如园圃种植、战斗和航海等结局难料的生活领域中，为了缓解焦虑，人们便诉诸巫术来增加努力的程度。他们通过巫术增加的努力，增强了行动者的信心，这样他们往往也就能够表现得最好。由于巫术的使用确有其效，所以在其他不确定的场合，巫术也会被再度祭出。由于取消巫术会产生焦虑，巫术也就变得不容忽略！

将主位视角与客位视角结合到一起的另一个例子，则是纳尔逊

(Nelson, 1983) 关于阿拉斯加说阿萨巴斯卡语的库育空人的《向乌鸦祷告》一书。纳尔逊之前曾与阿拉斯加北部的因纽特人及阿拉斯加古晋人（另一个阿拉斯加群体）一同狩猎、捕鱼、放陷阱，这为他研究库育空人的生活，提供了一个比较者的视角。因此，他在《向乌鸦祷告》中描述库育空人的文化延续方式是"以生计资源的地方化、不同时节的多样化来保证丰富性"的章节里，引入了客位视角。虽然人类学家在分析世界各地群体的摄食行为时有着自己的概念，但纳尔逊在书中的其他章节也借用了主位视角。他努力在书中向读者介绍库育空人关于森林、天气和动物的观点。在我看来，他的做法让人钦佩，但他田野日记中的摘要则表达了他的沮丧之情："我想用文字或图片表现［斯地斯人］，但却都无法实现……"库育空人的土著自然观念靠的是谜语、故事、禁忌和词语排序，这与西方人熟悉的逻辑截然不同。例如，他们有六个关于"海狸"的词汇，依据其大小、岁数和性别进行区分。纳尔逊也从主位视角解释了库育空猎人的行为。被陷阱抓住的海狸要在任何人睡觉前剥皮，而且要用一种非常特殊的方式杀死，不能对海狸显示出一点不敬，因为它的灵魂非常强大。纳尔逊通过客位视角和主位视角的描述，从生态学视角考察了库育空人，并勇敢地深入到了库育空人关于动物和灵魂的独特世界。

小 结

比较性问题指的是：其他社会也有这样的观念和实践吗？人类学家有独特的回答方式。他们在进行比较时，会努力保持一种整体性视角，略过表面上的异同。进行比较有多种方法，例如，建立一个比较文化常见特征的 Q 模式表格，或者是比较文化特征分布的 R 模式表格。

回答比较性问题至少有六个方面的价值。我们将另一种文化与我们自己的文化进行比较时，会从一种全新的角度去看待自己的文化。

比较法让我们得以记录人类文化多样性的范围，检验对人类文化的归纳。发现差异和与众不同（"无法比较"之处），不但具有人文价值，而且也是对没有科学依据的归纳的双重检验。在同一个区域内比较文化，可以帮助我们重建文化史，提供可控的比较。不断访问同一个地方，可以帮助我们记录文化现象在一种文化中随着时间而发生的变化或不变。

尽管比较不同（有时联系不大）的文化存在一定难度，但这仍是一种基本的科学方法，为我们研究全世界的文化多样性，提供了必不可少的启迪。为了兼顾整体性和比较性，人类学离不开主位/客位视角。综合运用这两种视角，能让我们在进行跨文化概括归纳时，区分文化参与者所重视的部分和人类学家所重视的方面。

> ### 👁 大派对（三）
>
> 　　欢乐、酣醉的人群在阿提汗节的广场上簇拥着我，在这之后很多年中，虽然我没有再对这个节日进行过细致研究，没有发表过相关作品，但我一直都在不停地与我的学生思考、研究，将其他节日与之相比。例如，许多吃、喝，以及展现丰饶的形象，也曾出现在古埃及的奥西里斯节（Osiris）上，这个节日就是庆祝太阳神被一条鳄鱼分食后重新复活。奥西里斯节标志着冬至日之后太阳的回归和尼罗河的泛滥，又开始了一年的农时。古雅典的狄俄尼索斯节（Dionysian），以神祇巡游为特征，而醉酒的舞者和戴着酒神、农神面具的人们，在罗马帝国中也就成为严肃聚会的代名词。
>
> 　　罗马帝国分裂后，由于无法禁止民众举行狂欢节，罗马天主教堂就将戴面具和巡游吸收进了宗教狂欢节。在欧洲，随着15世纪西班牙的势力扩张，狂欢节达到庆祝和传

播的顶峰——它在无意间随着西班牙的大帆船开始进行世界探索和殖民。16 世纪早期,西班牙人殖民了菲律宾,将罗马天主教和它拥有圣徒祭日和狂欢节的历法带到了亚洲。后者与菲律宾人的节庆日结合到了一起,例如,纪念定居班乃岛,而该地就是今天欢庆阿提汗节的地方。在之后的三百年中,西班牙人的贸易路线又把东南亚与拉美殖民地连到了一起,并交换了作物、人口和关于狂欢节的观念。例如,这些贸易创造了墨西哥与菲律宾节日之间的相似性。我要想弄清这些被称作阿提汗节之类狂欢节的文化实践,就要提出一些历史性问题。因此,接下来我们就要进入第五章提出的时间性问题。

第五章

这些实践与观念在过去是什么样的？
| 时间性问题 |

 鸡和蛋的故事（一）

　　一个大雪纷飞的下午，苏珊与我同薇娃和她母亲梅布尔一起在她家厨房里喝茶，这间斗室位于纽芬兰大北方半岛的西海岸。这已是我们来到纽芬兰北部访问四个小社区的第十个年头了，薇娃的社区就是其中之一。我们前往这里的一个目的，就是想要拼接出这些沿海居民在这片艰难的土地上自力更生的历史。

　　薇娃和她母亲非常了解过去当地家户如何自力更生的情况。虽然薇娃与我差不多可以算是同辈中人，但她成长的生活方式，就像一百多年前我祖父小时候在阿肯色州穷乡僻壤长大的生活。所以，从这个意义上来说，薇娃与我就好比是文化上的远亲，但却有着数代之隔。我对纽芬兰人过去所作和谋生之道的发现，帮助我了解了今天纽芬兰人的生活。这些发现也给了我额外的回报，让我得以看清自己的文化传统。

　　"我们必须把蛋腌好放进桶里，但不到来年春上我们就全部吃完了。"薇娃一边说，我一边把她说的记到笔记本上。

"你们的鸡不下蛋吗？"我问道。

"12月左右母鸡就不下蛋了，我们就把它们养在鸡舍里。等到来年4月，它们就会接着开始下蛋。雪一化，我妈就会把鸡放到院里，让它们吃点新草，重新长肥。"

"它们就又开始下蛋了？"

"对，但因是散养，它们就会到处下蛋，在大黄叶子下，在蒿草丛中。我们就让小孩每天都去拾蛋。"

"太好了！这就像找复活节彩蛋！"我脱口而出。事情上了正轨。复活节总是比大多数宗教节日更容易让我想起各类奇风异俗，例如，复活节兔子带来的紫色鸡蛋。我从小就和其他孩子一起，在这个季节性仪式中，满院子找彩蛋。我现在开始觉得，这个仪式可能来自这类曾经寻常的农庄生活——春天把鸡放养觅食。我在笔记本上奋笔疾书。薇娃则在一旁笑着将薪柴加入火炉。

综　述

时间性问题直指历史上发生的事情，它会向我们提出如下问题：这种行为或事物在过去是什么情形？过去这些年间发生了什么？是什么形成了它今天的模样？接下来它会发生什么变化？

本章开篇展现了人类学对过去的关注，以及这种训练如何体现在研究中。接下来我们会把时间性问题一分为二：一半讲述历史对当下实践与观念的塑造，另一半则讲述它们转向今日形式的变迁过程。然后我会勾画出文化变迁的普遍模式，文化变迁是一种文化及其环境对其所面临挑战和机遇的回应方式。最后，变迁研究会带领我们系统性地思考未来。

顺利学完本章，你应该能：

1. 给出民族志研究者从当下讨论其所研究文化的一个原因。
2. 比较一下人类学中一些著名文化的现在与过去（可能的情况）。
3. 解释现世中心主义为何会对理解文化产生误导。
4. 区分本土发明和传播在概念上的差异，解释为何在刺激传播的个案中会出现差异。
5. 用具体的民族志案例描述如下概念：文化涵化、融合和复兴，以及外源性或内源性、有意识或无意识的文化变迁。
6. 描述文化人类学家回答时间性问题的五种方法。
7. 解释文化变迁的普遍模式，并用其解释具体的民族志个案。
8. 具体说明人类学家研究未来趋势的三种方式。

👁 鸡和蛋的故事（二）

薇娃又给我们续了点茶，我则继续提问。

"可我发现现在这儿没有鸡了啊。"

"60年代杂货店里有新鲜东西卖后，女人们就不再养鸡了。"

"她们把鸡吃了？"

"几乎没人吃鸡——对不对，妈？"薇娃望了眼梅布尔。

"我们只是觉得不该吃鸡，"梅布尔摇了摇头，"我不会吃鸡。等到母鸡不下蛋了，我们就会把它们杀了。"

唉，这些白花花的肉就这么浪费了，我心想。好玩的是，现在纽芬兰人都喜欢吃鸡。在整个纽芬兰省，速食炸鸡远比汉堡更流行。每个小社区都有一间周末晚上外卖炸鸡的小吃店。

"你们的鸡跟速食店的炸鸡有什么不一样？"

梅布尔和薇娃说了好一会儿，才得出答案，但最后也只是说：女人的鸡就像她家户的一员。除了与鸡的情感联系，梅布尔和薇娃还有着与其他纽芬兰妇女一样对鸡的了解，它们和奶牛一样是食物生产者，而不是食物本身。鸡的一生对她们来说是下蛋的一生，而不是吃肉的一餐，所以鸡不是养来吃肉。后来我读到了传教士格伦费尔（Grenfell, 1932）对一位劳动妇女的描写，她整个冬天都把一只公鸡养在厨房案板下面，防止给狼吃了。她继承了英国人周日晚上大啖美味炸鸡的传统，但她这辈子都不会吃这只公鸡！她把这只公鸡从她有天会杀了吃的鸡中单分了出来。

与梅布尔和薇娃谈论鸡和蛋的事情，是我长期研究的一部分。我研究的是，这些北方沿海聚落居民，如何将他们的文化与环境相适应，并用他们的文化实践来改变环境。借着这些主题，我可以提出本书所有的人类学问题，但是讨论鸡尤其能够帮助回答时间性问题。我对这个问题的独特问法是：当今纽芬兰文化中仍在延续的哪些部分，来自薇娃与我刚刚出生、纽芬兰还是一个独立国家的年代？在那些岁月里，这些小型孤立的沿海社区和家户，或多或少还是自给自足，相互帮助。我的问题是：纽芬兰自给自足、独立生活的农村文化，发生了什么变化？放眼未来，哪些特征还会发生变化？

文化有历史

如果我们没有提出时间性问题，我们就可能会认为：今日之事一如昨日之事。真要那样，我们就成了人类学家所说的**现世中心主义**者。也就是说，我们认为：今天我们生活的方式是"常态"，或者是最好的、永恒的；我们不太清楚一百年前的生活是什么样子，也不太清楚未来（除了数量增长）会不会还和今天一样。人类学家通过比较性视角认识到，古往今来的文化都是变动不居的。

薇娃和她母亲所讲的鸡和蛋的故事，促使我跳出了我的本文化现世中心主义。后来更多的阅读则揭示出，我本文化中经常吃烤鸡或炸鸡的习惯，其实很晚才出现，可以一直追溯到 20 世纪中期与下蛋鸡不同的肉鸡品种大量培育有关（Harris and Levey, 1975）。我的阅读也揭示了，梅布尔和薇娃拒绝食用她们的母鸡，既不是一种个人禁忌，也不是突发奇想。事实上，在很长的历史时间内，人们都认为鸡肉不值一吃，甚或令人厌恶（Visser, 1986）。在亚洲和非洲漫长的历史，以及后来的美洲历史上，人们把鸡用于占卜（预测未来）或献祭，运动（斗鸡），取毛作羽饰，但却相对较少有文化吃鸡肉，有些连蛋也不吃。拒食的原因可能和鸡在文化中充当神圣信使或吃垃圾的习惯有关，更实际的原因也可能是鸡下蛋的一生，要比一丁点儿肉更有价值。无论确切原因何在，不吃鸡肉都可算是一个源头古老、范围极广的文化观念。

1960 年代我还是个学生时，人类学本身显得更加现世中心主义——或者也可说是，在行止之间自然而然地就会流露出现世中心主义。人类学将一种文化描述为**民族志现状**，意思就是为代表这种文化的"现况"而选择的特殊时段。我在本书中也用民族志现状来指代许多文化，这样做确实很方便，但我们不能自欺欺人。我提到的特罗布里恩德岛民是 1914 年的特罗布里恩德岛民，然而，特罗布里恩德岛民的生活自从那时起所发生的变化，至少和我们在美国所经历的变化一样巨大。博茨瓦纳卡拉哈里沙漠的芎瓦西人，也不再像过去那样继续他们的采猎生活了，他们现在生活在村子里，蓄养牛群。不仅如此，他们在过去的时代也不总是采猎者，尽管人类学家曾把他们当作采猎者的典型，或是新石器（时代）祖先生活方式的代表。不过确有证据表明：有些芎瓦西人在一百年前原本是从事农牧业的。是 20 世纪的牛瘟和殖民主义，迫使他们转而过上采猎生活（Denbow and Wilmsen, 1986）。委内瑞拉的雅诺马马印第安人，在民族志研究者笔下被描写成拥有一种凶猛的暴力文化，但他们在 16 世纪欧洲人贩入砍刀和枪支加剧村民间的竞争之前，并不具有这样的攻击性（Ferguson, 2000）。

自从我的学生时代以来，人类学家就从那种现世中心主义中解放了出来。我们现在一直都在强调：所有文化，哪怕是我们觉得时间凝固、几乎可以当作个案研究的小型异文化社会，都有一个不容虚构、源远流长的历史需要研究，而且它们定将进入一个与今日截然不同的未来。虽然如此，但我在与美洲原住民讨论他们跨越白令海峡移民北美一事时却发现，他们在理解自身历史时，仍然存在文化差异。一些美洲原住民根据他们的口述传统，宣称他们从万物初生时便居住在北美大陆。

不同文化对待历史和变迁的态度也都各有不同。在第四章，我从主位视角描述了特罗布里恩德岛民的语言，变迁或移动在他们眼中毫无价值；而在许多美国人眼中，变迁则是不可避免的，是一个新的开始，是新机遇的源泉。尽管如此，即使对美国人来说，有些变化也是意料之外、与愿望相违的。校园枪支和白领工作外包，肯定是两个我们大多数人都不乐意看到的变迁。德国哲学家黑格尔的"历史的悖论"（cunning of history）概念，虽然让有些读者感到生命之黯淡，但对我来说，却是深契人们想要把握历史而历史却给人意外的感觉。黑格尔提出，人类确实缔造了自己的历史，但真正发生的事情却往往非人所欲。

时间性问题的历史

不但文化有历史，文化的研究也有一部历史。在人类学初试啼声的 19 世纪，英美人类学家的首要任务就是，建立一个文化进化阶段的序列，其中有的文化已经走到了进化的顶端，有的文化则还处于"较低"阶段。摩尔根（Morgan, [1877] 1963）在《古代社会》一书中，确定了文化进化的三个阶段，认为用"蒙昧""野蛮""文明"这三个标签，可以划分所有文化。例如，按照摩尔根的定义，"蒙昧"指的是很大程度上依靠自然生活的一个很小政体。"野蛮"文化则有复杂的社会组织和重要的财富，但却没有"文明"应有的书写体系和城市。摩尔根是一位杰出的民族志研究者，也是一位对社会结构饶有兴趣的学者，但与同时代的大多数人类学家一样，他对人类史的主要兴趣是建立大的分类体系，认为所有社会都会前进——"进步"——到成为位于顶端的西方文明。这种进化等级结构，对当时的种族主义和帝国主义，起到了推波助澜的作用。

20 世纪的人类学家暂时抛弃了人类文化进化阶段的想法，因为民族志的发展告诉我们，文化的变迁可能不是天翻地覆，也可能发生在许多不同方面（包括与我们期望相反［朝简单化］的发展，这一点我会在后面纽芬兰的个案中提到）。但从宏观视角考察所有文化和历史的需要，使得较大趋势的分类在 1940 年代重新出现并延续至今，这种分类通过更加丰富的民族志与考古数据，夯实了摩尔根的贡献。这一努力虽然不断经受批评与改进，但其宏伟目标却足以令人期待。

塞维斯（Service, 1962）在《原始社会组织：一种进化视角》一书中，定义了四种逐渐向复杂化和统治化发展的社会政治结构。人类社会有四种按序排列的结构：游群、部落、酋邦和分层社会，但他没有提到每个社会都有可能在那四种结构中发生移动，或已发生改变。第七章会简短讨论这些类型。人类的四种生计类型，也都或多或少按照这一顺序排列：采猎野生动植物，用手工工具开辟田园并饲养一些家畜，用役畜种植永久田地的农业，以及最后一种，几乎完全依靠畜群移动的生活方式（Price and Feinman, 1997）。这些生计类型在第三章中已经提到，它们在世界历史上与塞维斯的四种社会政治结构相互关联，也导致出现了一些相应的聚落模式：从移动营地到定居村落，从坚固的市镇到都市中心。如今，许多人类学家仍在用这些类型来描述文化与趋势，许多导论教材也在按这些分类来组织章节。

既然我们要讨论宏大景象，也就免不了要提出一些基本问题：我们人类的祖先何时开始拥有文化?为什么在他们发展出文化的同时,边上其他聪明的动物们却没有发展出来?还有像人类一样拥有文化的其他物种吗?为什么我们会是现今唯一拥有人类学家所谓"文化"的物种?工具、符号语言、宗教观念等文化特征,究竟是同时从低等发展起来的,还是依序发展而成?我们会在第六章再次思考这些问题,但对这些问题的回答,却是整个生物人类学和考古人类学课程的基础。这两者是人类学在文化的比较和历史研究中进一步发展出来的分支。这些研究照亮了人类文化这条"无尽的旅程"。因此,生物人类学与考古人类学,称得上大多数文化人类学家所受学科训练中非常重要的一个组成。

提出时间性问题

无论是追溯养鸡史、雅诺马马人的战争史,还是人类学自身的历史,人类学家都需要提出时间性问题,找到文化先驱(早期形式、先行者)和变迁过程,解释后继者之所以成为今日模样的原因。

这种实践或观念的前身是什么?

当我们询问:在有电视之前、在与欧洲贸易者发生接触之前,或者是在村落定居农业出现之前,文化(即这种具体的实践或观念)到底是什么样时,我们就是在发掘文化的前身。我们通过这个问题,从人类历史和史前史中揭示了更多文化,拓展了我们整体的比较视角。询问文化的前身,就会牵出时间、地点和干什么的问题。

这种实践或观念的变迁过程是什么?

从 17 世纪巴尔的摩勋爵建立起殖民地,纽芬兰人就开始养鸡下蛋。定居在詹姆斯敦的英国殖民者,在 1607 年时开始养鸡和养猪,这两种家畜都很好养，因为它们可以自己觅食（Farb and Armelagos，1980）。殖民者收集鸡蛋，用鸡毛塞床垫，但吃的却是火鸡和其他野禽。早在 1530 年，葡属巴西也不吃鸡。梅布尔和薇娃的古代不列颠祖先尤利乌斯·恺撒认为：可以养鸡，但不可吃鸡肉。古罗马人养鸡主要为了下蛋。更早的印度教和佛教饮食准则，更是以鸡肉为辱（Visser，1986）。

这种实践从何而来？

追寻这个问题，会引领我们跨越大陆，去探寻其他文化。考古学证据提出，家鸡最早是在三千年前从红原鸡（*Gallus gallus*）驯化而来。家鸡很快就传入中国和印度，但其传入西南亚和欧洲的时间则要更加缓慢。

人们何时开始奉行这样的方式？

例如，纽芬兰人何时开始停止养鸡下蛋而开始吃鸡？苏珊和我在纽芬兰北部收集历史证据时发现：1970 年纽芬兰修筑了岛上第一条公路，这给当地居民带来了更多的现金，更多杂货店都开始提供诸如鸡蛋这类新鲜食物，并促使炸鸡在小型外卖店问世。这一变化无疑非常容易，因为事实上炸鸡看起来并不像鸡，而且也不是你的鸡。

从我与梅布尔和薇娃谈论"鸡"的话题中，还引出了其他问题，例如，挎着鸡蛋篮子的兔子，以及孩子拾蛋这类貌似奇怪的复活节习俗。我们发现，复活节鸡蛋是一个在历史和文化上都很有深度的复杂主题。我在研究历史时发现，在 1960 年代德州的弗雷德里克堡，一到复活节前夜的圣周六，就要在山上点燃篝火，人们告诉小孩，复活节兔子要熬煮花朵，为彩蛋染色（Newall，1967），这就是孩子们在复活节早上找到的彩蛋。德州人还体现了许多德裔移民的文化影响。最近几个世纪中，德国人和奥地利人还把彩蛋藏在园子的鸟巢中，让孩子们在复活节早上去找。日耳曼人（英国的盎格鲁－撒克逊人也与其有关）自有史以来就告诉他们的孩子，复活节兔子会在复活节前的圣星期四的濯足节下红蛋。把鸡蛋藏起来再找出来的实践，是出于象征好运、人与五谷兴旺的目的，这种复兴仪式也流行于中欧和希腊，并隐藏于 1700 年前德国早期基督徒的葬礼随葬彩蛋中。薇娃祖先的不列颠－爱尔兰传统，还保留了许多与复活节鸡蛋有关的习俗。滚鸡蛋、"鸡蛋星期六"和"彩蛋"（这两天的行为和我们的万圣节"不给糖就捣蛋"类似，只是孩子们只要鸡蛋），抓兔子（貌似对蛋毫无感恩之情！），以及在复活节时交换彩蛋这些习俗，都证实了与"鸡蛋—复活节—春天"这一关联之间有着密切而古老的联系。但我发现，薇娃的不列颠文化遗产，与我那与德国影响更近的美国传统相比，不太突出兔子和拾蛋这两个方面。

这种实践具有怎样的中间形式？

找到万事万物的起源或原版固然令人向往，但揭示过程却不轻松。实际上，这些观念和行为常有许多中间形式。对这些中间形式加以分类，可以提高我们推断变迁过程的能力。例如，就拿美国"星条旗"的早期十三星旗来说。该旗由大陆会议于 1777 年批准，以国旗原型而广为人知，但其之前和之后都还有几种不同形式。六十年后，旗帜的蓝色区域积累到 38 星（Quaife，1961）。新的星星每随新州加入，直到 1960 年国会批准现在的 50 星旗。在未来的日子里，星星的数目可能还会有所变化，否则我们就成了现世中心主义者了。人类学家通过对许多中间形式的考察，就能重建旗帜变化的过程。

中间形式之所以令人充满兴味，是因为它们揭示了与原初或当前形式的本质差异，从而能让我们避免认为事物从彼至此犹如直线的错误。1777 年的美国国旗和今天一样，也有 13 道条纹，一条代表一个最初的殖民地。但在 1794—1818 年间，旗子上有 15 道条纹，因为每有新州加入联邦，国会就会往旗上加入一道和一星。立法者可能是看出了他们加入一个新州的雄心与坚持共和国象征的愿望发生了抵牾，因此在 1818 年停止了加入条纹的做法，回归了原初 13 道条纹的设计。

寻找最早起源的难题，有时就是如何发现起源——也就是说，要从其他另有曲径或后继无人的早期形式中独具慧眼，直击目标。国会批准星条旗之前一年，华盛顿设计并升起了另一面备选旗。旗帜由 13 道红蓝交替的条纹组成，上面的蓝色区域里不是星星，而是圣安德鲁十字和圣乔治十字。我们应该把华盛顿的旗子称作最初版本、美国第一旗吗？

确定一种物质产品（如一面旗帜）的最初形式，已经充满挑战；想要找到一些诸如观念、行为或社会结构之类非物质事物的起源，则更具挑战，因为其中的理由几乎都是推论性的。观念或行为的证据虽然必须从相关物质对象或文献中得出，但还尚嫌不够完整、准确。例如，古代艺术家在犹他州砂岩悬崖的穿壁上刻出人物和动物的图像时是怎么想的？他们的观念是否在该地区犹特人和肖肖尼人的文化中一直延续至今？这些问题可能很难回答，而与此同时，人类学家仍在寻找更好的方式和新的证据，努力解答时间性问题。

这种实践或观念的变迁过程是什么？

这些关于原版问题的证据，可以帮助我们回答下面这个过程问题：变迁是怎样发生的？回答过程问题包括描述（怎样发生）和解释（为何发生），尽管这两个问题的答案并没有根本区别。下面是一些最常见的过程。

这是独立发明的吗？

这一文化特征是由该社会成员发明或发现，受到相对较少外来影响的吗？家鸡显然是在距今三千年左右，被大约位于今日泰国的早期农业文化驯化。而据我们所知，复活节兔子则是史前日耳曼民族的发明，他们的春神奥斯塔拉（Ostara）把一只鸟变成兔子。兔子为了表示感谢，就在春分这天女神节日时诞下鸟蛋（Newall, 1967）。

这一文化特征是借用的吗？

这一文化特征是从其他文化中借用的吗？人类学家用"传播"一词专指这一借用单一行为的过程。家鸡从中亚向欧洲缓慢传播，到公元 1 世纪时出现在不列颠群岛。它们向美洲的传播，是哥伦布第二次向新世界航行的一个结果（Sokolov, 1991），当时他运送了许多欧洲家畜来供给西班牙殖民者。这种借用称作**直接传播**。我们把只有观念移植、接收者从观念获得实践启发的情况称作**刺激传播**。例如，18 世纪，托斯卡纳大公将一个埃及人带入宫廷，让他把村里全年都能孵小鸡产肉、蛋的方法传授给意大利人（Visser, 1986）。

刺激传播与发明有所不同。确切来说就是：发明者是如何灵光一闪，发现某个观点的？有人可能会设想：13 世纪地中海烹饪中出现的把硬质小麦做成条状的通心粉，是意大利厨师的发明。实则在此一千年前的亚洲，就已有了稻米、小米和小麦做的面条（Lu et al., 2005）。所以，很可能是 13 世纪时从中亚侵入欧洲的蒙古人引入了这种观念。或者也可能是当时与蒙古人生活多年的马可·波罗，把真实的样本和技术带回了热那亚。要把意大利细通心粉称作独立发明的话，可以容许的外部刺激必须小于多少呢？想要在历史或考古记录中区别刺激传播与发明是很难的，因为大多数文化都参与到了由贸易、劫掠、旅行和征服所组成的庞大互动网络中。

回想一下前面所讲，涵化指的是一种文化在与其他社会发生接触或受到统治时，对整个观念和实践的接纳。例如，菲律宾人在西班牙人殖民的四百年中，接纳了西班牙语、罗马天主教，以及包括狂欢节和圣徒节在内的各类节日（等文化），发生了文化涵化。当然，一个族群的涵化，就是另一个族群的**民族文化灭绝**，即文化的消亡。之所以会这样，是因为经历涵化的文化总是被支配的或少数的文化。美洲原住民大声疾呼，他们讨厌寄宿学校把他们当作孩子；学校常常违背他们的意愿，只教授英语和欧洲裔美国人的生活方式，而土著语言和土著文化则受到禁止（Mikeshuah, 1997）。

存在重新诠释吗？

文化特征会不会包括一部分发明和借用呢？这个过程被称作**文化融合**与**重新诠释**。文化融合指的是，对文化要素的重新组合，将它们与其他文化特征混合、组合，有选择地去掉一些要素，改变突出的重点等。美国披萨和杂烩菜，都曾得到其他文化烹饪方式的启发，但我们将其融入了独特的北美菜肴。第四章描述的阿提汗节，就是融合了罗马天主教、前基督教时代和流行文化元素的产物。重新诠释类似文化融合，但专指对借用观念的改变。19世纪中叶险些推翻清朝的太平天国起义，就是起义领袖对从传教士那里了解的基督教教义的重新诠释。例如，在太平天国的神学中，基督并不是在天堂中坐在上帝的左侧，因为在中国，主桌左手边的位置是留给贵客的。而且在太平天国中，耶稣还有了一个弟弟，就是领导起义的弥赛亚：洪秀全（Spence，1996）。

全球化描绘了通过贸易、通讯、公司和官僚体制，以及旅行，将广泛分隔的人群加入更紧密互动的过程。受到全球化影响的群体并不都是欣然接受，而大都是这一过程的被动接收者或受害者。他们通过改造、诠释、抗拒的方式，努力掌控他们正在经历的全球化表征。这种积极回应称作**本土化**，或**全球在地化**。在1970年代的冰岛，美军基地发送的美国电视节目信号强度非常大，覆盖全岛。大多数频道都充斥着美国节目。尽管一些节目内容制作精良，在冰岛家喻户晓，但这却代表了美国文化对视角的垄断。冰岛政府对此的回应是，要求美国减弱信号强度，并扶持更多冰岛电视节目播放。

这种变迁是外源性的吗？

时至今日，"遵"从基督教婚礼宣誓早已变得非常普遍，也符合新人的意愿。澳大利亚政府对新几内亚达尼人战争的禁止（第三章讨论过），是另一个直接变迁的清晰个案。

发展一词指的是，让一种文化与美日这类工业化国家更好接轨的直接变迁。人类学家积极投身世界各地的发展计划。他们或者建立当地诊所，为儿童提供疾病预防；或者给女孩和妇女提供教育机会，这常常能带来有益的成果。他们的所作所为，使得婴儿死亡率下降、出生率下降，让女性在决定她们自己的身体、家庭和劳动上拥有更多权力（Foster，1992）。

人类学家同样也会积极批判那些未能实现预期目标，或因缺乏文化理解而产生不公平现象的发展项目。许多发展项目都有其军事和技术目的，因而通常都会针对男性或由男性接管，这实际上降低了女性在该社区的影响和经济独立性。全球化的一个常见后果是，第三世界社区被外国援助、跨国公司拉入世界体系，为国际市场生产产品，或者是接受拖拉机、水坝这样的现代化机械。民族志研究者哈里森（Harrison，1997），严厉地批评了这种援助在牙买加产生的后果。她认为，牙买加军事－工业的发展，本质上是一个男性工程：用一套男人熟悉的结构和语言，为男人操纵，为男人谋利。牙买加政府为了得到外国援助，从全球经济中获利，建立了一套保持这种向男性倾斜的新经济政策。这些政策投资出口产业，而非卫生保健、住房和教育，忽略了穷苦女性的基本需求。在牙买加贫困街区，母亲与祖母肩负着非正式的领导力量，这些作为家户领袖的妇女，常以"女中豪杰"著称。她们与男人一道调停群体组织、结盟，在新的环境下维系了社区的和睦。这些"女中豪杰"身上最值得称道的事情是，她们对跨国经济环境的适应，她们积极建立自己的跨国经济网络，与加拿大、英国和美国的亲朋好友进行联络，寻求帮助。

这种变迁是一个边际效应吗？

这种变迁的产生，是因为一些其他行为的边际效应吗？美国家户不会有意作出决定，说要放弃围坐桌边共享一餐的方式，他们只是因为各种工作、课余活动，以及快餐店的便利性，而采取了各自不同的用餐时间。今天家庭成员之间保持联系的基本之道，已经不再靠餐桌时间，而是依赖手机。

人们注意到这种变化了吗？

参与者感受到这种变化了吗？例如，我们对因特网和妇女参政的影响深有体会；不过，其他许多变化都是在我们不知不觉间就发生了。我们可以在语言中意识到出现的新词，但却听不出字音变化。自从 14 世纪乔叟生活的那个时代以来，英语中的元音就发生了**漂变**（即长期的渐变），从长元音（如"n*a*me""t*u*ne""g*o*ld"）变成较短的元音，发音靠近嘴的前部，从而使声音降低（如"b*i*t""b*a*n""b*e*t"）。我们只有在古诗奇怪的韵律中才能察觉出这种变化。例如，1714 年，蒲柏在他的讽刺史诗《夺发记》的联句中这样用韵：

> Soft yielding minds to water glide away,
>
> And sip，with Nymphs，their elemental tea.

在蒲柏那个时代，这两个句尾的词都是长元音："away"和今天的发音一样，而"tea"在当时则是按法语发音为"tay"。随着时间流逝，这个词的元音像其他元音一样，从中间变到了嘴的前部，这就成了我们今天听到的"tee"这个音。

有没有意识上的变迁？

与没有注意到的文化变迁相对应的，是一个群体对每样事物共有认识上发生的直接变化。其中一个变化是过去三百年间西方文明对自然环境的看法，从圣经解释（上帝使人立于自然支配者的位置），变为世俗解释（人类是生物圈中诸多动物物种之一）。

这种变化通常会历时数代逐渐发生，但也有一些意识上的变化非常迅速，足以改变生活。破坏性的文化变迁会激发新的思维方式，出现一种新的世界观。一个人群认为旧有的思维和行为方式已不再可行或有效时，就易引发大规模的文化变迁运动，如激烈的政治革命。沃尔夫（Wolf, 1969）在《20世纪的农民战争》一书中，比较了墨西哥、中国、俄国、越南、阿尔及利亚和古巴的革命，他发现：这些革命都是在一小群甘愿抛头颅洒热血的知识分子带领下，受压迫的大多数农民阶级意识提升的结果。

这些文化变迁运动有时会有一个卡里斯玛型领袖作为先驱，这位领袖会向人们宣称，他有引领人们走出困境、揭开世界崭新一页的能力。人类学家将这一过程称为**复兴运动**（Wallace, 2003）。运动修正了参与者对世界的认识，为其久病的精神和行为，重新注入活力。这种变迁常常具有宗教运动的特征，参与者会追随一位预言家的指引，例如易洛魁人的汉德森湖宗教，美国的例子则如印度教克利须那派运动和摩门教运动等。

人类学家非常感兴趣的另一个过程是**民族创始**，即一种新文化的创造。南美苏里南的莫兰人文化，是由逃亡的非洲奴隶创造的；塞米诺尔文化则是在18世纪早期，由佐治亚州分隔开的克里克人，与佛罗里达州三个其他土著群体的残余混合而成（Stojanowski, 2005b）。路易斯安那州的卡津人，原本是1745年被英国从新斯科舍省赶走的法裔加拿大"阿卡迪亚人"的难民人群。他们的生计方式，从加拿大大西洋省的农业经济，突然变为河口狩猎和设陷阱捕猎，他们的其他文化，也因与克里奥尔人、非裔美国人及美洲原住民的接触而受到影响。

资料与方法

回答关于文化的时间性问题，人类学家要依靠各种资料来源：考古学、语言学、口述史、历史文献、生活史、神话与民俗、生物学和地质学。要想确定变迁的出现，人类学家需要把几种方法结合起来。

1. 我们可以通过文献或报道人，重建一些观念或实践中原型出现的顺序，就像我在和薇娃、梅布尔谈论养鸡，以及我阅读 19、20 世纪早期传教士对纽芬兰北部报告时所作的那样。

2. 我们可以在田野工作中观察变迁的发生，例如，1992 年加拿大宣布禁捕鳕鱼后我到大溪镇进行暑期调查时所作。我们整个夏天都在调查纽芬兰人如何应对禁捕。

3. 我们可以对他人早前报告过的某个群体进行再研究，例如，我对花湾市和贡泄镇社区所作的访问，而在我之前二十年，就已有同仁写过关于这两个社区的民族志报告（Firestone，1967；Casey，1971）。

4. 变迁过程还可以通过纵向研究揭示出来，也就是对同一个地点进行不断访问，把握变迁轨迹，例如，我在二十年间经常重返纽芬兰大溪镇的历程。

5. 最后，我们还可以从**横向分析**中推测变迁，即在一个单一体系中，同时比较相同事物的不同情况。我在 1985 年对大北方半岛（这个"体系"）各个聚落园圃种植的比较，就是这样一种分析。我比较了铺有柏油路（A 状况）的聚落和没铺柏油路（B 状况）聚落的园圃种植。这一比较帮助我推测了，今天拥有道路的社区在没有道路的过去是什么样子（从 B 中推测了 A 的过去），并预测了如果更加孤立的社区拥有道路后，园圃种植会出现何种状况（从 A 中推测 B 的未来）。

民族史

我们在描述那些发生巨变或不再存在的文化时，文献研究有时可能是我们全部的依托。豪利（Howley，[1917] 1974）在《贝奥图克人／红印第安人：纽芬兰的原住民》一书中，用文献拼出了对贝奥图克人（纽芬兰的美洲原住民）在与欧洲人发生接触时代的描述。豪利的资料包括船长的报告，测量员和捕猎者的报告，以及与肖娜迪西特交谈过的人的记录。通过这些资料，他重建了贝奥图克人的食物获取、技术、家庭、季节性迁移、语言、宗教和领导权等方面的情况。

　　文化人类学家和历史学家都会进行**民族史**研究，民族史指的是一种文化在某一时期内的历史，或者是重建一种已经消逝的文化在过去的某段历史。只要有可能，这两类学者都会依靠历史文献。人类学家也会依靠报道人的记忆，如故事、人工制品等本文化的证据，以及考古发现。本章先前提及的邓波和威尔森（Denbow and Wilmsen，1986）对 19 世纪西南非洲芎瓦西人生活的重建，就是一个例子。弗格森（Ferguson，2000）对雅诺马马人与欧洲人早期接触时期历史的研究也是民族史。民族史之所以加入了人类学的味道，是因为学者将文化的整体性视角，细心地运用到文化的过去及其与周边文化的联系中。人类学家还会努力将外来观察者的记录，转化为所研究文化的真实行为，或者是参与者对事件的解释。

　　对 19 世纪萨斯喀彻温省和马尼托巴湖大平原克里人的两项研究，展现了人类学方法在民族史中的独特应用。人类学家曼德尔鲍姆（Mandelbaum，1979）的《大平原克里人》一书，依靠年长者的记忆，考察了这些水牛猎人社会结构和声望体系的组成方式。历史学家米洛伊（Milloy，1988）的《大平原克里人》一书，则依靠欧洲裔加拿大人的历史文献，关注克里人通过贸易、劫掠和外交，与周边文化进行互动的过程。这两项研究都面临资料上的局限，但都可谓出色的研究。人类学家曼德尔鲍姆的研究，是关注克里社会内部的民族志；历史学家米洛伊的研究，则是将克里人整合到加拿大的军事史当中。

　　关于大平原克里人的民族史，与第四章中描述的 Q 模式分析有一些相似之处：把文化作为研究单位。而一些文化主题的历史则与 R 模式分析更为相近：把一种文化特征或一系列相关特征当作研究单位，可以让我们顺着这些特征进入文化内部。我对复活节鸡蛋历史和田垄隆起的土豆园传播史的考察，就是这类文化史的例子。关于糖与世界各地文化融合的研究，则是其中一项经典。西敏司（Sidney Mintz, 1985）在《甜与权力：糖在近代历史的地位》一书中，从加勒比海殖民地的甘蔗田里，开始追溯蔗糖进入欧洲文化和许多受欧洲影响的其他文化的过程。西敏司揭示的一个有趣主题是：殖民地工人阶级对殖民主义不断增长的支持，是因为他们对甜味的嗜好从偶尔为之转变为日常必需。

考古学

为民族志研究者提供文献的，还有通过发掘进行背景研究的考古学家。虽然考古学家与文化人类学家在方法上存在差异，但他们一样要面对构成本书的大多数问题。要对一种文化进行考古学上的描述或解释，需要建立在发掘所获的物质遗存，以及文献研究协助的基础上。我的同事史蒂夫·马尔克西（Steve Marqusee），将他对弗吉尼亚州詹姆斯河畔 18 世纪奴隶木屋的发掘，与奴隶管理者编定的商业记录结合在一起。这份藏在弗吉尼亚大学档案馆中的文献，报告了每天都有哪个奴隶生病、得了什么病、为奴隶买了什么食物或药品。马尔克西把这些记录，与他在奴隶小屋周围发掘遗存时找到的过去的食物、药物和食物获取工具结合起来，将记录转化为关于奴隶健康和饮食的描述。他通过查阅文献发现：奴隶在进行重体力劳动的同时，并未获得充足的食物；然而，他的发掘则揭示出：奴隶通过种菜、养鸡（啊哈！）、打野兔和采集野生作物来补充他们的饮食。

什么导致文化变迁？

到现在为止，我们的问题都是关于如何描述一个变迁过程。想要找出变迁的原因，则更有难度。某个群体为何会采用一种新的思维或行为方式？文化变迁为何会遵循这一特殊进程？每个变迁都有其独特特征和具体背景。人类学家与实验研究者的差异在于，他们（通常）没有机会在略微不同的条件下重新运行这一过程，并从中确定哪些条件影响最显著。有关变迁的特征，我们已在第二章讨论过。

所以，我们对导致变迁的原因尚不清楚，有待继续讨论，不过，许多人类学家都已采用了一种概括性的变迁模式，如图5.1所示。它是一个群体的文化与其环境组成的反馈环，大

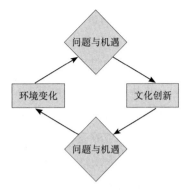

图 5.1 文化变迁的概括模式。这个模式是一个将文化内的创新与更大的环境（指自然现象与其他人群的行为）联系在一起的反馈环。

致可以将其定义为实践某一文化的社会内部和周围所发生的每样事物。反馈模式无始无终，不过我们先从左边的方框开始：

- 一个群体的环境出现了某些变化。这类变化既可以是生物物理（"自然"）上的，也可以是社会文化上的。生物物理上的变化包括栖居地或环境上的改变，新疾病的产生，以及诸如家鸡这类新物种的出现。社会文化上的变化包括移民、征服、贸易，以及诸如外国援助这类直接的发展计划。这类变化或者来自外来群体，或者来自群体本身，例如，群体内部的人口增长、阶级冲突或技术创新。像海啸这类自然灾害，或如银行倒闭这种意料之外的历史事件，也会产生有影响的变化。

- 在最上面的方框中，变迁常常会给这个群体带来问题和机遇。

- 在右手边的方框中，群体会用文化创新进行回应，也就是说，人们会用新的方式或认识来应对事物的变化。

- 在最下面的方框中，群体的文化创新，反过来也常常会对自然环境、受影响地区的其他人群，以及本文化的其他特

征，提出新的问题或机遇。然后循环继续。

我们可以借助这种模式，来解释欧洲文化随移民带到纽芬兰后，在形式和结构上发生的变迁。纽芬兰的例子提醒我们，并非所有文化变迁都会指向"现代性"，即指向更大、更复杂的变化。纽芬兰人在北美边缘的渔业聚落，遇到了独特的挑战和机遇，他们发现，要想在当地延续，只能以较小规模、较简单的形式生活。

当欧洲人随着 18 世纪的工业革命进入一个文化向复杂化迅速变迁的阶段时，它在纽芬兰殖民地的文化却在趋向简单化发展。来自英国与爱尔兰的移民，从工匠和雇工变为采猎者，依靠狩猎、捕鱼、设陷阱为生。人们失去了陶工、木工之类旧世界的技术，定居者的劳动分工也简化为只有男女工作之别。与英国农民相比，定居者用简单的手工工具种植较少作物。纽芬兰人盖的房屋类型也少于英国。他们与土著采猎者发生文化涵化，采用了因纽特人的雪橇、服饰，以及随季节改变住所和行为的生活方式。他们的宗教组织非常简单，市场网络不复存在。鱼商是一个地区唯一有影响力的中介，负责在居民中间分配社会产品、周期性进出口、调解纠纷，并资助举办节庆活动。复杂的英国农业阶级结构，并未移植到纽芬兰的沿海聚落，因为大部分定居者都是英国港口城市及其落后地区的匠人和劳工。英国城乡的其他社会阶级，既没有往圣约翰市移民，也没有留在该地。

纽芬兰人与北美其他地区移民先驱之间的差异在于，他们在数个世纪的时间里，一直停留在一种简单状态下。事情为什么会是这样？先驱们面对的环境，为那些来自英国乡村的人们，提供了不同的问题和机遇。当地有价值的资源很丰富，如鲸鱼、海豹、海狸和鱼类，但可用来移植英国文明的资源却极少。这里的人口密度较英国低，聚落也比英国分散，村落与城市之间的联系非常薄弱。就像图 5.1 所示，英国对纽芬兰的殖民政策影响深远。英国强大的商业联合企业规定：该岛应该保持其简单状态，作为捕鱼基地，为舰队提供水手。

思考未来

时间性问题也关怀未来，关注当前的实践和观念接下去会如何发展、现在非主流的进程是否会在将来延续下去。人类学恰好就是一门能够肩负起这项使命的学科。借助考古学和生物人类学的帮助，我们可以拥有长时段视野；把系统性思维（研究未来的标准）与整体性视角结合在一起；通过丰富的跨文化和比较方法，使我们在思考未来时，能不囿于本文化观念的局限，找到更有启发性的思路（Haviland et al.，2005）。为了对人类学如何研究未来有个概念，我查阅了十本当前文化人类学教科书。我发现，大部分人类学家都是根据本章定义的变迁过程来讨论未来。这些诸如全球化和民族创始的过程，为文化同时提供了机遇和挑战。这些课本也都一致认为，除了研究和教授这些过程，人类学家还能做得更多。我们能够不断深入地去监督、处理这些过程，我会在第十章中进一步举出更多例子加以讨论。下面是人类学家经常用来研究未来的三种方式。

系统方法

雷贝克（Raybeck, 2000）的《低头看路》一书，是一本用人类学整体性、时间性问题更好地思考未来的教科书。雷贝克运用物理、生物科学、计算机信息技术中已经得到检验的系统论，建立起一个**情景模型**，即按照当前趋势描绘出各种状况将会如何发展。在系统论中，各个部分通过积极或消极反馈环，发生相互之间的沟通和控制。未来主义的模型不可能像科幻小说那样，它必须明确自己的前提，仔细描述系统因素与相互影响的进程，确定系统的**参数**（已知的统计参量）。雷贝克（结合其他趋势）建立了一个情景模型，揭示了氟化氢的发展、跨国公司的增长，以及人口密度增加的后果。他不但为工业化城市社会，也为亚洲、非洲和拉丁美洲建立了模型。他的一个预测是，随着阅读被视频和电子信息资源取代，人们的阅读能力将会有所下降，他也揭示了这种下降将会对生态体系、技术－经济系统、社会体系和文化观念产生的影响（换言之，即变迁如何通过整体性图示产生深远影响，参见第三章图 3.1）。

历史比较法

透过过去或许可以瞥见未来。某种程度上，历史是对自身的重演，至少是事物在某些模式上的重现，例如，政治统一或环境退化都会改变文化。这是历史比较法在研究未来时的前提。我们从前人和当代人的经验中，可以择其善者而从之，择其不善者而改之。环境科学家戴蒙德（Diamond, 2005）在《崩溃：社会如何选择成败兴亡》一书中，就使用了这种方法。他考察了一些相对著名的文化崩溃的案例，例如，中美洲的玛雅文明、美国西南部的阿纳萨兹文化、格陵兰的维京人，以及南太平洋的复活节岛民。他还总结了一些可能会和历史案例走上同样错误之路的当代社会。其中就有中非卢旺达的胡图族和图西族、加勒比海伊斯帕尼奥拉岛上的多米尼加共和国和海地，以及中国。

戴蒙德发现，这些分崩离析是历史的重演。每段历史中都是环境退化、人口锐减、文化崩溃（变得极为简单）。虽然所有案例中的崩溃都以某些环境上的问题作为先声：干旱日剧、土壤弱酸性，或是小冰期来临，但是其他文化却成功地应对了这些问题。那些崩溃的社会对这些挑战没有给予足够重视。《崩溃》中不断出现的形象，就是一个不顾一切，为了维持自身实践和观念，忘记停下脚步去聆听花语，并最终践踏了花花草草的社会。这个社会和这个社会的统治精英们一意孤行，不顾他们的行为正在日益危及社会所依存的水源、木材等资源。社会追求的行为降低了群体转型的可能性，而他们原本可以通过约束行为，像图 5.1 那样，在不断面临的"问题和机遇"面前，及时作出明智的调整。

戴蒙德强调，未来的文化似乎更有可能遭遇同样的自我毁灭，而非面对挑战，将其予以自我吸纳。卢旺达大屠杀可能是极高人口密度对可用土地资源的一种压力释放。中国以其数倍于美国的人口来追求北美人的生活标准，他们在水源、空气、森林和生态稳定性上将会遭遇惊人的后果。

戴蒙德并不是一个末日预言家。他之所以小心选择消极个案，并不是为了宣扬道德，而是专为启发我们：当我们过于执著本文化方式时，就会忽视随之而来的后果。消极的个案表明，我们应该更多地关注我们造成的挑战和机遇，直面挑战，抓住机遇。戴蒙德在其书中最后，借用他生活的蒙大拿州牧场主的例子，真诚地期望我们能够妥善计划未来，不要重蹈历史覆辙。

德尔菲法

我在纽芬兰大北方半岛考察四个社区的历史时，明显可以感觉到我的报道人们一边坚守着自己的历史，一边也在颤颤地凝望着不远的将来。为了有助于调查，我从我本科时的老师泰克斯特（Textor，1980）那里借用了一种前沿方法。他的方法是未来研究者所谓**德尔菲法**（Glenn and Groden，2003）的文化人类学版。这种方法的目的是，促进一种文化的"专家"和领袖们，全面讨论他们遇到的问题和机遇，以及当前发生的文化变迁及其应对方法。渔民协会的领袖、镇长、镇议员、老师、出色的店主等，都是帮我进行全面讨论的当地专家。在我的促成下，每个人都通过较长的半结构访谈，为各种社区问题想象了三幅情景模型，以便帮助他们回答下面这样的问题："今后五年，你觉得贡泄镇附近的森林最可能发生什么变化？"或"你希望那片森林发生什么变化？"或"你害怕那片森林发生什么变化？"我把他们的情景模型发还给每个访谈对象评论，再次访谈他们，随后将评论编订到一起，再度发还给他们。我做的最坏打算是，一些社区领袖可能会觉得这项工作毫无启发意义；但是，他们非常想知道社区领袖之间会在什么问题上达成一致看法，而且一些社区领袖确实也会按照报告内容进行实践。有位村长从我返还给他的访谈评论中得到启发，准备推动他的村委会贷款修建社区用水系统。我的工作似乎并不仅仅是评估未来，我还会在一定程度上影响未来。第十章中会讨论到，人类学家在影响事物发展进程时，在伦理和实践上需要面对的复杂性。

小　结

时间性问题指的是：这一行为或事物在过去是什么样子？在这些年里它发生了什么变化？是什么原因塑造了它今天的模样？考察时间性问题，能让我们摆脱现世中心主义的束缚，意识到群体的观念和实践并非一成不变。人类学家基本上已经不再把文化描述为永恒不变的民族志现状，而是把文化的历史作为理解文化的基本方式。回答关于文化实践和观念的时间性问题，需要兼顾其前身和变迁过程。我们在寻找前身时，会考察什么文化特征与之前一样、哪些地方一样、和什么时期一样。我们还会追问：这一变迁是经过什么过程出现的？一些变迁过程的类型有多种形式：发明、传播、涵化、整合、复兴、民族创始、本土化和简化。人类学家在收集变迁证据时，会进行文献研究、参与观察、再研究、长时段研究，以及跨文化研究。历史文献和考古学、生物人类学的发现，丰富了文化人类学家的调查。人类学家经常会用对变迁和机遇的适应反馈模式来解释文化变迁，本章就展示了这种模式的基本形式。文化人类学家不但继往，而且追来，他们会用系统和经验的方式面向未来。最后我们介绍了三种思考文化特征的方式：系统方法、历史比较法和德尔菲法。

👁 鸡和蛋的故事（三）

薇娃的鸡和蛋的故事，为我的时间性问题提供了一个颇有启发性的答案。纽芬兰人在二百年间饲养了羊、奶牛和鸡，这些家畜的产品：羊毛、牛奶和鸡蛋，比它们的肉更有价值。在纽芬兰环境中饲养这些动物的方式和观念，集传统、传播和发明于一体。例如，所有这三种动物在一年里的多数时间都可以自己觅食，无需照管。以家鸡为例，照看家鸡的女人就不愿吃鸡，这种态度形成的原因，可以追溯到历史上"不吃鸡肉"传统的形成。

回答纽芬兰人生计方式中的时间性问题，可以帮助我们解释纽芬兰男孩在春天雪鹀遍野时设套捕捉雪鹀的原因。没人吃鸡和鸡蛋，所以雪鹀不是肉食的首选。所有这些都是苏珊和我在 1979 年到来之前发生的事情。提出关于养鸡的时间性问题，还产生了许多关于我自己本文化传统中复活节找鸡蛋、抓复活节兔子等有趣的历史问题。

我在薇娃的故事中发现，从历史角度去进行思考，也为其他如生物–文化之类的人类学问题提供了解释。也就是说，在北大西洋海岸养鸡，也跟定居者的其他观念和实践保持一致，如他们的生活环境，有时还和家鸡本身的环境有关。包括家禽在内的食物，还对纽芬兰人的健康产生了影响，这也是生物性的一部分。反过来，人类的生物性也需要随着地方文化和环境变化而作出某些调整。人类生物性、环境和文化这三者之间的互动，就是下一章生物–文化性问题的核心。

第六章

人类生物性、文化与环境是如何互动的？
| 生物－文化性问题 |

 小姐，我的肠胃啊（一）

　　苏珊与我沿着泥泞的道路，溅起一路水花，驶入纽芬兰北部。在此五十年前，来自密歇根凯洛格市的海伦・米切尔护士，登上了沿海渡轮，用整个夏天在这个渔民社区进行了一项营养学研究。旨在促进北方沿海社区生活条件的"格伦费尔医疗计划"，邀请她进行这项为期十年的研究，她的旅行由纽约市三位匿名捐赠人资助。鳕鱼捕捞在过去几年产出甚少，政府和医疗计划因而预计，收入减少可能会造成［当地居民］饮食水平恶化，疾病滋生。米切尔1930年出版了她的研究报告，我在纽芬兰纪念大学的文档中读到了这份报告。当时我正在调查这些北方人的健康，如何受到他们饲养、捕捞、种植和交易所获，以及他们日常工作、饮食观念的影响。

　　米切尔护士的报告宛如一座金矿。她的步骤很有系统性，从十二个聚落的家庭中收集了五十份食物档案（食谱清单和消耗量）。我对她的报告充满敬意，因为她抓住了人类学方法的要领。她意识到自我报告通常并不可靠，但纽芬兰人的回忆却有着不同寻常的准确性，因为他们在秋天用渔获交易其他日用消费品时，会一次性购入大量食物。米切尔护士还用"技巧和同情心"赢得了报道人的信任，向他们解释了她为何要如此细致地进行访谈。米切尔了解文化："这些英格兰、苏格兰裔渔民在食物习惯上有着显著的相似性，这些相似性无疑是民族口味、传统和经济必要性的产物。"她与当地护士一道，反复核查了她的发现，并以简洁、全面的文笔写出了整篇报告，其中几乎不涉专业术语，一些行文甚至还语带诙谐。"观察者会幽默地发现，那里的乡村似乎丝毫没有 [维生素]E 摄取不足之虑。"她对许多家户都有十多个孩子这一情况惊讶不已。

除了生育率，有人还提醒米切尔护士要留意，北方人糟糕的饮食进而会导致他们有着糟糕的健康状况。"每个成人每年一桶 [不实心的，她记录到] 白面粉、糖浆 [很好的铁元素来源]、咸猪肉和咸羊肉 [只有精肉，少了一些营养]、人造黄油、一些大豆和豌豆、充足的腌鳕鱼，以及大量的茶叶，是大多数当地家庭的各类所需。"那些有园子的人家，还有土豆、萝卜和卷心菜吃，但一年里只有一些季节中有。

米切尔护士从这份食谱中得出结论，当地居民摄入了足够的、比例适中的蛋白质、肉类和碳水化合物，但他们获取的微量元素（维生素与矿物质）则太少。与加拿大人和英国人的饮食相比，纽芬兰人的饮食中，钙、铁、维生素 A、D、B1、B2 的含量都偏低。在一些社区，人们大量摄入蔓虎刺浆果、云莓和其他小浆果，这类水果提供了丰富的维生素 C，防止了败血症的发生。采集浆果较少的家庭，必须依赖土豆获取维生素 C，但因煮熟过程中会流失大量维生素 C，使得败血症在这些家庭中更为常见。米切尔护士经常诊断为夜盲症、脚气病、贫血和佝偻病的原因，都是缺乏微量元素。大多数居民都有龋齿，因为他们摄入大量精制碳水化合物，而缺少牙病防治。饮食不足也使得他们对肺结核的免疫力加速下降，因为他们在漫长的冬季都是群聚于狭小的屋子里。

沿海更北面因纽特人的饮食生活，仍以传统的野生猎物（包括鲸脂和内脏）为主，但他们有良好的牙齿，没有脚气病、败血症或佝偻病。因纽特人有着很高的婴儿死亡率，有时也会死于饥馑，但研究者证实，他们在海岸边的生活却没有那些小病之扰，这为纽芬兰人的生活方式提供了一种借鉴。实际上，进食驯鹿、海豹、海鸟的纽芬兰人，要比其他大多数人都更健康。但是，随着1930年代"大萧条"加剧，大部分人都开始狩猎，北方驯鹿和海鸟的数量已消失殆尽。

综　述

通读纽芬兰文献中厚厚一叠古老的传教士报告，给我的许多人类学问题都提供了解答。米切尔护士的方法，恰好回答了我的自然性问题。整体性问题揭示了，北方人的饮食与其生活中其他文化组成（如渔业、家庭、对待福利的态度、商人的角色、种植和浆果采集）的关系。比较性问题将因纽特人、英国人和加拿大人，以及其他北方村落放到了一起。时间性问题则让我将米切尔护士的报告，与后来1950年代的报告、我自己在1980年代的观察串联在了一起，让我得以从"长远视角"去审视文明之疾。

不过，最初我坐到这堆文献中的原因，却是为了探寻纽芬兰人的健康与他们的食物生产行为之间的生物－文化性问题。北方人当时吃的是什么？这些饮食对他们的健康产生了怎样的后果？当地的海洋和陆地资源给他们提供了什么食物？他们的每日劳作与文化对食物的喜好，是促进还是阻碍了他们获取丰富的食物？他们竭尽地力所出养活自己的行为，有没有对自然环境产生任何影响，例如耗尽了驯鹿种群？

生物－文化性问题，总的来说就是考察人类生物学（即生物物理学）如何塑造文化？以及反之，文化如何塑造人类生物性？这个问题与整体性问题有些类似，但又要求我们同样考察文化之外的其他互动，例如，与蚊子、季风和激素的关系。这个问题也与时间性问题有关，因为我们关注事物在时间上的变化，但是，变迁过程在这里也包括文化之外的事件，例如，森林的成长周期或气候变化。

本章将会从人类生物学与生物物理环境（即"自然"）之间的因果反馈循环，来介绍人类学家对文化的认识。我们把现代人类同时视为生物及文化变迁进化过程的推动者和产物。我们会介绍生物人类学的分支，并将其中一个概念"适应"应用于人类文化。生物与文化适应是两个紧密联系但又彼此不同的过程。同样，适应也并不全是完美，难免也会出现不适应的情况。最后，我们会抛弃"文化"与"自然"的简单区分，代之以一种六类互动的系统模型，并会呈现每一类互动形式。

顺利学完本章，你应该能：

1. 比较"大萧条"时期和 21 世纪纽芬兰人的饮食与健康，说明文化如何塑造生物性、生物性又是如何塑造文化的。
2. 区分生物性与文化适应，描述这两者的互动如何塑造了人类独特的适应策略。
3. 以纽芬兰的饮食为例，试着解释：为何尽管经过多年调试，文化却很少达到某种理想的适应程度。
4. 解释为何生物、文化和环境之间的互动，只是第五章介绍的文化变迁概括模式的一个具体个案。
5. 用生物－文化－环境体系来解释你自己生活中的一个事件或情况。

6. 用社会－自然系统这一概念，描述你自己或你所读民族志中的环境。

7. 区分生物变迁中的三个过程：环境、发展适应、环境适应。

 小姐，我的肠胃啊（二）

在大北方半岛，文化会为生物性而作出调整。某些因维生素不足而出现的疾病，成为一种共有认识："事情本该如此。"北方人让自己习惯了这些缺陷。例如，每年 4－6 月都是脚气病的多发季节，因为冬天整月整月顿顿吃的都是白面包和盐鲱鱼。"人们似乎接受了春天时略微有些腿脚不适、稍微有些气短的情况，觉得这是自然而然的事情。"（Akroyd，1930，357）米切尔最常听到的抱怨"纽芬兰的肠胃"，指的就是便秘，因为他们的浓缩食物中缺乏纤维和维生素 B1。居民们要靠护士分发"通便"药物来减轻自身不适。

与此同时，文化也塑造了生物性：人们的行为方式影响了他们的健康。米切尔护士与其他医疗访问团注意到，男女分别缺乏的东西略有不同。男人的脚气病和夜盲症更重，因为一些男人要在远航渔船上多住一些时日。贫血者中则女人更多（有时能占一个社区的 40%），因为她们的饮食里缺铁。米切尔还发现，母亲罹患何种缺陷疾病，她的孩子也会患有同样疾病：这体现了家庭在传递技术、知识……以及维生素方面的重要性。

等到米切尔护士秋天回家后，又安排了另一个来自凯洛格市的护士玛杰里·沃恩在下一年里整年都待在北方，通过参与观察收集更多数据。沃恩住过的一个社区，也是苏珊与我半个世纪后到访过的。

我把沃恩的报告（Vaughn and Mitchell，1933）从文献堆中捡出，放在我的桌上。沃恩护士没有米切尔护士有经验，但她住了一年的报告却是充满激情和活力。而且她的报告中还记录了一些有趣的事情。例如，她发现两家人常常共用一头牛。每天只挤这头瘦牛一夸脱奶，只做一点黄油，不做干酪。脱脂牛奶用来做饭、喂牲口或倒掉（因为有异味）。奶牛放养，有时也会将其牵到海边去吃海草，海草虽有营养，但产的奶味有些奇怪。

沃恩护士积极致力于一项改善居民健康的项目，鼓励种植，饲养家畜，推广营养学知识，提高烹饪方式，并改进了在校学生的午餐。她确实为学生们制定了项目，但（我能料到）她增加西红柿（人们觉得有毒）、全麦面包（备受嫌弃，人们认为这是福利机构施舍给穷人的）和牛奶（人们害怕带有结核杆菌）的做法，却违背了当地的文化。

米切尔和沃恩护士与其他在 20 世纪上半叶到过北方的医疗访问团认为，大部分这类疾病的**发病率**，都要归因于北方人在漫长的冬季无法添置补给，他们从捕鱼和伐木中所获不丰的收入，以及加拿大太平洋沿岸的环境障碍，使其无法复制原先在英格兰和爱尔兰所熟知的农牧经济。在纽芬兰寒冷、潮湿、岩石散布的土地上难以种植作物，而收割丰富的野草喂养牲口度过漫漫冬日也很艰难。通过阅读这些古老的报告，再加上我现今与纽芬兰人的交流，我的生物 – 文化性问题油然而生：定居者如何在这片土地上自力更生？他们受到了什么来自土地的影响、产生了什么健康后果？

哪个先发生？

生物与文化是我们这个物种（智人）适应地球生活的两种方式。我们在生物上进化为文化动物。这可以从化石记录中看到：随着文化对我们这一物种变得日渐重要，我们的爪、牙日趋变小，表明它们的工具作用开始下降（Relethford，2002）。生物性会对文化作出回应。文化也会回应生物性。人类在成为高效的**两足动物**（意为两足行走）时，改变了我们的骨盆构造，使得产道变窄，因此胎儿必须在发育较早时期降生。这些无助的新生儿，迫使我们人类的远祖，要花更多时间去怀抱、喂养他们，与其他带孩子的人合作。所有照料孩子的工作，使得那些小婴儿日后可以成长为有着更多社会交往和更多文化的父母（Tattersall，1999）。回答这个"谁先发生"问题的最佳方式，就是从生物性与文化的不断反馈循环来思考。两者相互推动，共同塑造，彼此约束。

尽管文化与生物性彼此交织，但它们经历的却是两个有着本质不同的过程传递：学习和基因遗传。一个人群会通过代际之间的遗传变化，发生生物学上的演变。亲代传给子代。相比之下，文化既不依赖代际变化，也不依靠任何生物变化，因而它的变化也就更快。一个流行歌手在电视上改变了说话腔调、换了身新装或剪了新发型，第二天就会有成百上千的人跟着效仿。文化变迁与生物变化的不同之处在于，文化变迁还可以反方向传递，从后代传给父母，例如，小丽莎会教她爸爸怎样上网（Boyd and Richerson，2005）。

生物人类学是人类学的一个分支学科，主要关注生物–文化性问题。生物人类学家主要探索的就是，我们人类如何在生物、文化及环境的互动过程中进化的历程。他们还会考察人类遗传和体质多样性；从出生到成年的体质变化（Bogin，1988）；疾病与死亡（Wood，1979）；以及关于其他**灵长类**的骨骼及行为（Goodall，1986）。文化人类学的教育包括一部分生物人类学的学习在内，所以生物–文化性问题也是我们所有人的基本研究工具之一。我们探讨纽芬兰村民食物与疾病的关系时，显然会用到生物人类学术语，但这个问题即使在文化的政治或宗教方面也同样会被提及。

例如，在《献给祖先的猪》这本系统思考生物–文化–环境三要素的经典民族志中，拉帕波特描述了巴布亚新几内亚的僧巴加马陵人。

拉帕波特考察了仪式在僧巴加人与生态体系之间起到的平衡作用。僧巴加人在 1960 年代是一个生活在偏远山村的二百人社群，他们在雨林中开辟出园圃，种植芋头、甘薯和蔬菜。他们还养猪，而这也正是拉帕波特书中的主角。拉帕波特提出，僧巴加人遵从的庆典和筵席的仪式周期，产生了如下结果：约束了猪群的规模、为紧张时期的人们提供了蛋白质、在整个山谷人口中对高营养蛋白质进行了再分配、重新配置了土地上的人口，以及帮助森林进行新陈代谢：不断清理，不断再生。

僧巴加人的仪式循环包括四个阶段：与邻人的敌对时期、5–10 年的休战时期、休战结束时期为期一年的盛筵，以及标定群体之间地界新土并允许恢复敌对的阶段。（巴布亚政府现已规定这类战争为非法。）男人在战斗时，要举行屠猪吃肉的仪式。宣布休战后，所有的成年猪都要杀掉，用盛大宴会的方式分给战士的亲属和盟友，人数约有差不多三千人。停战会一直持续到猪的数量回到对劳动力和食物供应产生负担之时，所有的成年猪再次遭屠，然后又是全村轮流设宴分配猪肉的一年。

因此，用生物–文化性用语来说，我们可能会把猪视为传统农园中的四脚碎土机，它们会促进森林新陈代谢，以备日后开辟田园，但猪的数量过多又会激发宴会，宴会推动结盟，盟友在战争中有助于人们重新分配地域，而猪肉蛋白则会在紧张时期改善营养。拉帕波特的生物–文化分析是纯粹的客位视角；而僧巴加人就不会像民族志研究者那样，把停战仪式与蛋白质供应联系起来。僧巴加人认为，仪式是为了重拾他们与祖先的联系，这也是他们进行战斗的原因。由于他们围绕人、猪、园圃、森林生活的生态系统非常平衡，所以我们很难就他们为何开战给出一个可以信服的客位解答，但拉帕波特的生物–文化分析，也算得上是一部揭示他们生物–文化体系运行之道的杰作。

那种适应的优势是什么？

人类学家通过时间性及比较性视角，把文化视作我们人类独特的**适应策略**，意思就是，通过对环境刺激的回应性变迁而形成的基本生存行为方式。如果一个人群对环境刺激出现了解剖学或体质上的变化，这就是**生物适应**。如果人群通过在行为和思维上作出变化去应对这种刺激，这就是**文化适应**。这两种适应都是人类已有二百万年之久的应对策略。文化与生物适应之间的互动方式非常复杂，它们的过程也非常不同。生物适应导致人群可以继承的遗传变化，这被定义为**生物进化**，只有一代发育成熟，生育下一代时才能传递。文化适应则因人们在行为和思维上的变化而发生得更为迅速。生物适应只限于人群固有的基因：除非人群出现了具有生物化学成分的免疫反应，或者是出现了自发的突变，否则我们是不会进化出对某种疾病的免疫力的。相比之下，文化适应似乎就不受限制；你永远不会知道人们下一步会作出什么举动。

最后一点，生物适应无法蓄意而为，直接实现。早期人类并未选择发育大脑；这些只是一代一代通过更发达的脑力，从事复杂行为，成功养育和保护自己后，自然选择的结果。相反，文化适应则可蓄意而为，直接实现，例如，纽芬兰人采用了原住民在冬天迁往内陆的行为实践。当然，有时群体在选择文化适应时，一定程度上也并非有意而为，例如，纽芬兰人在20世纪后期，重新调整了他们的传统饮食安排。领薪工作和强制教育，使得一家人无法在中午聚齐。随着时间推移，家庭就开始将"正餐"（主要的热饭）延至晚上，取消了"晚餐"（晚上分量较小的热饭），而把夜里不热的"午饭"改到中午。

虽然人类的生物进化是人类学的核心主题，但我们在本书中对人类学适应策略的讨论，主要集中在文化方面。文化早已是我们虽无皮毛蔽体、亦无疾蹄利爪防身，但凭智慧大脑傲立于世的不二选择。其他物种适应策略的特点，可能是季节性长距离迁徙、群落规模或体型大小的变化，或是专食一种鱿鱼或美洲脊胸长蝽。我们人类的早期祖先，通过采用不同寻常的策略，获得了生存优势。他们扩展了自己的食谱，向更广阔的空间移动，在行为上更为灵活，并通过更多的共享与沟通，增加了他们的社会纽带。文化还集合了前所未有的丰富集体记忆——不止于个人，不限于最近——从而增进了人类群体的生存资源，使他们可以游刃有余地面对世界。这些通过符号沟通拓展、展示的集体记忆（可以理解的"文化"），要比不断尝试和失败，更能减少能量和生命的浪费，也比耗费数代的生物进化节省时间。文化可以让人类在群体迁移或环境变化的情况下，了解新的情境。文化可以促进密切的社会互动，促成创新事物首先在群体内部采纳，继而向周边群体传播。成功的学习会产生生物性后果：学习并利用文化的个体更易存活和繁育更多后代。如果他们掌握文化的能力在一定程度上归因于遗传构成，这些个体也会将这种能力传递到其子女身上。这种能力之一就是学习语言的能力。现代人类在生物上的进化，使得他们生育的孩子天生就能说话，在出生第一年就能分辨妈妈、爸爸对他们说的一些话，在八个月时就能说出两个词组成的句子（Bonvillain，2003）。

生物–文化性问题也直接关注当代文化中的互动。人类学家会询问：这一行为或观念发生了什么适应过程？这对人们的健康、和睦或生产有何作用，进而对个体或群体的生存又起到了何种作用？我发表的关于纽芬兰北方生活的作品，就从适应策略角度描述了他们的生活。纽芬兰人在其北方环境（指他们受限于北方森林条件）和有限的技术条件下，发展出类似古代航海印第安人和多塞特因纽特人在之前上千年中凭借的文化方式。直到最近，这种策略依然是：分散在沿海小型聚落生活、按季节变换工作、按需迁移、相互之间常有多方面分享、参与许多长距离贸易，并在收成好时集齐所有所获，然后储备一部分，再分送邻居和亲戚一部分，以作为社会投资。在苏珊与我居住的大北方半岛，定居者也通过借用来自因纽特人和其他当地土著居民的技术适应了环境。

原住民的海豹皮裤和皮靴，要比定居者的帆布和牛皮更加防水；因纽特人的狗拉雪橇，则使冰天雪地中的贸易和劳作成为可能。

没有一种文化适应策略会是完美无缺的。文化中的每一种适应并不都很理想，也不必定就是一种好的解决方案。而这有时只是因为人们缺乏足够的信心去判断所做的选择是不是最佳。有时，结果与选择相去甚远，让人们对反馈结果知之甚少，乃至解释错误，以至于人们无法意识到自己犯了错。有时，对个人来说最好的结果，对群体来说却并非最好。纽芬兰人给我们留下的印象是，他们在当地生活了四百年，但他们的适应却并不总是最好的解决方案。他们烧毁的树木超出了森林所能维系的数量。直到最近，他们还令人无奈地（因为他们本该看到将要发生的结果）利用技术优势，捞尽了北方的鳕鱼群。"大萧条"时期，他们在罹患维生素 B 缺乏导致的脚气病时，本可食用更有营养的黑面包，但他们还是偏爱营养不足的精白面粉。

人类学家承认这些成效不显的实践。"适应"这一概念为我们提供了批判其他文化的标准，我们在第十章面对判断问题时还会提出更大的争论。尽管人类学家对其他文化的状况难置品评之辞，但我们对西方工业化社会不可持续发展的生活方式却是难辞绵薄之力，因为这些新的方式颠覆了环境、生物性和文化这三个要素之间的传统平衡。

例如，博德利在《人类学与当今人类问题》一书中指出，由工业化国家建立并在全世界传播的现代全球文化，产生了一种以国民生产总值（GNP）的增长为成功标准的"消费文化"。这种消费文化声称，消费的永久增长，既是生活质量提高的表现，也是其目标；但博德利证实，这两者之间的联系并不密切。过去五十年，GNP 并没有提高美国成年人的生活满意度，也没有减少他们的工作时间。事实上，现在的父母在花更多时间外出工作的同时，还要在家务上花更多时间。社会认为所有这些工作都有必要，能给家户买入物品和服务，这些物品和服务是家庭幸福和个人高尚生活所必需的。这种消费文化对环境的要求巨大。博德利提醒我们，美国人今天消费的能量，是他们一个世纪前的三十倍。美国消费者生活方式所耗用的大部分能量，都是不可再生的化石燃料，所以消费文化（实则是过度消费文化）是不可持续发展的。博德利对美国观念与行为的生物－文化批判分析并非孤立个案，大部分有关生物－文化性的教科书，也都以同样的分析作为总结（Bates，2005；Kottak，2004）。

系统性思考

纽芬兰人的情况不断提醒米切尔护士（以及后来的苏珊和我）：他们的环境、人类生物性和文化是如何相互影响的。我们在省视今天的文化时，只有注意到其中一项与另外两项的联系时，才能理解其中任意一项。你可以从自己的生活中去观察这种互动。例如，考试周的压力（文化）导致更频繁的头疼（人类生物性）。校园里传染病的流行（人类生物性），导致特殊部门——卫生中心（文化）——的成立。我们鼻塞时为了提高室内温度，需要燃烧更多的化石燃料（文化），从而增加了大气中的二氧化碳含量（环境）。二氧化碳增多造成了暖冬（环境），我们就能在教室里穿着薄毛衣上课（文化）。

生物－文化视角强调生物性、文化和环境这三个要素之间的**系统关系**，即反馈互动网络。人类学家提出生物－文化性问题，是为了跳出西方哲学"身心分离""文化与自然"对立的固有思维模式。许多其他文化中都没有这类截然对立，这可以解释人类学家为何也不会将这二者对立：他们从自己研究的人群中学会了其他思维方式。在西方社会，生态学家、心理学家和一些健康专家，也会从这种更加系统性的角度去思考人们的行为。

就像图 6.1 所示，人类生物性、文化和生物物理环境这三个要素，构成了六组互动。注意：这张反馈循环图与第五章图 5.1 "概括性的文化变迁过程"有些类似，但本图中的互动关系不是两个因素，而是三

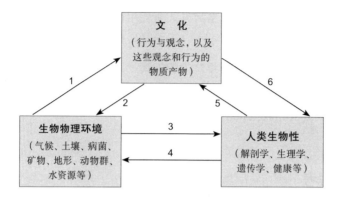

图 6.1   生物－文化三要素。文化、人类生物性和环境相互调整，彼此影响。

个。每个箭头表示一个问题或机遇激发了一次回应。我们要牢记，这六组互动（图中箭头所示）是同时发生的，但为便于说明，下面我将分别予以讨论。

互动 1. 文化如何回应环境？

我们可以从几个不同的角度来考察这组互动。我们可以询问：在某个具体的环境机遇面前，哪种文化适应一定会产生优势？纽芬兰人以驯鹿为食，需要了解驯鹿的习性，组织狩猎队，并制作特殊的工具。我们可能还会问：什么环境特征（如结冰的冬天或肺结核的出现）给人们提出了问题，促使人们通过文化适应去削减这些问题给其带来的消极影响？纽芬兰的定居者为了应对当地恶劣的气候和贫瘠的土壤，简化了他们的欧洲农业方式，但却拓展了他们的采猎技术，以便利用当地丰富的猎物、鱼类和浆果。他们所有的面粉都是进销而来，因为当地不长小麦。运来的面粉都是磨好的白面粉，因为这要比新鲜的更易保存。但这种面粉失去了小麦里所含有的大部分维生素和矿物质，这些必须靠纽芬兰人园圃生产和采猎食物来补充。在这些适应过程中，我们看到纽芬兰人抓住机遇，解决了环境给其造成的困境。

我们还可以询问：一个社会的组织是如何回应环境的？例如，在学校还未推广强制教育时期的深秋时节，纽芬兰家庭会散居到渔村后面云杉和冷杉林中的木屋里，为的是靠近他们的冬季燃料补给。等到来年春天，他们就会再度聚到人口更为稠密的港口，为捕鱼季节做好准备。我们还会问：社会思维如何为环境进行调整？由于纽芬兰渔民要在危险的北大西洋海域捕捉鱼类和海豹，所以他们信仰基督教的方式，与他们的欧洲农民远亲相比，反映了更多宿命论的成分。

文化对环境的适应很少会一步到位，修正总是如缕不绝。如果适应无法匹配，无法修正，社会就将面临灭亡。9—13 世纪的挪威人发展出一种因地制宜，将贸易、猎捕驯鹿和海豹及海象、在沿海草地放牧奶牛和绵羊融为一体的文化（McGovern，1994）。但 13 世纪与小冰河期如影随形的寒冷气候，令草场萎缩、畜群凋零，而贸易也为海冰所扰。挪威人既不愿模仿当地北极因纽特土著擅用海洋资源的成功策略，而是继续耗用备受严寒催索的草场；也不愿减少对奢侈品的进口需求。到了 1500 年，格陵兰岛上的挪威人就此灭绝。

互动 2. 环境如何回应文化？

我们在互动 2 中要考察环境对人类文化行为的适应。社会既会有意识地调整环境以符合人类的文化观念，也会由于人类的文化实践而在无意间改变了环境。纽芬兰人有意识地改变了环境，以提高他们肉类、羊毛和牛奶的供应。他们清理森林，获得园圃和草场，修筑蓄水湖为社区提供水源，灭绝当地狼群以保护羊羔和牛犊，从大陆引进驯鹿作为冬季食物来源。他们无意间从欧洲货船上引入了旧世界的杂草和老鼠。他们为了开垦草场或焚烧垃圾燃放的火，在海边的大风下有时也会失控，将聚落附近的山丘变成只有苔藓的"瘠壤"。尽管瘠土无助于获取木材和柴薪，但它仍能为红莓苔子和蔓虎刺浆果提供生长之所，这两者可以算得上是人人喜爱的维生素 C 来源。

在一个地方生活过一段时间之后，任何社会都会通过其行为和观念，极大地改变当地环境和生态体系，对这种人与自然状况最贴切的叫法就是**社会－自然系统**（Bennett，1993）。社会－自然系统指的是：实践某种文化的人群与自己创造的"自然"之间的相互适应。这在工业化社会中表现得最为明显。此刻，远望窗外的纽约乡村，映入我眼帘的有雨露、湖泊、树木、鸟儿——啊，自然！但事实上，雨水中混有来自中西部煤电厂散发的硫化物，而湖泊则是为了水力发电而蓄起的水库，我种了这边的树又砍了另一边的，这些鸟儿则是鸽子——人类在数百年中直接繁育，使之与人类生活亲近的结果。美国人有意无意间改变了他们周遭自然环境中的几乎所有方面，包括许多我们所谓的"野性"。但即使小规模的采猎社会，也会产生一个社会－自然系统。芎瓦西人为了让他们捕猎的野生动物吃到更好的草料，会周期性地纵火焚烧卡拉哈里沙漠的野草。

互动 3. 人类生物性如何回应环境？

我们在互动 3 中会询问：我们的身体如何回应环境？生物进化比文化变迁缓慢，所以我们的骨骼和生理特征所反映出来的，更多的不是我们的现在，而是我们的过去（Dubos，1998）。我们现代人身上所具有的直立行走、脑容量较大、偏好糖和脂肪等特征，都可以追溯到我们最后一个冰河时代前的东非祖先那里。

人类生物性总是会对环境作出回应，有些方面的改变不用千年，只需数年，甚至数周。人类生物性变化的较慢方式则要通过进化实现，即通过数代，在人群中实现遗传变化。较快的方式称作**发展型适应**，意为个体在一生中发生的不可逆的生理变化。在喜马拉雅高山缺氧环境下长大的夏尔巴人儿童，发育出永久性扩大的肺活量，他们的肺部有更大的表面积和更多的氧气交换单位（Moran and Gillett-Netting，1979）。第三种人类变化的方式是**气候适应**，它指的是人在一生中可逆的体质变化。夏尔巴人每毫升血液中的红血球数也要高于我们平原人群，这使他们能吸入更多氧气。如果一个夏尔巴人搬到纽约，他的红血球数就会开始下降。如果我搬到尼泊尔或的的喀喀湖，我的红血球数就会上升。

文化人类学家把身体与居住环境之间的互动所引发的一系列问题，都留给了生物人类学家，其关注点主要聚集在三要素中的文化适应上。但是，这些身体－居住环境之间互动的结果，也引起了文化人类学家很大的兴趣，因为人类身体对居住环境的反应，就是一种社会－自然系统：由文化塑造而成。

例如，一些**地方性传染病**（意为某个地方无处不在令少年早夭或降低成人生育力进而限制人口结构的疾病），通过家畜传入欧亚大陆的社会－自然系统。天花、肺结核、鼠疫、霍乱和禽流感，经由人类每天接触（有时还同居一室）的禽、畜，成为人类的疾病（Cohen，1989）。米切尔发现，人畜混居是促成纽芬兰地方性传染病毒的一个原因。在冰冻三尺的 12 月，北方人把家搬离海岸，和他们的鸡、狗、牛、羊一齐迁入暖和的冬季营地。待到春暖时节，肺结核、寄生虫病和上呼吸道感染便广为流行。

诸如疟疾或西尼罗河病毒这类其他疾病，是因为我们无意识地创造了吸引病毒携带者（蚊子和乌鸦）的栖居环境，从而使其进入了社会－自然系统。人类随后通过注射疫苗来调整免疫系统（一种有意识的或文化的回应），获得自然免疫力或进化出抗性基因（一种无意识的生物的适应），另外还会采取一些其他回应方式，从而适应了这些文化造成的疾病环境。人群之中或之间巨大的遗传多样性，或许就是我们人类在漫长的历史进程中，与那些和我们共同进化的大量微生物进行战斗并付出巨大牺牲的结果（Wills，1996）。

互动 4. 环境如何回应人类生物性？

互动 4 通常是诸如生态学之类其他学科探讨的问题，但人类学要问的是：文化是如何协调这一互动的？什么样的观念和实践，使得人们改变了他们的环境，造成了人类生物性方面的影响？虽然人类独特的生物特征仅在某些情况下才会对环境造成直接影响，但这方面最清晰的例子莫过于人口规模。纽芬兰人直到现在仍然保持着加拿大最高的生育率。10—12 口的大家庭非常普遍。全岛人口从 1850 年代的 10 万人，增长到 1950 年代的 50 万。更多、更大的沿海聚落，自然也就需要更多的木材来提供建材和薪柴、更多的驯鹿群提供肉食，以及更多水源清洁的池塘提供用水。到 1930 年代，这些活动已对环境产生了深远影响。在苏珊与我进行调查的大北方半岛，驯鹿种群几近消亡，沿海森林日渐远退，远离了聚落，而池塘不是受到污染，就是在夏季干涸，抑或兼而有之。

当现代医药（即生育控制技术）、妇女外出工作，以及政府基金在 1960 年代到达这个沿海小村后，纽芬兰人开始通过文化变迁的方式来应对这些环境问题。他们减小了家庭规模，安装了下水道和供水系统，规范了伐木方式。因而就像通常可以看到的那样，人类对环境的生物性影响，受到了文化的调整，于是我们也就能够再次如互动 2 一样去应对这些问题。尽管如此，人类生物性既促进了文化与环境的互动，也对这种互动施加了限制。生物局限性的例子，例如，我们需要为自己无毛发蔽体的身躯保暖、摄入维生素 C（我们的身体无法像其他一些动物那样从其他营养中合成维生素）、每天喝几升水。促进生物性的一个例子就是我们的皮肤，它的独特性在于天生就有丰富的汗腺，这让我们在追逐小羚羊，或者是抬着大石块建造金字塔时不至于过热。

互动 5. 文化如何回应人类生物性？

我们在互动 5 中会询问：一个群体的实践和观念，如何应对自然的生物性，如年轻女性开始具有生育能力这一过程？一种文化如何看待个体不可避免的衰老和死亡？文化参与者如何看待双胞胎出生的情况？我们智人的生物性特征，为文化千奇百怪的应对方式，提供了制约和可能。

就生物局限性而言，我们的辨色能力受限于人类的视力（Foley, 1999）。首先，我们注意到：人类与其他如猴、猿等日行性（意为白天行动的）灵长类动物一样，都有良好的色觉（当然，色盲者除外）。所有证据都表明，人类的视网膜锥会将颜色信号收集起来传给大脑。我们之所以认同这一点，是因为尽管每种语言在表达"红色"时都有不同的词汇，但当我们举出色条时，操各种语言的人们都能指出哪一条最符合"红色"（Bonvillain，2003）。然而，所有人类的裸眼都看不到：花朵的性器官为了吸引昆虫而呈现出的红外色彩。

　　所有的人群对颜色的认识非常相似，但是不同文化对颜色的描述却是不尽相同。在各种文化的语汇中，关于基本色彩的称呼可谓是千差万别。从客位或跨文化视角来看，人类语汇中有十一个关于基本色彩的称呼。粗略说来有：暗／黑、蓝、亮／白、红、棕、绿、粉红、紫、橘黄、灰和黄。中非的恩功贝人只有两种称呼：暗／黑和亮／白。特罗布里恩德岛民的语言中只有四种称呼（白、黑、红和黄），祖尼语和英语中有全部十一种称呼。我们要记住的是，这一观点并不是说，这些社会无法看见这些颜色差异，而是说他们缺乏描述每一种颜色的词汇来区分不同。实际上，他们会用"犀牛色"或"甜瓜色"这类称呼，很恰当地作出区分。

　　语言在基本色彩名称数量上为何会有如此不同的差别？答案似乎来自文化与环境：某种具体的色彩名称，与某个地区的生活方式最为契合。我们发现，用色彩装扮或用颜色区分自然特征的文化，其所使用的基本色彩名称也是最多的（Berlin and Kay，1969）。一个社会越大、越复杂，就会用到越多的基本色彩名称。总之，人类的辨色能力来自生物性，但给颜色命名则属于文化。

　　纽芬兰人在1930年米切尔初次来访时，已经发展出了他们应对自身生物局限性（较易罹患摄入不足导致的疾病）的文化方式。妇女在春季会大量采集蒲公英叶子、牛耳大黄和大蓟喂给孩子（尤其是女孩）。这些野菜富含铁质，可以预防隆冬将尽时广为泛滥的贫血症。另一种数百万人罹患的生物局限性是疟疾，寄宿在宿主血液中的疟原虫会令宿主疲弱无力。受到疟疾困扰的人群，会用几种文化方式来应对这种局限性。它可能会就人们为何会出现这种症状提供一个解释，或者是提出怎样可以缓解病痛，或者是直接给出降低感染几率的方式。文化还会在社会组织层面提供一种应急机制（即在某些状况出现时的应对步骤），例如，在患者因周期性发热病倒后，明确由谁前去帮他种地。

为了方便我们大多数右撇子，所有的螺栓和盖子都是按照顺时针拧紧的，因为大部分使用者都是右手肌肉在顺时针用力时更能使上劲。但与此同时，有 15% 的小孩天生就是左撇子。那么，左撇子到底是一种局限还是一种优势呢？文化又是如何对待左撇子们的呢？文化通常都会认为左撇子不好、"不祥"或"笨拙"，并强迫他们改用右手。不过，在今天的美国文化中，这种看法和做法早已时过境迁。我们相信孩子们应该表现真实的自我，因为我们觉得：强迫孩子违背他们自己的意愿，日后很可能会出现问题。因此，我们的制品中便有了左手剪刀和左手书桌这类适应工具，社交时则让左撇子坐在饭桌的桌角位置，而且我们的观念中通常也都会认为：左撇子直觉过人，富有艺术天赋。

文化塑造了人们对世界的共识，使文化参与者适应了自己的生物局限性。生活在资源有限环境中的人们，面对不可避免的较高婴儿死亡率，发展出一种方式，即让母亲疏远与婴儿的感情，直到孩子活过最危险的阶段。这就是谢珀－休斯对巴西中北部贫困妇女的报告告诉我们的，这些妇女的婴儿有三分之一不满周岁就会夭折。当地妇女面对这种惨状，形成了一种共有认识，就是认为这些婴儿与生命"无缘"、"不爱"人世，由此使得她们可以调整其与可能夭亡的婴儿之间的感情。

互动 6. 人类生物性如何回应文化？

图 6.1 中的第六组也即最后一组互动，就是我在纽芬兰文献里米切尔护士报告中所获得的发现。我提出的问题是：沿海人群（很大程度上由文化塑造）的饮食，如何影响了他们的发病率（一项生物特征）？毕竟，他们的饮食是他们的食物生产习俗，和他们对摄食、烹饪共有观念的结果。在其他方面，纽芬兰人的生物性也受到文化的影

响。许多家庭的健康（生物性），都会受到在漫漫冬季蜷居小屋这一日常（文化）实践的影响，这种实践增加了肺结核和其他传染病的传播。

回想一下遗传进化、发展型适应、气候适应这三个进程所导致的人类生物性变化，在速度和可逆性方面存在的差异。文化可以推动所有这三种变化。例如，文化实践与观念如何塑造人口的遗传进化？诸如纽芬兰人和他们的北欧亲属之类饮食中有很长喝牛奶历史的人群，由于进化出在成年后肠内仍能继续产生乳糖酶来分解乳糖，所以他们的成人可以饮用牛奶。饮用牛奶能让某些北方地区或草原环境中的生活更有保障，于是当地人群也就进化出喝牛奶的习惯（Feldman and Cavalli-Sforza，1989）。大多数文化的饮食中都没有牛奶，大多数人口（如中国人）都保持了人类最初的生物性特征：人在断奶后就停止生成乳糖酶。文化中没有喝牛奶习惯的成人，喝了牛奶往往会感觉很难受并有不良反应。（除非他们把牛奶发酵成奶酪或酸奶，先把乳糖分解，再供人体吸收。）

文化如何影响发展型适应——个体在其一生中不可逆转但又无法遗传的生物性变化？在我们的文化中，对疾病的免疫力就是这样一种方式。文化会出于各种原因，通过文身、穿刺、划痕、凿齿或镶牙、割阴、缠头或缠足、截指、扁桃体剥离、儋耳等方式，永久性地改变人的躯体。其他发展型适应则是人类行为的无意识产物。19世纪加拿大皮毛狩猎者在趾关节上的变化，反映了他们划独木舟时的长时间跪立（Lai and Lovell，1992）。古代叙利亚妇女需要跪着磨面，因此她们的趾关节也呈现出相似的变化，埃及王陵中的壁画证实，妇女在磨面时确实保持这种姿势（Molleson，1989）。美拉尼西亚和西伯利亚现代人群用陶烟管吸烟的习俗，在他们的上下门齿之间留下了一个独特的椭圆形缺口（Scott and Turner，1997）。

文化产生了什么样的气候适应（可逆转的生理调整）呢？我们会在日光浴室中改变自己的肤色。一些证据表明，如同女犯或一夫多妻社会中的妻妾，这类共同生活的妇女们的月经周期，经过数月后会变得一致，因为经期妇女释放的信息素会影响他人（Bolin and Whelehan，1999）。

文化不但会影响个体，还会影响人群的人类生物性。人群的文化如何决定该群体的规模、构成和发病率？这也是我希望像米切尔护士之类的报告能帮我了解纽芬兰北方人群的问题。米切尔护士1930年代到访纽芬兰时，早婚、充足的卡路里，以及更多帮手的需求，让许多家庭都生育了十多个孩子。另一方面，哺乳期延长、**产后性禁忌**、避孕药，以及**溺婴**，则是许多社会限制每个女性生育数量，进而控制人口增长的文化实践。

我们再次发现，文化对人群的影响并非总是有意为之，有时甚至还弊大于利。例如，我们本文化中养育孩子的方式，改变了美国妇女的生育率。其中的联系在于：在小规模前工业社会，怀孕和照顾孩子的过程，占去了妇女们大部分的生育时间。她们在生育期平均约有110次月经，而生育较少或无孩、就算带小孩也只有短短一段时间的美国妇女，平均则有350—440次月经。这些多余的月经周期会导致多余的激素分泌，由此也就导致我们的社会中有着较高比例的女性生殖系统癌症（Small，1999）。不过，这个文化塑造生物性的例子仍然处于变动之中。我们最近发明了一种可以减少女性月经周期（达到小规模前工业社会妇女月经数的）三月避孕药，以此来回应文化引起的健康问题。只不过受到时间限制，我们现在还无法看到这种文化创新（三月避孕药）能否有意识地影响人类生物性（妇女的生殖健康），以及是否会产生其他负面的生物性后果。

小　结

生物－文化性问题指的是：人类生物性或生理环境是如何塑造我所研究的行为和观念的？文化又如何反过来塑造了人类生物性与环境？

文化人类学家之所以提出生物－文化性问题，是因为我们受过生物人类学训练，并要解决时间性问题。我们把这两者结合到一起，就发现文化在上百万年中既影响了我们的生物进化，也受到生物进化的影响。进化既是生物适应的结果，也是文化适应的结果，这两者各有利弊。它们彼此之间虽然联系紧密，但却有着不同的适应进程，在速度、发展方向，以及变迁的意识性上都有所差异。

生物－文化视角将人类与其他动物相比，发现文化是我们这个物种独特的适应策略。然后我们考察了一种文化实践和观念如何影响一个群体的延续。一些实践产生的影响很小，另一些则在有利于个体的情况下，确实对群体产生了不利影响。

人类学家把文化、生物性与环境，放在一个相互影响的三要素互动体系中进行思考。一种文化在环境方面的实践和观念，会对环境产生积极或消极的影响，而这反过来也会影响人的身体和社会的人口。人的身体和社会的人口同样会直接受到文化的影响，随后又把影响施于自然。为了方便起见，我们把这三要素中的每组关系都分开进行了梳理，但在实际生活中，所有这些互动都是同时出现、相互之间彼此协调的。

小姐，我的肠胃啊（三）

一方面，米切尔和沃恩护士为我们描绘了一幅"大萧条"时期北方渔村在营养不良、疾病蔓延中风雨飘摇的景象。另一方面，她们与其他医疗访问团也观察到，当地成人固然瘦削，但却很少患高血压或心脏病。纽芬兰1949年加入加拿大后的饮食变化，极大地改变了苏珊与我当时走访（米切尔和沃恩护士研究过）社区的健康因素。事实上，所有这些人类学家所称的"文明病"（Eaton and Konner，1999）缺陷，流播甚广。我们的许多报道人和邻居，都深受动脉粥样硬化、肺气肿、肥胖症、龋齿、骨质疏松及糖尿病之扰。纽芬兰人像我们其他北美人一样，解决了他们传染病和营养不良方面的老问题，但在寿命延长后便遇到了其他健康问题 —— 他们由于过量的油炸食品、抽烟和过多的垃圾食品，加速了这些问题的出现。现代生活改变了纽芬兰人文化、生物性和环境之间紧密的反馈循环，但却没有减弱它们之间的联系。

沃恩护士 1932 年与纽芬兰北方人长达一年生活后所写的报告中，有一点引起了我的注意。她观察到，在饲养奶牛的村落中，有时是两家共养一牛。谁和谁共养一牛？我很想知道，但她却没有细写。我从今天我观察到的北方人土豆田的情况中了解到，关系密切的家庭在土豆田里有时会共有土地，共出劳力，这既是为了省力，也是为了"巩固"关系。后来我把这个问题的讨论，扩大到盖房子、采野莓、猎驯鹿和商业捕鱼这类通常由亲属组成的人群进行的活动上。参与者之间的联系，通常都是来自一个**从父居扩大家庭**（意为一对已婚夫妇与他们已婚儿子们家庭组成的大家庭）。这一社会结构由一些简单原则产生：女儿嫁入外村、儿子娶妻进村，新婚夫妇在新郎父亲家边建房居住。

另外一个参加各种共同劳作的群体成员来源是教会团体，而出人意料的是，大溪镇竟有五个这样的团体。社区墓地中的坟墓位置，就可以用这种社会结构来解释。教会团体先分好位置，然后再按从父居扩大家庭，在某个教会内给每个人安排一个位置。过了一段时间，我开始从每个人的社会结构及在每个社会结构中所处的位置来考虑，这些因素是如何影响每个人做了什么、某时是怎么思考的，以及他们将会在哪里安息。这个问题把我们带入了第七章要讨论的内容：社会结构与文化实践和观念之间的互动。

第七章

什么是群体与关系？
| 社会－结构性问题 |

 污染也是"人类问题"（一）

　　"你能帮我去河上跟那些人谈谈吗？这次漏油事故变得越来越棘手了。"一个慵懒的夏日，我正在家修剪草坪，忽然接到史蒂夫打来的电话。史蒂夫是圣劳伦斯河沿岸地区的联邦推广员，他的职责与农业推广员比较相像，只不过他这里给出的建议，不像农业推广员那样涉及玉米作物，而是与游船码头和贻贝泛滥有关。

　　"我在漏油事故中能帮上什么忙，史蒂夫？我只是个人类学家。"史蒂夫是我的朋友，因此我很乐意提供帮助，但对他的上述请求我却不得其解。我从收音机里已经听说了，圣劳伦斯河刚刚发生一起重大漏油事故。国家电力公司（NEOCO）一艘载有上万加仑重质燃油的140驳船，原本打算将这些燃油运到上游发电厂，却在离我家不远的美国海峡①搁浅了，船上数万加仑燃油漏入河中。河水很快就将油污冲到游船码头、船库、香浦沼泽地和度假海滩。美国海峡沿岸的很多小社区都被污染。这的确是个不幸的消息——但却并非我分内之事。

史蒂夫平时是个很稳重的人，此时却显得很有几分迫切，甚至有点狂躁。"现在已经不是一起污染事故这么简单了，它正在变成一场社会灾难。邻里之间相互倾轧。大家都在责难护卫队。很多人都心烦意乱。各种诉讼和公众听证会一个接一个。清理油污的资金可能不等工作忙完就会花光。我觉得你有可能从中找到一些感兴趣的工作，并会对解决这个老大难问题有所帮助。"

虽然心底仍有些犹疑不定，但因好奇心作祟，我便"溯河而上"，来到圣劳伦斯河沿岸的村庄。很快我就浸入油中——夸张点说，就是浸入这次漏油事故给人们所造成影响的研究中，这是迄今北美最大的内陆漏油事故，它对圣劳伦斯河的自然环境和社会环境带来了严重干扰。

史蒂夫是对的：沿岸居民确实心烦意乱，他们很想找人倾诉。等到秋天的时候，我已和几十名沿岸居民、企业老板、清理工作承包商、清理人员和政府官员聊过天。我还将参加公开听证会和居民大会，因此我仔细翻查社会科学文献，希望可以从中借鉴一些关于漏油事故的看法。

截至国家电力公司此次事故发生之时，人类学家虽然研究过自然灾害，如美国的龙卷风（Wallace，1956）、巴布亚岛的火山喷发（Keesing，1952）、南太平洋上的台风（Schneider，1957），但却尚未研究过漏油事故。上述自然灾

---

① 美国海峡，即卡伯特海峡，位于加拿大东部的纽芬兰岛和布雷顿角岛之间，连接圣劳伦斯湾和大西洋，其上游圣劳伦斯河地跨美国、加拿大两国。——译注

害研究，解释了受害者在其社区被摧毁或冲垮后，如何努力重建他们的亲属群体、仪式活动和政治领导。如果用"海水中的漏油"取代"火山岩浆"或"狂风"，我就可以找出讨论污染事故所造成社会影响的方法。

这种背景解读印证了我在圣劳伦斯河上的报道人的说法：漏油事故也是人类问题。除了污染生态系统，国家电力公司的原油还使圣劳伦斯河的旅游经济停滞不前，并且破坏了大量的私人财产和公共财产。在此过程中，它明显打乱了人们的正常生活，至少就短期而言确是这样。不过，在应对这一事件的过程中，当地居民对影响他们平静河流生活的权力结构也有了更多认识，并想参与其中管理这些结构，或者是创设他们可以管理的新结构。

为了更加深入地了解这些社会影响，我向此次漏油事故应急领导机构：美国海岸护卫队提出申请，并顺利获得研究合约。我建议要回答的问题包括：

- 受污染地区的居民是如何自行组织起来获取信息、寻求帮助、提出抗议并分担悲伤、恐惧和愤恨的？
- 当地哪些社会结构因本次漏油事故而变得紧张？哪些社会结构因本次漏油事故而得以加强？
- 出现了哪些新的社会群体？

我在合约申请中提出，由于受过良好训练，人类学家是回答污染事故后混乱局面中这些问题的恰当人选。按照惯例，人类学家会整装出发，抵达其不熟悉并会让人觉得极为混乱的社会场景，在赢得认可后进行参与观察，采用或新创其他各种信息收集方法，学习一种新的语言，并（尽管存在

> 诸多障碍）最终对正在发生的事情作出有益的描述。而正在发生的事情，则在很大程度上会涉及各类群体和不同层次的结构。这种田野工作的心理准备，让我能够忍受明显混乱的状况并把注意力集中在群体成员的行为上，使得我在圣劳伦斯河上的调研受益良多。

综　述

在这次漏油事故研究中提出的**社会 - 结构性**问题，与我们在所有人类学田野调查中提出的社会 - 结构性问题并无不同。人们组成何种群体？这些群体结构如何、它们是干什么的？这些群体的结构和活动，是怎样影响它们成员的行为和观念的？

文化人类学家关于社会结构的其他问题还包括：这些群体是如何获得权力并利用权力来影响事件的？这些群体的结构维护的是谁的利益？参与者是如何意识到他们是该群体及群体结构成员的？个体如何处理其在多个群体中的成员关系（因为每个群体都有自己的结构和目的）？

像社会学家一样，人类学家在观察人类时，也会将其区分为不同群体。毕竟，文化是一种群体现象。群体的结构和目的通常由共有的认识确定，这和社会文化规则确定婚姻结构如出一辙。例如，社会文化规则可能会规定，允许此人和某人结婚，但却不得与另外某人结婚，也不得同时与两人结婚。另一方面，社会群体有时也会在该群体的文化成型以前便已形成。也就是说，社会组织是人们在事件中乃至事故中向前推进时所提出的临时解决方案的结果，事后他们才就所作之事达成一致意见。这样一来，因提供临时解决方案而形成的群体，也就成为文化的一部分。本章将会提供多个例证，说明此类临时解决方案如何成为文化的一部分。

人类学家与社会学家的不同之处在于，他们可能还会问到生物－文化性问题（群体对其环境的哪些所作加剧了这种灾难？）、跨文化问题（世界上其他地区的群体面对类似事故有何反应？）、阐释性问题（这场事故带来的损害对受害者而言意味着什么？）。对漏油事故提出的上述最后一个问题，则是下一章的主题。此外，如前所述，人类学家与社会学家的区别还在于，人类学家经过训练可以在不熟悉且无组织的环境中进行研究。

接下来，在向不同群体提出这个社会－结构性问题时，又会存在诸多变化。群体既可以是由某个国家或某种特定文化组成的整个社会，也可以存在于社会内部，例如，在美国社会中，有一些你可能比较熟悉的群体，如种族、宗教、工作、性别、代际、社会经济、同仁福利俱乐部、官僚、军队和亲属等群体。这些社会群体的共同之处在于，它们都存在一个界定问题：谁为成员、何为目的、地位和角色如何建构——尽管具体界定标准有时准确，有时模糊。社会结构通常都可用图表来表示。接下来我们可能会问：社会群体会影响个人的哪些思想和行为？有多少社会结构对这一特定行为或事件产生了影响？我们以两个完全不同于我们文化的社会结构（此二者之间也各不相同）为例，来说明权威是如何授予，以及权力是如何产生和行使的。在关注群体权力时，个人的地位又从何彰显？人们如何通过自身行为去维持或改变社会结构？参与者如何意识到社会结构的存在？如果个人是相互重叠、有时甚至是相互矛盾的社会结构的成员，又会发生什么事情？

顺利学完本章，你应该能：

1. 解释为什么说人类学方法非常适合研究技术性灾难或自然灾难，以及灾难能够揭示出受其影响的群体社会结构中的哪些内容。
2. 绘制某个社会群体的地位和角色结构图。
3. 解释群体如何与构成其文化的共有观念和实践密切相关。

4. 描述参与者通常没有意识到的社会结构。

5. 比较"权力"和"权威"这两个概念。

6. 比较游群社会与国家社会中宗族组织的权力之源和外在表现。

7. 讨论是我们控制了我们所处的社会结构，还是我们所处的社会结构控制了我们。

👁 污染也是"人类问题"（二）

与海岸护卫队签下合同后，我便开始大张旗鼓地开展研究。我雇了几名同事和学生，组成几个研究小组，并始终确保有一个小组留在河上。我们与各方进行访谈，观察听证会和清理人员，留意酒店收入变化，分析新闻报道的内容和覆盖范围，按照疾病模式对医院记录进行分类，跟踪房产租售的变化。通过这些途径，我拼接出了沿岸社区是如何回应圣劳伦斯河上这起漏油事故的情景。

这起漏油事故导致很多社会结构瓦解和重组。游船缆索紧系，汽车旅馆空无一人。由于最开始禁止划船，后来虽然允许划船但手续非常麻烦，因此人们依岛而建的度假屋，简直成了臭气冲天的监狱。日常娱乐活动一律告停。一些旅游企业解散雇员，关门大吉。我发现，沿岸居民迫切渴望获取信息，渴望得到清理船舶、动物和岸线所需的设备和用品，渴望追究驳船公司的责任，并期望他们的河流不会就此玩完。纽约北部是农村地区，圣劳伦斯河美国一侧的大多数地区星罗棋布着许多小村庄，因此在当前区域内没有强有力的紧急事务和政府官僚机构，能够代表受害者处理这起漏油事故。兼职村长和志愿消防队员在保护河流方面，也没有时间、经验或设备。六名镇政府人员和他们的公路指挥人员也许能提供一些帮助，因为他们控制着卡车、船舶和翻斗叉车，但是他们已经夜以继日地工作了好几周，渐显筋疲力尽之态。在圣劳伦斯河沿岸，只有一家专门从事污染治理的公司，这家公司拼命雇用员工、租赁设备来应对这起漏油事故。克利夫兰市和水牛城海岸护卫队的应急分队被派往现场进行指挥，他们或多或少地吸收了当地一些小型政治结构，组成了一个大型联邦应急团队。但是，海岸护卫队的官员整天都在忙着监督清理工作，他们根本没有时间去照顾受害者，也没有受过这方面训练。

在这种真空情况下，受害者自发组织起来，并获得了不同程度的成功。一家沿岸协会成立了一个小分队，将其成员的船只从河中拖出，塞入干草，并将最新的进度告知海岸护卫队。另一群受害人起诉驳船公司，要求驳船公司赔偿损失。其他一些居民成立了"反海上航道污染团体"（GASP），游说议员进行彻底清理，制定更加严格的法律。另一个此前已经存在的沿岸居民群体：沃丁顿清洁土地和空气团体（CLAW），也重新焕发活力，它与反海上航道污染团体一起加入到这场斗争中。

我发现，在受污染沿岸社区发生的这一切，通常也都发生在灾后重建社区——不论是自然灾难还是技术性灾难（Barton，1969）。经历过短时间的震惊和恐惧（受害者想弄清"到底怎么回事"），接下来就是"搜救"阶段，其特征表现为有组织的特别小组相互合作。在河面上，这一阶段也历时很短：人们在水流将焦油冲上甲板和沼泽前，就已将船只拖走，并驱散水鸟。此后为"恢复"阶段，这个阶段有时会历时较长，其特征表现为组织内和组织之间及个人之间的摩擦和紧张关系。在圣劳伦斯河畔，下游沿岸居民怀疑上游邻居将油污驱散至下游地区。

"媒体困境"是恢复阶段存在的一个问题，它破坏了生活在我称之为海盗湾（Pirates Cove）和沼泽湾（Marsh Bay）（均为化名）两个居民群体领导人之间的关系。换言之，当沼泽湾的发言人在新闻发布会上大肆宣扬此次漏油事故是一场可怕的灾难，应当出台更加严厉的航海法规，以及在清理工作中需要投入更多人力物力时，他们却义愤填膺地发现，海盗湾的领导人在晚间电视新闻上只是轻描淡写地形容这次事故，并邀请游客重返该地区观光游览。社区内部也出现了分裂。A 先生因油污污染而遭受经济损失，但邻居 B 先生却通过租赁机械给清理人员而生意兴隆。或者，由于 C 女士更加强烈地表达了其不满情绪，清洁工人便先擦洗 C 女士的居处，然后才去 D 女士家擦洗。现在的情况是，A 憎恨 B，而 D 也不和 C 说话。这种不公的感觉持续了很长一段时间；直到三年后，当我带着一组幻灯片前去拜访我的报道人并向其展示我的研究成果时，这种憎恨情绪仍在蔓延（亦参 Picou and Gill，1993；Palinkas et al.，1993）。

基于此类调查结果，我在最终呈交海岸护卫队的报告中，着重强调了该地区的社会群体和这起事故对社会群体结构的影响。我在报告中指出，居民的混乱和挫败感，部分源于一些不堪重负的当地社会结构，如村庄和乡镇政府、消防部门及商会的瓦解。同时也应注意的是，群体之间的利益冲突，如海盗湾和沼泽湾对媒体困境的回应，由于它们位于不同郡县，有着不同的政府结构、不同的经济和河流生态系统，进而也就形成了相互冲突的应对策略。

群体是否具有结构？

通常，人类群体并非一群乌合之众；它们都有各自的结构，而且这种结构也不会一成不变（尽管其结构在保持静态时可以看得更加清楚）。这种结构是人类互动的结果，就如漩涡结构是由水分子的集体行为产生的结果，或如在方块舞中，随着这对舞伴旋转到不同的方位不断形成"方块"。这种结构既可能是暂时性的，如圣劳伦斯河漏油现场的应急小组；也可能会在居民地位发生变化的情况下持续存在，如乡镇政府。

这种结构由多少种社会关系，以及由哪些社会关系组成？社会结构根据其所含关系的数量和种类，决定了其具体形式和复杂程度。社会结构中的**地位**（即位置），由权威、特权、职责，有时甚至是声望确定，而地位则决定了角色，**角色**是指某种地位、职业，在与其他地位之人发生关系时的义务或行为规范。作为徒步旅行俱乐部负责维护当地步行小道的资深会员，我的地位被称为"小道协管员"，这一地位包括有权将俱乐部的一笔经费花在步行小道上。（这一地位并不能给我带来什么特权，但当俱乐部其他成员对我的业绩表示赞赏时，他们便赋予了这一地位更多声望。）与这一地位相称的角色在于：补足消失的小道标记，清除杂草，填平坑洼或泥泞之处，帮助其他协管员对其小道进行维护，向俱乐部主席报告工作。

一个世纪前，人类学家加入了社会学家研究社会结构的工作中，因为全世界不同的社会呈现出各种各样的结构。同样，文化和社会结构也是相互依存。文化可以确定地位、角色、社会结构中的成员、成员如何加入、为何加入，以及社会结构的目的（Nadel, 1964）。身居某一要职之人（在此以前）已经学会以特定方式行事和思考，这正是这一社会-结构性问题对文化人类学家的价值所在：理解人们为何会如此行事（Park, 1974）。通过我咖啡桌上的读物分类，不难发现我在其中占有一席之地的社会结构。我是受过大学教育的读者（《大西洋月刊》和《优涅读者》就是明证）、"婴儿潮"一代人（美国退休人士协会的杂志）及英裔美国人（时事通讯，其中保留了对一位著名亲戚——"野性西部展"明星的记忆）。我是一位专业的社会科学家（《美国人类学家》杂志），登山爱好者（徒步旅行俱乐部出游时间表），环保人士和文物保护主义者（《地球》和《保护》杂志），大学教授（大学电话簿），儿子（我母亲的新闻剪辑）和姐夫（我小姨子寄来的圣诞卡）。

在有些结构中，我的地位是**先天赋予**的，即生而有之（如我是"婴儿潮"一代人，或如我作为儿子的地位）。另外一些地位则是**后天取得**的，即是由我选择或者我在生命当中获得的（如我作为丈夫或教授的地位）。在先天赋予的地位中，我已习惯了去扮演伴随每种地位而来的角色，例如，在母亲节记得送礼物和打电话。为了巩固我后天取得的地位，我已学会如何按照相关群体重视的标准去进行思考和行为，例如，大学教授偏爱批判和理性。因此，在我所有的地位中，我早已知晓应该如何像该群体其他成员一样去思考和行为。我咖啡桌上呈现出的这些群体，则会影响到我的所知、所买、如何投票，以及去哪儿度假。

知道了我所处的群体，就能在很大程度上预见到我将会如何行为。但这也并非全部：基于我读过的自然灾难研究，我预计圣劳伦斯河畔很多受过良好教育、富裕的欧裔美国度夏居民，在愤慨之余会组织起来对这次污染事故和污染者作出反应，情况确实如此。但让我感到惊讶的是，这些居民的怒火同时也直指政府和工业"制度"——这些居民通过他们在社会结构中所处的阶级地位，从该制度中获得的利益要高于大部分美国人。本章稍后，我们将会回过头来讨论这一意料之外的结果。

社会结构是什么样子的？

社会结构是分析者从人际互动的具体数据中汇集而成的抽象概念。我们应当如何描述和看待这一抽象概念呢？社会结构既可用文字表述，也可用图表表示。作为文字表述，用于描述圣劳伦斯河航道上复杂漏油事故应急结构的官方手册足有两英寸厚。依照书中计划，在国家电力公司漏油事故的善后过程中形成的结构是：各个军事等级的美国海岸护卫队官员对大量平民承包商进行监督，这些承包商雇用清理人员，每组工人配备一名工头，与船夫及重型设备操作员一起工作。更外围之处（这也是我所发现问题的一部分）是乡镇的监督员、志愿消防部门、州环保部门的官员、加拿大海岸护卫队、反海上航道污染团体、我的朋友史蒂夫，以及其他人员。

　　用可视化或图形来表现这起漏油事故整个现场应急小组中，包括工人、公务员、承包商、官员和当地人员在内的结构，可能会得出一些类似电子设备的复杂接线图。图 7.1 呈现的是这个大型结构的一种终端支线，用于举例说明"清除废油工作人员"（即清理人员）的简单社会结构。这张图表包括不能算入清理队但却构成清理队直接社会环境的两种地位（之人）：进行监督的海岸护卫队公务人员和沿岸居民（清除废油工作人员要在其财产之上开展工作）。我在呈现这组人员时，像通常呈现社会结构一样，采用了流程图的形式，其中"地位"用方框体现，"角色"用方框之间的箭头连接体现。

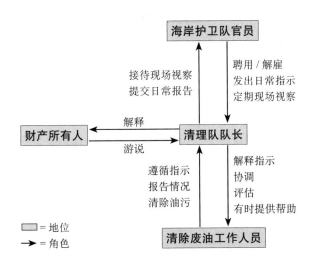

图 7.1　漏油事故清理队（清除废油工作人员）的社会结构，可以用由一些简单的地位和角色关系构成的流程图表示。

上述清理队流程图类似于公司或官僚机构典型的直线职能和职员图，这一点不难预计，因为这些都是美国文化孕育出的传统工作结构。其他可以通过流程图展示的社会结构，包括以个人为中心的社会网络和亲属关系图。在早期对菲律宾怡朗市华商这一少数群体进行研究时，我试着用一张图表来描绘整个社区正式的社会结构（图7.2）。通过群体之间的这些联系，就能看出金钱、人员和忠诚方面的关系。

社会结构如何影响行为？

绘制或描述社会结构，是发现社会结构边界及其组成部分的前期关键步骤。接下来就是要解释这一结构如何运行：它如何促进或制约人们的行为？它如何塑造沟通、传播思想并使其成员按照某种方式进行思考和行为？在人们的生活中，这种社会结构如何与他们所参与的其他社会结构相契合或起冲突？

在社会结构中，决策如何作出？思想如何传播？

美国海岸护卫队是一种**正式社会结构**，也就是说，这种社会结构具有明确的具体地位和角色关系。另外还有一种**等级制社会结构**，这是指某些成员的地位和权力高于其他成员。命令出自占据结构顶层地位之人，自上而下，大量以书面文件形式存在的信息向各个方向流动。在这种正式的层级结构中，成员的大部分个性都会被湮没，但这种结构能够快速有效地作出反应，这一点在应对突发性的紧急污染事故中至关重要。

海盗湾的商会是一种更加非正式的社会结构类型。也就是说，它需要经过充分讨论、协商一致后才会作出决定，并且很少传阅文件。该商会建在沿岸村庄中，其很多成员都在经营旅游业。漏油事故发生后，有些商会成员努力获取信息，积极参与应对，另外一些成员则有点打退堂鼓。在商会中，个人特质通常比社会地位更能影响到对这起

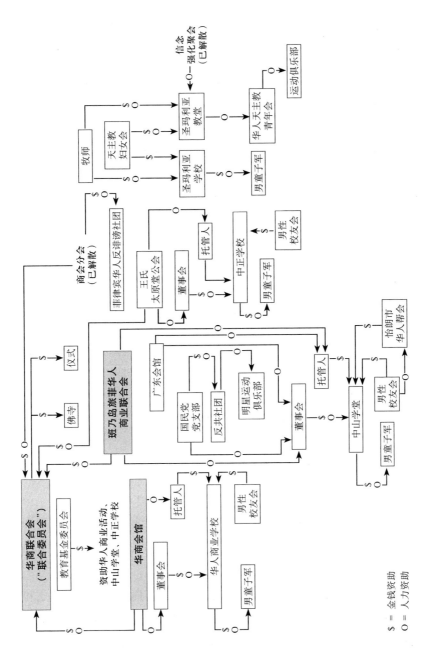

图 7.2　1970 年代菲律宾怡朗市华商社区的社会结构。主要机构（在阴影框内显示）为商会，它们与独立华语学校相联系。通过这种结构，华人努力保持了他们的民族特性、与中国的关系，以及他们在商业上的成功。

漏油事故的反应。商会成员有点措手不及，大家对问题的严重性，以及应当采取什么应对措施，有很大分歧。因此，商会对这次紧急事故的反应，也就比海岸护卫队更慢、更踌躇不定，态度也更模棱两可。

社会结构影响哪些观念和行为？

社会结构对人类学家所看到的行为，以及我们所听到的思想表达有很大影响。在这起漏油事故的善后处理中，沼泽湾游艇俱乐部的成员在当地的小型便利店中分享信息。俱乐部成员加入其他沿岸居民中，呼吁该地区的州立法委员（也是一名沿岸居民），就这起漏油事故举行听证会。到了海岸护卫队举行听证会之时，沼泽湾的居民已经通过在商店里或甲板上的非正式会议反复讨论过相关事宜，因此他们在听证会上口径统一，步调一致。他们证明，这起漏油事故让人愤慨，因为航海法规保护不利、官方反应迟钝、清理资金不足，等等。圣劳伦斯沿岸其他地方的居民在参加听证会时通常也会相互支持，但他们不会如此意见一致。我所进行的采访也支持下述结论，即每个人在漏油事故后的行为和思想，很大程度上由其居住的河湾决定，进而言之，很大程度上由其在社会结构中所处的位置决定。

有多少种社会结构对该行为产生影响？

我们都是很多群体的成员，其中一些社会结构存在重叠之处。摆放在我咖啡桌上的出版物就提示了这一点。在圣劳伦斯河受到这起漏油事故影响的地区，邻里关系、亲属关系、季节性居住和阶层这些社会结构相互作用，共同形成了居民对事件的反应。

公务员和海盗湾商会的成员也是邻居——有时甚至是村庄住宅和商业设施上的双重邻居。同为邻居，自然也就更有可能对这起漏油事故作出相似的反应。例如，居住在河岸上的邻居，是这起漏油事故最直接的受害人。在商会中，与那些在高速公路旁商场中隔壁店铺的同仁相比，他们的表现要更加积极，他们大力宣扬这起漏油事故给财产和自然环境带来的破坏。

亲属关系是影响灾难应对的另一个群体成员身份。在沼泽湾，亲属关系增强了游艇俱乐部的成员身份。也就是说，有些家庭通过婚姻纽带联系在一起，俱乐部的成员可能同时也是表兄弟或姻亲。也许有人会认为，亲属关系已不再是美国重要的社会结构。诚然，在美国，很难见到在一些规模较小且工业化欠发达的社会中继续存在的大型、复杂、功能多样的亲属团体；但是，加上近亲（如祖父母和孙子女）的核心家庭，显然仍是美国社会的重要结构。在圣劳伦斯河畔，亲属关系增强了沼泽湾游艇俱乐部成员之间的相互援助和共识。

在圣劳伦斯河畔，常年居住于此的居民（他们有时自称"河鼠"），与在沿岸或岛上租赁、购置房产，并只在一年当中最热的三个月里来此游览的"夏季居民"，存在一种重要的社会身份差异。虽说住处确实与阶层存在重叠之处，但这些"夏季居民"并不都比"河鼠"富有，因此他们之间的差别也就不能简单地归因于他们属于不同阶层。同样相关的是，"夏日居民"通常来自其他州，在那里他们是永久性居民和选民。他们将时间花在圣劳伦斯河上，其追求与"河鼠"不同，"河鼠"必须在这个地区谋生，通常从事的也都是与旅游业有关的职业。"夏日居民"更有可能直接受到本次漏油事故的影响，因为他们的住处亲临水面。（因此，"夏日居民"群体与邻居群体重叠。）由于他们的鲜明特点，"夏日居民"会更生气，并对这起漏油事故有更多怨言。他们更有可能组织力量来应对这起事故，也有更多空闲来解决问题，至少他们在秋天到来回家前是这种情况。"河鼠"通常会作为清理队的废油清理工或承包商，直接加入联邦应急结构，争取政府基金，希望可以借此弥补损失的旅游收入。"夏日居民"通常则会成为本次漏油事故的"受害者"和清理工作的客户。

再回过头来看沼泽湾。有时，游艇俱乐部的成员不仅是亲属，通常还是邻居，并且都是"夏日居民"；此外，他们大都还属于同一个社会**阶层**，这里的阶层是指通过控制有价值的资源，如财富，从而可能享有特权的显著群体层。这一阶层常被誉为上流阶层，它由受过良好教育、定居城镇、流动的富裕家庭组成，它们的成员拥有专业地位和管理地位。

沼泽湾的游艇俱乐部成员大都属于这一上流阶层，因此我预计他们会即刻作出集体行动。实际情况也确实如此。这个群体中的很多成员在政治上很活跃，注重资源节约，对社会的顺利运行和有效提供服务抱有很高期望。我本以为他们会被这起漏油事故吓住，并对驳船运营商和业主感到非常生气，但让我惊讶的是，他们却迁怒于海岸护卫队和清污工作（"我们都把人类送上了月球，为什么就控制不了这起漏油事故？"）；航道航行规则（"遇上这种大雾天，他们本该停止航行"）；石油公司（"它们怎么敢给如此美丽的河流带来这种危险？"）；美国国会（"需要钱的时候，钱去哪儿了？"）；新闻媒体（"总是很肤浅，从未对事情有充分了解，经常断章取义"）；以及圣劳伦斯河整个生态系统不断恶化的环境。后来我才知道，人为错误造成的技术灾难，例如这起漏油事故，在受害者之间通常都会产生对更广泛范围内政治和经济体制的抗议。甚至是自然灾难，有时也会引起对更大体系的此类批评，就像我们在 2005 年卡特里娜飓风席卷墨西哥湾后所看到的那样。

附近的海盗湾也有上流阶层的成员，但是这些人发现，这起漏油事故会使其旅游业收入遭受损失，进而危及他们在这一阶层的地位。因而也就不难理解，他们中有很多人都采取了下述立场，即圣劳伦斯河将会被清理干净，不会存在遗留问题，所以很快就可以重新揽回游客……

有时我们的多个成员身份之间会相互加强，例如上文提到的沼泽湾的俱乐部和亲属关系，但有时多个成员身份也会产生冲突。两个或两个以上社会结构提出的要求，可能会将一个人拉向相反的方向。在国家电力公司这起漏油事故的清理中，最容易引起争执的社会结构，就是以海盗湾为中心的旅游企业主和更为分散的"夏日居民"，其中沼泽湾就是例证。旅游企业主的收入有赖于游客及"夏日居民"遵循他们通常的休闲活动安排，因此他们竭力低调处理这起事故引起的任何持续性伤害。"夏日居民"希望政治上能有所改变，以便可以降低未来发生漏油事故的几率，因此他们高调宣扬这起事故造成的损害和事情的严重性。我也遇到过一些自诩属于这两个群体的成员。有些"夏日居民"或是与旅游业有紧密的政治联系，或是投资于旅游业，或是有亲戚受雇于旅游业。如果在对社会群体的忠诚方面出现冲突，成员就会陷入左右为难的境地，他们会被迫表明立场或放低姿态。在本书后面的内容中，你会发现我在介绍第十章的困境时，群体忠诚（我是野生动物保护者还是人类学家？）之间的冲突给我造成了多大的困扰。

权力如何产生及如何行使权力？

如上所述，在这起漏油事故的善后处理过程中，圣劳伦斯河沿岸居民对他们的救助者感到不满。我提交给美国海岸护卫队的报告强调，新出现的社会结构，即海岸护卫队领导的"现场联邦漏油事故应急团队"，扰乱了圣劳伦斯河地区原有的社会结构。上述联邦漏油应急结构给沿岸居民带来的困扰，似乎不在这次漏油事故本身带来的困扰之下。

为了组建这支现场漏油事故应急工作团队，海岸护卫队带来了几十个自己的队员，从而形成了一种类似军事占领的强大实体。它雇用了五家大型污染治理承包商，这些承包商在清理工作高峰期，投入了五百名工人，并辅以无数卡车、驳船、挖沟机和飞机。

在长达半年的时间里，海岸护卫队积极领导河边的清理工作，并在当地沿岸乡镇相对非正式且权力较小的社会结构之上，新添了联邦政府高度结构化的机构。联邦政府的存在，就如置于空盒之上的板条箱，使所有事情都变得有些扭曲。乡镇监督员发现自己成了这群身着制服之人的分包商。沼泽湾游艇俱乐部的船用斜道和泊船处被接管，用作清理队的集结地。为了处理这起漏油事故，漏油事故应急工作团队花费了超过六千万美元的联邦资金。而为了获取这些资金——当经济边缘地区难以挣到游客的美元时，这些资金在此地颇受欢迎——成立了某些群体，也有些群体改变了其目标宗旨，还有些群体则随着个人工作、雇主和群体忠诚度的变化而分崩离析。

应急工作团队指令本地居民什么可以干、什么不可以干，至少在其某些生活领域如此。美国人心目中神圣不可侵犯的私有财产观念似乎有所淡化。海岸护卫队禁止人们把油污从海滨或船坞倾倒出去。队员可以未经同意进入他人家中。如果官员在监督工人清理私产时发现存在错误的排污系统，业主可能会被起诉。

不论是记录一场污染危机的社会影响，还是平静之日在社区开展传统的田野工作，人类学家经常都会扪心自问：是哪些社会结构在行使权力？权力来源于何处？我们把**权力**定义为影响他人观念和行为、制定群体议程并控制人类和其他资源的能力。权力在某种程度上取决于个人才能，但在更多情况下则源于社会结构，以及个人在社会结构中所处的地位。领导联邦政府委派处理这起漏油事故之人，拥有支配数百万美元，以及指挥船用坡道和驳船的权力。他的权力源自其在海岸护卫队这种军事化社会结构中占有较高的地位。

权威是允许行使权力的权利。这无疑是一个文化问题，也是一个共有认识的问题。联邦政府已将海岸护卫队指定为其在州际或国际海洋污染紧急事故中的代表。在对漏油事故应急工作的所有指责中，没有人质疑海洋护卫队领导应急工作的权威。权威可能会超越权力范围，圣劳伦斯河航道开发当局可能就是如此：依照职责它应当管理安全航行，但它却无力阻止船舶在大雾来袭的晚上搁浅。

另一方面，权力也可以超越权威或者在没有职权的情况下行使。街头游乐场上的混混拥有权力，却并无职权。圣劳伦斯河发生这起漏油事故后，沿岸居民知道了石油公司在超越其职权范围行使权力。权力也可以在居民之间使用。例如，这起漏油事故的受害人，有时会为了获取清理人员的注意而相互竞争。海岸护卫队制定有计划让清理人员遵循，但要是居民坚持要求或者是属于有影响力的居民，也可以不按顺序提前让清理人员清理其房屋。这些人拥有足够的权力，可以迫使"未经授权"的事件发生。

四种不同程度的权力

人类学家将社会结构和社会结构内部的权力行使大致分为四类：游群、部落、酋邦和国家（Service，1962）。虽然这些类型无法囊括社会中的所有变化，但它们却可以标记这些变化的某些标志。由于这四种社会政治组织具有整体性，所以按照它们进行思考，对我们的分析不无裨益。它们综合考虑权力和权威、人口规模、食物生产、地位差异、聚落类型和亲属结构。为了考察文化人类学家在本章提出的社会结构性问题的范围，我们需要暂时跳出在圣劳伦斯河观察到的特定社会结构，进入跨文化视角。我将会在下文中综合其特有的权力和权威形式，介绍这四种社会政治类型。

在第三章中，我们已经知道，游群是由十几个到几十个人组成的群体，其成员一起居住，由于其在地域上的流动性，他们也会一同迁徙。游群由**核心家庭**构成，即由父母和未婚子女组成的家庭。有时游群中也会形成扩大家庭，即由父母和至少一名已婚子女及其配偶和子女构成的家庭。随着季节变换，如果小规模群体能有更高的狩猎效率，游群就有可能进一步细分，而在食物充足或规模更大群体配合狩猎效率更高的季节，他们又会再次聚集。游群的组成成员，也会随着个人和家庭改变其所属游群而发生变化。

除去性别和年龄，游群成员之间很少存在其他地位差别。游群内很少会行使权威或权力。在组织成游群的社会中，除了贸易伙伴关系和私人之间的友谊，基本上不存在其他任何交叉或者支配一切的政治或社会组织。狩猎采集群体通常都会采用游群形式，例如，加拿大北部的因纽特人，或者是博茨瓦纳的芎瓦西人，下文我将对此详加描述。在人类学家已知的社会中，约有半数在被来自西方文化的观察者首次描述时，都是生活在游群或独立的村庄里（Leacock and Lee，1982）。游群在社会结构上类似于美国家庭成员有时在夏天齐聚一堂进行野外露营。在圣劳伦斯河上这起漏油事故发生之后的头几天里，由邻居和好友组成的特别搜救群体，也具有某些与游群相似的特征，但这些群体在漏油事故后存续的时间都不长。

部落的规模比游群大，并拥有人数更多也更为复杂的亲属群体。这种亲属群体通常为**宗族**（其成员来自同一个祖先）和**氏族**（其成员据称是同一个神话之物所繁衍的后代子孙）。部落由成百上千的成员组成，他们居住在众多社区中。部落成员之间的社会差别不大，但还是存在由性别、年龄和个人在亲属群体中所处的地位带来的差别。首领拥有亲属地位赋予其的权威，可对成员行使某些权力。部落社会常以畜牧或简单农作为生，但有时也会进行狩猎和采集活动。加拿大西海岸的海达人和夸扣特尔人族国（Haida and Kwakiutl First Nations）整天都在从事狩猎采集活动，他们所居住的环境资源丰富，有各种鱼类和哺乳动物，因此他们可以组建成部落。本书行文至此已经介绍过的其他部落社会，包括委内瑞拉的雅诺马马人和大平原的拉科塔苏族人（Lakota Sioux）。如果说美国社会中还存有任何部落因素的话，也许可以在夏日大型家庭聚会上窥见一二：数十名表亲齐聚一堂，庆祝家族盛事，共飨传统食物，并修葺家族墓地。在圣劳伦斯河畔，岛上的夏日居民形成的亲属网络，以及常居于此并从事旅游业的"河鼠"形成的亲属网络中，都存在部落组织的某些特征，但是由于发生了这起漏油事故，这些网络不是被迫迁走，就是被迫解散。

酋邦同样由亲属群体构成，但是酋邦和酋邦首领则是按照权力与权威的等级排列，有些酋长继承了大量可以左右其亲属和其他酋长的影响力。酋长通过这种影响力迫使成员向其贡献劳动和商品，并在精心策划宴会或土建工程等再分配事件上居于中心地位。有些酋长并不比其他成员富有，但另外一些酋长却在履行职务的过程中集聚了大量私人财产。维系酋邦的财富来自贸易或掠夺，以及生产性的农业或牧业。马林诺夫斯基在一战期间对特罗布里恩德岛民进行研究时，岛民的组织形式即为酋邦。在美国，我认为，电影《教父》里有组织家族犯罪集团的运营模式，就有点类似于酋邦。

国家是存在强有力中央政府的社会，中央政府有权对其成员生活的多个方面行使职权。在国家领土内出生，即可获得成员身份，而进出国土的人员和货物则受到管制。一个国家的中央政府供养了很多担任特定职位的全职人员，这些人员之间并不必然具有亲属关系。对国家内部的大量农民、牧民和工匠来说，亲属群体在其生活结构中可能仍然具有重要作用，有时甚至具有决定性作用。有时候，精英统治阶层也会由相互通婚的亲属群体构成，如欧洲王室。但是，国家与酋邦或部落社会结构的最大不同之处在于，其社会等级的区分取决于财富和职务，这使得有些等级能够控制重要资源，如水、剩余粮食、民兵等。国家组织可以高度有效地利用这些重要资源，如农业灌溉或奢侈品贸易。古代国家的代表包括雅典、印度苏丹国、秘鲁印加帝国和中华帝国。当代国家的代表则有列支敦士登、美国、博茨瓦纳和西萨摩亚。

在这四类社会政治组织中，最鲜明的对比在于两端，即游群与国家之间。接下来，我将以本书早先介绍过的两种文化为例，即 1950 年左右在博茨瓦纳卡拉哈里沙漠从事狩猎采集活动的弓瓦西人，以及 1850 年左右大清帝国东南各省的中国农民，对其结构和权力进行分析。部落将以委内瑞拉的雅诺马马人为例进行简要说明，酋邦则将以巴布亚新几内亚附近的特罗布里恩德群岛岛民为例。

看护者

五十多年前，弓瓦西人生活在自治（独立）游群中。每个游群由 15—60 人组成，成员之间存在亲属关系，居住在永久性水源周围大约 110 平方公里的特定区域内（Lee, 1968）。每个人终其一生都是他／她所出生游群的成员，但在现实生活中，随着个人或家庭通过无时限的游群间走访，游群的组成成员也会发生变化。游群之间的互访和混居，提供了塞罗（*hxaro*）交换，即人工制品、工具和狗等礼物交换的机会，体现并增强了个人之间的关系。

旱季时，游群在水源附近扎营，成员个人则会到方圆六公里左右大约需要半天时间的范围去探险。雨季时，由于某些地方会出现大量季节性动植物，游群会随之改变其在领土内的扎营地点。如果食物充足，例如树上落下大量富含营养的曼杰提栗子，游群就可能会与包含其亲属的其他游群，一起分享水源和领土。

游群内部的社会结构是松散的社会混合体，由多个核心家庭和扩大家庭群体组成。如果男主人娶了第二任妻子，或者他年迈的父母搬了进来，或者他女儿的新婚丈夫搬进来履行他对岳父的**新娘劳役**（据芎瓦西人称，这种义务将会持续到女儿生下第三个孩子为止），芎瓦西族人的核心家庭就可能会成为扩大家庭（Marshall，1965）。而当男性领头人的父母去世，或者他的女婿完成新娘劳役之责，带着他年轻的家庭成员离开并定居于其他游群时，扩大家庭可能又将转换成核心家庭。

为了将亲属关系扩充至紧密的家庭成员范围之外，芎瓦西人创设了**同名**方法，这是一种通过以他人名字为小孩命名的方式建立的亲属关系，这里所说的他人通常都是核心家庭之外的亲戚。同名之人的作用类似于美国的教父：他们增加了可以当成亲密家庭成员发挥作用的人员数量，这些作用包括共享食物、交换塞罗礼物、游群混居，以及在争端中提供支持。

芎瓦西人的游群由于居无定所，并不积累私人财产，因此成员之间不会出现财产差异。只要出生在某个游群，该人终生都可获得游群领土内的所有资源。互惠使得大部分财产占有方面的差异趋于平均。妇女日常采集的块根、瓜类植物、种子和鸟蛋会与近亲分享，猎人带回野味则会与整个游群共享。游群成员之间的关系是**平等主义**的，也就是说，除了世代差异，成员彼此之间并不存在地位或权威之别。就相同的性别而言，除去个人技能（如追踪猎物、制作脚踝铃铛、寻找水生植物宿根）方面的差异，并不存在角色差异。

由于游群成员之间不存在地位和财富差异，基本也就不存在获取权力的机会。争议通过家庭、闲谈、改变游群和打斗等非正式途径解决。游群中的年老成员被视为游群的核心。在这个核心中，有人会因生育、婚姻或个人技能而成为这个游群领土内的卡乌（*kxau*）"看护者"。在某些游群，看护者的角色会通过**父系嫡长子继承制**代代相传，即父亲将看护者之责传给长子。有时看护者也会是女性。但实用性胜过了其他所有考虑，游群会追随他们当中最适合的人。卡乌看护者是非正式的首领，是游群的象征性头人，访客需要向看护者提出使用游群领土的请求。卡乌看护者则会向游群成员提出建议，引导他们就何时何地迁营扎寨达成一致意见，并在搬迁时走在队伍的最前方。在新扎下的营地中，看护者可以优先选择住址，除此以外，看护者并不享有超越其他成员之上的任何权威或权力。

图7.3展示了苇瓦西族游群晚近的社会结构。其背景是博茨瓦纳西部的卡拉哈里沙漠大草地。图中所示的群体都是苇瓦西族人，他们说着同一种语言：桑语（San）。穿过这一地区之后还存在其他一些社会，如赫雷罗人（Herero）和茨瓦纳（Tswana）游牧者（牧民），苇瓦西人和他们在贸易往来及通婚的基础上共享一种社会结构，但这些社会并未在示意图中反映出来。图中所示的三个游群，居于三个不同的采食区域，每个区域都有一个永久性水源，可供旱季所用。

头人和酋长

在部落和酋邦这两种规模更大也更复杂的社会结构中，雅诺马马人的头人和特罗布里恩德群岛村庄酋长的权力，要大于苇瓦西人的看护者。为了将重点放在游群与国家的比较上，这里我们只是简要概述一下介于上述两者之间的这两种领导类型。

雅诺马马村庄的头人在平等者中居于首席地位：与其他村民相比，

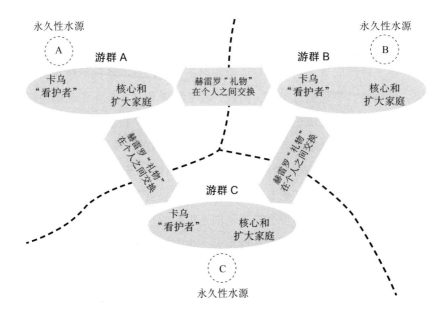

图 7.3 芎瓦西游群的社会结构。每个游群均由以永久性水源为中心的领地构成，并伴有他／她的亲戚组成的小型群体，其成员可能不断发生变化。当群体接触或个人拜访其他群体时，双方会互换礼物。有时个人也会通过婚姻或为避免争端而改变其成员身份。

他要更加勇猛，或者拥有更加强大的精神力量，在社会关系上则要更加精明，也更有策略，并拥有更多相同血统的兄弟支持（Chagnon，1997）。他可以团结其他人将园圃中的作物贡献给结盟村庄的一场飨宴，或者一起去袭击敌人的村庄，但除此之外，他不享有任何权力。雅诺马马人的政治经济并没有多余的财富来支持此类权力。园圃的产出仅有少量剩余，狩猎仅能提供少量肉类。文化中的大部分活动都由父系宗族开展。

特罗布里恩德岛民与雅诺马马人宗族的差别在于，他们按照在遥远过去的战争胜利来确定地位排序（Malinowski，1984；Weiner，1988；Sahlins，1963）。我们将权力差别不大的威望差别称为**等级**；在美国，我们承认"副教授""鹰级童子军""已是四个孩子的曾祖母"表示级别。特罗布里恩德群岛上的每个宗族均被授予特定称号，他们有允许佩戴的身体饰品，在面对级别更高或更低的宗族时，有义务遵守特定的食物禁忌和礼节。每个村庄都有一名头人，头人是居住当地最主要宗族里最年长的男性，但宗族群体组成**母系氏族**，这种亲属群体的成员是来自母系的后裔，他们的起源可以追溯到神话祖先。氏族也分等级，并由酋长带领，其中最高等级的氏族产生最高酋长。

特罗布里恩德群岛酋长的权威来自他母系氏族的高贵出身，他通过贸易、掠夺和宴会方面的成就证实这种权威。他的权力来自他所继承的神秘力量，而他则必须通过主要工作取得的成功证明这一点，并让同伴产生敬畏之情。酋长的特权包括与多名妻子结婚——这些妻子都是来自其他高等级宗族和氏族的妇女。这一文化规定，特罗布里恩德群岛的男子应当将其收获的大部分甘薯交给他姊妹的丈夫，因为他妻子的子女属于其连襟的宗族，而非这名男子的宗族。因此，酋长通过其众多姻亲兄弟，积累了社会大量剩余的重要资源：食物。尽管酋长会将其中许多食物重新分配给他的族人和盟友，但他同时也会留下其中很大一部分：毕竟，他还有一大家子人要照顾，另外还要养活很多为他提供独木舟、贸易货物、巫术或家佣的仆役。由于酋长继承了等级社会中很高的地位，并有管理大量重要资源（其中一部分为其自身所留用）的权威，他与芎瓦西人的看护者和雅诺马马人的头人便有了很大不同。但是，除去掠夺、贸易和宴会，酋长的权力并不会延伸到特罗布里恩德岛民日常生活中的其他方面，后者大都由他们的母系氏族和宗族去进行调整。

公会型宗族

阿兹特克、罗马和中国等大型复杂的文明中普遍存在权力和威望，这与芎瓦西人等采猎游群有限的权力和权威形成鲜明对比。在这些文明中，亲属群体和非亲属群体都对其成员生活的很多方面行使着重要权力。例如，在大清帝国，**公会型宗族**组织是建立在用亲属和集体方式来控制营利性财产基础之上的大型正式社会结构。

中国的公会型宗族与芎瓦西人游群不同，反而更像美国的企业法人，成员授予公会型宗族极大的权威，公会型宗族可以对其成员行使重大权力。我将会在下面证明，这种宗族由在财富方面存在巨大差距的家庭构成。这使得宗族在运用或拥有权力之外，还会以其他方式行使权力，比如对礼仪、教育和政治实行更加严格的控制。美国阶层之间的成员关系相对不固定，原因在于，个人在其一生当中，或者是经过几代人的努力，可以挤进上流阶层，或者是沦落到更低阶层。但在19世纪的中国，阶层相对来说比较僵化，因为获取财富、教育和加入望族的途径非常有限。

在19世纪的福建省（菲律宾华人的祖居之地），农村是由**父系宗族**组成的，即均为定居当地的父系祖先的后裔。开创这些宗族的祖先，大约在八百年前宋代开辟南方的战事中寄寓南边。有些村庄完全由同一个宗族的人们构成；有些村庄则包含两到三个相互联姻的宗族，他们遵循**异姓通婚**的文化规则，也就是说，与其亲属群体之外的某人结婚。族谱（包括祖先及其分宗衍派）由祭酒保存，族祭酒住在祭祀祖先的祠堂里。通过这种方式，宗族不仅拥有现在的结构，还能将其自身视为延续千百年以来的系谱结构的最新分支。这些宗族构成这一结构的主要部分，并在乡村生活中行使大部分权力。

宗族村落已有千百年历史，而其周围则是同样历史悠久的小块私有土地，每家每户都在这些土地上种植水稻、番薯、甘蔗、茶叶，并植桑养蚕。宗族植根于这片土地，其名称便反映出这种关系。例如，祖先定居于平山村的唐姓子弟，就是平山唐氏宗族的成员。

到了1949年，中国共产党的解放运动，对中国农村的结构重新进行了调整，但国家权力仅仅是延伸到县城，指定一名县长负责管理十万之众的农村人口（Hu Hsien-chin, 1948）。县长负责收税并维持治安，从而保持税收不断。除了这些基本任务，他将治理乡村的事情完全留给了当地居民。

当地通过公会型宗族的权力进行自我管理。社会科学家将这种权力和财富交织的领域称为政治经济。在中国南部的政治经济领域中，宗族的权力来自对高产农田的集体所有权。宗族通过富裕家庭的"善举"（向祠堂和学校捐助）获得土地，或者是通过宗族自办企业，如制丝企业的利润去购买土地。正是这种对生产性资源的集体所有权，使得中国东南部的宗族具有公会性质。宗族对其成员及外人所掌握的权力，直接来自其对财富的控制。

宗族土地出产的稻米、茶叶和蚕丝带来大量利润，用于支持宗族的各种功能。宗族建造学校、延聘教员，这样有些成员就可通过科举制度获得一官半职。宗族建造宗祠，并将祖宗牌位和族谱保存其中。宗族还负责维护粮仓，用于稳定物价和借贷；并会管理墓地，尤其是穷人的墓地。同时，家境穷苦的成员则可以指望宗族帮忙贴补衣裳、屋所、种子、学杂，以及婚丧费用。在帝国风雨飘摇之时，宗族会召集成员组成乡勇，对抗土匪；在帝国强盛之时，它则会协助县官向其成员征税。

在这种宗族社会结构下，个人和家庭的很多权力都来自拥有私人财富、管理宗族财产、与帝国权力和财富的联系，以及在宗教仪式上花费财富（目的之一在于增加宗族的运势，从而获取更多财富）。例如，管理宗族的生产性企业，将会授予其管理领导人（由宗族耆老任命的司库、会计和监管人员）向成员征收帝国税赋，并管理宗族财产和收入的权力。

宗族的领导人们来自积累了足够私有财产、受过教育、拥有空闲时间的家庭，而宗族里的大部分农民都不具备上述特征。家境富裕的人家，通常也能为其受过教育的家庭成员，在帝国官僚机构中谋得一官半职。这些家庭的家长担任与县令沟通的中间人角色，而县令虽和他们属于同一阶层，但却并非该县本地居民，因此他也很欢迎这些家长提出充分的咨询意见。在帝国官府一意孤行或咄咄逼人时，这些生活富裕的本地士绅，可以代表宗族向县令求情、游说。从富裕的家庭中同时还产生了族谱编纂、塾师和传统知识的继承者，如了解祭祖仪式的礼生。这些家户还贡献出宗族司库和财产管理人员，从而在对宗

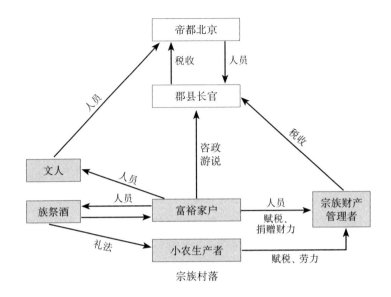

图 7.4 19 世纪华南公会型宗族的社会结构示意图。宗族成员在历史迁徙的基础上组成村落。村落在社会经济权力的基础上形成阶层。权力源自宗族对营利性资产的集体所有权。富裕家庭通过担任关键职位和代表宗族与县令（县令代表位于遥远首都的中央政府）进行接洽，拥有并行使权力。人员、税收、劳动力和建议在不同地位的成员之间流动。

族财富的正式控制之外，增强了他们的非正式影响力。这种公会型宗族的结构图表如图 7.4 所示。

　　总而言之，华南这种公会型宗族可以对其成员行使权力，因为它比大多数成员可以控制更多有价值的关键资源。成员授予它很高的权威，因为这种公会型宗族纪念的是他们共同的祖先和家族史，并且它还能提供保护和社会福利。作为成员的各家各户在拥有的财富，以及因此拥有的权力方面也存在巨大差别。他们的经济权力可以转换成其他形式的权力，例如在祭祖仪式、宗族管理、县令公堂，以及帝国官僚机构中的影响力。富裕家户通过采用这种方式行使他们的社会经济权力，使自己的家户长发其祥，不至于沦落到穷苦亲戚的阶层。他们的等级差别主要体现在，他们有着更考究的着装、更正式的语言、高深的学术、高雅的艺术爱好、大宅院和供奉本门近祖的家祠，以及通常包括佣人和妾室在内的大家户。

　　在上文对这四种社会政治类型的考察中，游群和公会型宗族，在流动性、积累财富、等级和阶层中地位与差异的数量，以及群体（或代表群体的首领）对个人和家庭行使权力等方面，处在两个极端。对游群和宗族的这种比较，有助于说明文化人类学家是如何思考社会结构的广泛性的。

个人和文化

　　本章在群体结构方面颇费笔墨，可能会让读者片面地认为，人类学家并不关心个体行为。搁在五十年前，这倒是一种比较公正的评价。那时候的人类学家和社会学家，在写到社会结构时，都将其视为仿佛拥有自己思想的生物（Parsons, 1960；Radcliffe-Brown, 1965）。即使到了现在，以这种方式思考社会结构仍然卓有成效，就像我笔下驻扎在圣劳伦斯河沿岸现场的联邦漏油事故应急团队，宛然一支占领军。最近以来，人类学家的兴趣开始转到了个人在社会结构中如何行为、如何打破规则或操纵他人之上（Park, 1974）。

　　个人是其自身命运的主人还是为社会结构所操控？

　　关于这个问题的答案，上述两种说法都有失偏颇。美国人要比其他大多数文化中的人们，都更看重个性和个人自由。我们尊重每个人的差异，甚至是其怪癖。但别忘了，我们人类是一种文化动物。我们生活在群体中，并因此置身于社会结构中，有时自愿，有时非自愿。作为社会科学家，人类学家有义务从你所属的社会结构中去探究你的真实存在。酒吧歌手可能会唱"我行我素"，但其行事方式依然来自他所在的文化提供给他的路径。他必须遵循相关规则才能在酒吧演出，同样，你要想坐在酒吧里听他唱歌，情况也是如此。

　　至此，我已对社会结构进行了描述，并将其视为一个工程问题：绘制图纸并解释各部分如何运行。我们也可以把社会结构想象成一场赛事、一场斗智斗勇的纸牌游戏，如扑克牌或桥牌，从而获得感悟。社会结构中的个人就是参与其中的玩家，他们商定赌注大小，向其他玩家出示或隐藏纸牌，不断增加他们的点数和筹码，而这反过来又会影响他们在下一轮中讨价还价的地位。我们不用把社会结构想象成可以用图表表示的机器或网络，而是可以将其视作一场有剧本可依的通宵（或永久的）纸牌游戏，这场游戏没有图解，只有脚本。拥有各种技巧和野心的个人，不断加入游戏，押上赌注，通过与其他玩家互动，了解他们手中的牌面如何，并决定是继续跟注还是弃牌。等到某个时点，他们可能就会收起筹码，兑现走人。

　　将社会结构视为谈判领域的战略玩家，这一形象对很多情况都能适用，比如两性之间的关系。1970 代早期我在菲律宾进行调研时，美国正在进行重新评估女性角色的女权主义运动。在仔细考虑过地球另一端的这些进展时，我不禁惊叹于身边菲律宾女性在社会中所拥有的相对较高的地位和影响。她们在事业、政治和专业上都很出色。据说她们还掌管着家中的财政大权（这与我当时正在研究的华人有所不同），对子女而言，母方亲戚与父方亲戚同等重要。

　　在菲律宾西面的印度尼西亚，特别是在其人口最为密集的爪哇岛，社会由男性统治。或者说，这至少是男性报道人告诉民族志研究者的情况。事实上，女性在家庭和市场这两个持家立业的场合都有重要影响（Brenner，2001）。我们在这里又能看到我刚才描述的扑克游戏：在爪哇岛居民的家中和大街上，性别之间的权力划分处于不断磋商的过程中。男人和女人在关于性别天性的看法上存在巨大分歧。女性认为，她们能够自我控制，男人则无法控制其情感。她们声称，男人只会玩女人、赌博和翘班，一点忙也帮不上。毫不奇怪，男性则指出他们拥有自制力，而女人则是情感的奴隶。他们声称，有钱并且居无定所的女人无法获得信任，所以被她们忽略已久的家庭可能就会破裂。这种磋商的结果因时因地而异，因此爪哇岛的性别社会结构，也就无法通过单一的图表来描述。用扑克游戏则能更加准确地描述这一社会结构，其中男人手中握有王牌，因为爪哇岛核心的文化理念是贬低商业活动的价值，而这则恰恰是女人在公开场合主要的权力来源。

人们的行为和思想是如何创建和复制社会结构的？

社会结构是我们很多行为和观念的原因所在，但我们同时也会创造社会结构。在国家电力公司这起漏油事故发生之后，圣劳伦斯河沿岸的居民们组建了反海上航道污染团体，这是一种新的社会结构，其创设目的在于增加沿岸居民的政治影响力。而且，这个夏天不断增加的压力，也给有些婚姻关系带来最后一击。但与此同时我也了解到，在海岸护卫队公务员之间和油污清理人员之间，也结成了一些新的婚姻关系。

社会结构的变化，并非总像反海上航道污染团体这样具有政治性，或像婚姻这样属于有意行为。社会结构也可能会在没有事先计划的情况下形成，它作为个人解决某些问题的结果会继续产生影响，并会在必要时形成与他人之间的关系。例如，在堪萨斯州托皮卡市的龙卷风过后，身兼当地居民和文化人类学家的许理和（Zurcher, 1968）加入了一个工作小组，该小组仅由拥有工具的邻居构成，目的在于帮助清理废墟。他在书中讲述了，在受灾城市缺少通常命令和控制形式的情况下，该工作小组是如何根据实际突发情况形成自身结构，并选定其自身工作任务的。随着工作向前推进，该小组明确了自身角色定位，澄清了自己的任务。

但是，很多人类行为并不会创造新的社会结构，而是会增强或修改已有的社会结构。沼泽湾游艇俱乐部在应对这起漏油事故时所作的努力，增强了成员间的关系，同时也让其成员确信他们的俱乐部自有其存在价值，以及拥有一个好的领导团队的重要性。与此同时，海盗湾的居民也没有因为此次漏油事故而放弃他们在市政府里的结构，但在当年秋天进行的选举中，他们确实将一些新人推上了该结构中较高的职位。

参与者是如何意识到他们所处的社会结构的？

有时候，人们很难发现作为其行为和观念基础的社会结构。如果社会结构是非正式的，也就是说，既没有名称，也没有明确的角色和地位定位，那么人类学家采用客位视角（局外人的比较视角）所界定和描绘的社会结构，就可能会是参与者从主位视角或局内人视角难以察觉乃至会矢口否认的。在圣劳伦斯河沿岸，通过某人的社会阶层成员关系，可以很好地预测他会如何看待这起漏油事故、对这起事故作出反应时他会与谁一起，以及他与现场漏油事故应急团队的关系如何。清理团队中一些工人阶层的"河鼠"，在与我谈话时会评说这种阶层结构，而"夏日居民"和其他富裕的沿岸业主则很少会提及这一点。

这可以进一步证明，如果社会结构中包含有权力和威望方面的差别，则其受益人并不会热心于去把人的注意力吸引到这方面。有时候，社会制度中的这些特征大白于天下纯属偶然。国家电力公司的这起事故，促使圣劳伦斯河沿岸居民意识到，政府允许该产业将圣劳伦斯河及其居民置于危险境地，而无需承担什么责任。当沿岸居民发现国家电力公司的所有人是纽约市市长的兄弟后，这才找到隐藏在背后起作用的权力结构的证据。最近，很多美国人不愿承认的阶层和族群结构都被公开曝光，正是这些结构，使得低收入的非裔美国人社区，在面对 2005 年墨西哥湾卡特里娜飓风和丽塔飓风时变得不堪一击（Hoffman，2005）。

小　结

社会－结构性问题指的是：哪些社会结构会影响人们的行为和观念？同时我们也会追问：人们的行为和观念创造、破坏、改变或增强了哪些社会结构？社会结构通过人们之间由文化上界定的整套关系体现出来，例如在亲属群体、秘密会社或官僚机构中。社会结构可以用图表表示，如亲属关系图，或直线职能与职员管理图等。对更为正式的结构而言，即使其人员发生变动，这种结构仍会持续存在。

我们将自己视为个体存在，但社会结构仍会影响我们的行为和观念。我们植根于自己所属的社会结构中，因为我们知道群体所认同的正确思维和行为方式。因此，我们会受到自身所属的社会结构影响，但同时，我们也会通过自己的行为去影响我们所属的社会结构。我们可以通过"做自己一直在做的事情"，忠实地再现该社会结构。为了解决问题，我们也可能会创造新的社会结构，改变或放弃现有社会结构。我们会同时参与多个社会结构，它们的规模、复杂度及即时性各有不同，但我们并非总能意识到我们参与的所有结构。我们的社会结构既可能相互加强，也可能发生冲突。这些社会结构的正式程度也不一样。

人们会在社会结构中分配权威并行使权力。权力与财富之间的相互联系（即所谓的政治经济领域），可以解释我们在阶级、种族和性别结构中看到的不平等。从跨文化视角来看，人类学家确定了四类社会政治结构：游群、部落、酋邦和国家。在芎瓦西人这种小型并且非正式的游群中，成员个人的权力有限，社会差别不大；而在农民与大清帝国之间建立联系的公会型宗族，则显得规模较大而且比较正式；这两者之间的权力和阶层差别形成鲜明对比。

👁 污染也是"人类问题"（三）

我撰写了关于国家电力公司在这起漏油事故中所造成的社会影响的报告，我在其中提出证据证明，污染物打乱了很多当地居民通常的夏日商业和休闲活动，导致该地区的社会结构发生变化，这些变化反过来又引起人们的行为改变。临时变化包括存在时间不长的"利他社区"，顾名思义，就是指人们无私地组织起来进行搜救工作（哪怕只是针对鹅和船只）。继这种短期合作精神之后出现的，是联邦现场漏油事故应急团队的长时间入驻，他们用金钱和权力激励某些群体（如沼泽湾游艇俱乐部）适应它的存在，但又导致另外一些群体（如乡镇议会）不再那么活跃。这起漏油事故之后发生的永久性结构变化，包括公民环境组织"拯救河流"的力量日渐壮大。与此同时，利用清理资金也创建了三家居民污染治理承包公司，这样一来，如果日后再次发生漏油事故，当地居民就能更加快速地作出反应。

　　描述完社区的反应后，我在报告结尾，就如何减轻未来漏油事故对受污染社区的影响，向海岸护卫队提出了一些建议。通过与其长官进行交流，我发现，他们将这起漏油事故谴责为技术问题，从而把当地居民视为一种法律程序上的阻碍。就此，我在建议中强调了社会结构方面。我建议：应当利用现有的群体和网络。通过当地的钓鱼向导，帮助海岸护卫队的工作人员在水面上开展工作，并指导海岸护卫队的附属机构和消防部门制定出包括漏油警报器及村庄配套设施在内的保护方案。更多利用地方广播通知当地居民。鼓励乡镇制定当地的应急计划。招募当地居民，充实漏油应急公共信息中心的员工队伍。我估计，也会形成一些新的机构，比如特设工作组和相关公民群体，海岸护卫队会希望与它们合作。邀请一些居民担任联邦应急队的观察员。储备一些保护材料，这样在事件发生后不久，当地特设工作组就可以迅速采取保护措施。

　　对社会结构（无论它有多么复杂）进行详细说明，分析它在危机中工作成效如何，这是研究灾难的人类学家的中心任务之一（Hoffman and Oliver-Smith，2002）。在国家电力公司这起漏油事故发生后的几十年间，此后的漏油事故报告，例如阿拉斯加港的埃克森·瓦尔迪兹号原油泄漏和法国阿莫科·卡迪兹号油船污染事故，以及关于最近发生的其他自然灾害的报告，例如 2005 年墨西哥湾的卡特里娜飓风和丽塔飓风，均无一例外地指出，受影响地区的社会结构，会对人们如何应对灾难，以及谁将会遭受最严重的损失，产生重大影响。例如，年轻人和老人、妇女、穷人及少数族群，由于其在灾后社会结构中处于较下层地位，从而更易受到伤害（Palinkas et al.，1993）。社会结构中的内部冲突越多，这个社会就越脆弱（Plunket，2005）。

这起漏油事故研究物有所值。尽管在国家电力公司发生漏油事故的时代并无多少人类学经验可供借鉴，但是我对社会结构、历史、跨文化及其他人类学问题的回答，最终得出了可供海岸护卫队使用的"问题 — 解决方案"报告。有证据证明，海岸护卫队后来确实使用了该报告。几年后，一艘沿岸油轮触礁沉没，我在该事故后进行的调查表明，海岸护卫队和沿岸居民确实吸取了经验教训。无论是在技术上还是在组织上，他们均已做好了应对下一场漏油事故的准备。

另一方面，当地居民仍在努力从他们以往的危机中吸取"教训"或总结"意义"。由于人类学家将文化定义为关于意义的共有认识，阐释性问题（其意义何在？）也就成为一个关键问题，但是当地居民尚未就此达成共识。这起漏油事故过去几年之后，我重返沿岸社区，就我的研究做了一场视听讲座，但我仍未能成功地让社区居民达成一致意见。就在此时，圣劳伦斯河上出现的一个意外转机，给这起漏油事故画上了句号，并帮助我探究起本书第八章所关注的主题：阐释性问题。

第八章

这意味着什么？ | 阐释性问题 |

👁 石油泄漏意味着什么（一）

国家电力公司的 140 油轮驶过了艾伦·宾恩在圣劳伦斯河洲上的木屋，在这个浓雾弥漫的夏夜，拖船偏离了方向，撞上了礁石，原油开始不断渗漏出来，而她此时正在梦乡中。油轮沉没前，原油泛起的浮油就已包围了她的小洲。越来越重的油味刺醒了许多沿岸居民，但他们直到黎明才看清自己面临的困境。我们沿岛散步寻找岩石中残留的油迹时，艾伦向我道出了当时的情形。

"这是一场灾难。我儿子约翰一早就驾着小船穿过油层，想去看看湿地受石油影响的情况。他看到了沾满油污的鸟儿，心悸而返。'我们的河就这样完了吗？'他喃喃着。"

我访谈艾伦，是想了解一下石油泄漏事件参与者代表的看法。这是我进入调查这起事故灾难性后果的早些时候，当时我正努力想要找到一个理论切入点，借此来思考石油泄漏对参与者的影响。毫无疑问，人类学的 11 个问题指引着我的工作。我从自然性问题出发，与许多沿岸居民、除油队伍和商业人士一道工作，观察会议、听证会和新闻发布会。我从整体性问题考察国家电力公司石油泄漏问题，这个问题将会产生许多新的问题和机遇。我将这次漏油与其他漏油和自然灾害（如南太平洋的台风或美国中西部的飓风）进行比较。这种比较能让我提出一些客位性概念词汇，如"紧急性社会结构"和"灾后恢复阶段"，来描述这些事件。我也采用了时间性问题的术语，把这起事件放在海上沉船和紧急污染事件的历史脉络中进行考察。我还会像第七章里提到的那样，从社会结构因这一事件而强化、塑造和碎裂的角度，更好地去解释参与者在事件中和事件后的行为（Omohundro，1982）。

海上漏油事件最深远的一个影响，是我提出阐释性问题（这意味着什么？）时遇到的。漏油事件之后，不仅花费了金钱，清除了油污，组织了人力，还对潜在可能会发生的事情进行了激烈讨论。这就是所谓灾难发生后的"意义建构"行为（Gephart，1984）。我的一些报道人提到了"灾难"一词，另一些人则谓之"混乱"或"污染事件"。所以，我开始系统地收集人们是如何定义这一事件的信息。我在访谈和问卷中询问：这次漏油是一场灾难吗？如果是，为什么？艾伦的回答非常典型。她认为，就算没人失去生命，这次漏油也是一场灾难，因为它危及"这条河流的存亡"。野生动物死亡的证据比比皆是，而人们之所以把漏油定义为灾难，也是认为还有更多我们没有看到的死者。他们担心河流将会永远无法从此次打击中复原。

表 **8.1** 圣劳伦斯河居民对"国家电力公司的石油泄漏事件是不是一场灾难？"问题的回答

回　　答	居民人数	占所有居民的比例
是，对地方经济是灾难	43	8
是，对自然环境是灾难	39	7
是，会产生无法预料的后果	27	5

回　答	居民人数	占所有居民的比例
是，比上述结果都严重	55	11
是，还有其他后果	90	17
是，没有理由	104	20
不是	168	32
总　计	526	100

　　我从沿岸居民对漏油事件的阐释中，收集总结了这些回应（表8.1）。这些数据显示了事件在受害者眼中的意义。三分之二的居民都将其标为"灾难"，这一比例不但从我的访谈中得到了证实，也从人们面对新闻媒体和在听证会上的发言中得到了肯定。不过，负责清理漏油的海岸警卫队，以及管理河道交通的圣劳伦斯海岸发展公司，则从未使用过"灾难"一词，他们只是提到"漏油"或"污染事件"。他们把讨论从"这意味着什么"，引入了"我们该如何清理污染"。很快我就发现，漏油事件对参与者来说可谓意义多样，焦点互斥，立场各异，观点殊途（意见多元）。

综　述

　　阐释性问题指的是：行为、对象或表述对参与者而言都有什么意义？人类学家的目标是要了解这些意义，并向其他异文化中的人们解释这些意义。他们要从语言和行为这两个方面揭示出这些意义。人类学家对文化意义的解释一如文学解释，既不完美，也不全面，还不甚准确（Bonvillain，2003），但就算是为了一窥他人眼中看待世界的方式，也值得一试。

　　文化的翻译就像是一种**诠释**（复述参与者体会到的意义，以便于他人理解），尽管总是又长又不完善。如果人类学家听到参与者听过他的诠释后赞同地说"对，我们说的就是这个意思"（Agar，1996），我们就会觉得这种诠释颇为成功。我用表 8.1 向海岸警卫队呈现沿岸居民如何界定石油泄漏时，就是在进行文化诠释。为了避免"引导目击者"对漏油事件的看法，我一直等到进行了足够多的访谈，并收集了数百份问卷后，才向我的报道人出示了这份统计表。等到居民们认可这张表格诠释了他们的看法后，我才将其呈交海岸警卫队。

阐释既有人文性目标，也有科学性目标。它的人文性目标是去理解、领悟一个群体的观念，把握其他群体看待世界、认识事物的方式。所以我们非常依靠主位视角（第四章），去考察文化实践者认为有趣、有意义的事物是什么。阐释意义也为科学性目标服务，这个目标就是通过发现行为内在相互联系的意义，作出更好的解释，甚至提出预测。例如，我发现给漏油事件贴上"灾难"标签的圣劳伦斯河居民，是那些在这一事件中受到心理或经济损害乃至亲身见证这一事件的人们。给这起事件贴上"灾难"标签的人们还可能会进一步坚持，除非河流完全去污，否则拒绝终结清理合同。

之前我曾提到，为了回答一些人类学问题，人类学家在其职业训练中会从生物学和社会学中吸取养料。为了回答阐释性问题，我会从语言学、语言学习、沟通过程中借用一些内容，这些同样是我们专业教育的基础。我还会从戏剧、哲学、文学等学科获取助益，这些在当今人类学学位课程中更为常见的知识，都有助于我们回答阐释性问题。

阐释性问题讨论的是：一个群体如何通过使用符号去进行沟通、思考和记忆的过程。我们在对符号略作介绍之后，会通过八个问题来考察符号的意义。接着我们会从现象中极小的意义差别，到暗示、隐喻中巨大而微妙的差异，观察符号在语言中的使用。然后，我们会研究语言在社会互动中的使用，揭示更多意义。之后，我们会从语言转到符号在仪式和神话中的表达。最后，我们会考察世界观，审视独特的宏大主题是如何融入一个群体认知世界运行、解释世界意义的共有认识之中的。

顺利学完本章，你应该能：

1. 把符号与其他人工制品和人类行为区分开，并能解释符号在人类文化中的一些基本方式。

2. 应用关于意义的八个问题中的一部分来解释一个熟悉的文化符号。

3. 分辨一个讲话中从现象到隐喻不同层次的意义。

4. 应用特纳的三个问题来揭示一个符号的意义，并在报道人无法解释的情况下，按照他的三个步骤推断符号的意义。

5. 解释如何辨识一个关键符号。

6. 分辨并阐释一种民间仪式（如法庭判决步骤）中的仪式姿势。

7. 从你的本文化中找出世界观、根隐喻和关键场景的案例。

👁 石油泄漏意味着什么（二）

　　面对这起石油泄漏事故，许多圣劳伦斯河居民都非常揪心，因为对他们来说，这条河远远不止一道风景。河流是他们游乐、共度家庭生活的场所，或是他们美国生活方式的生存及行动意义之源。河流也是社区的灵魂所在，所以人们才会告诉我：一旦河流不存，社区焉附？广告牌、镇子的标志，以及居民房顶旗帜上的大部分符号，都来自这条河上的生活，以及苍鹭、大梭鱼和船只的图案。

　　污染的河流也有其他意义。事故发生后的几个月，有关"意义建构"的讨论，一直继续为漏油赋予了大量意义。布满焦油的河滩和湿地，成为"石油巨头"（即能源公司）拥有毁灭性能力、现代文明轻而易举就能摧毁其本身生活质量的象征。泄漏意味着联邦政府对污染的回应不力。意味着海岸发展公司懈怠了航运规范，过多关注商业，忽视环境，或者缺乏防止船只搁浅的技术。意味着地方在大政府面前的无能为力。意味着河流充满危险，无法预计，神秘莫测。意味着可持续发展的旅游业尚不能支撑我们的生活。这是居民们从河上大量漂浮的焦油中得出的一部分最常见的意义。

灾难来临时，大部分社会都有阐释灾难意义的文化方式。洪水、饥荒、无法解释的天象（如超新星爆发），都被中华帝国的士大夫们阐释为帝业失基，有负天命（Yang, 1961）。中非扎伊尔的乐乐人，同样也把暴风雨中的电闪雷鸣，视作担任首领的长者道德有亏的征兆（Douglas and Wildavsky, 1983）。火山爆发在夏威夷意味着神灵对人类的暴怒，而在《旧约》时代，干旱与蝗灾则向犹太人昭示了他们的社区正在滑入罪愆之中（Quarantelli and Dynes, 1972）。将哪种具体的灾害视作征兆，以及这些灾害昭示了什么，在不同的文化之间各有不同。

所以，当我发现人们对漏油事件并没有一成不变、统一一致或必然注定的看法时，也就不觉得有什么奇怪了。表8.1揭示，相当一部分居民都没有像艾伦和她的邻居那样去阐释这次漏油。他们认为：这是一团混乱，但却并非一场灾难；河流终会恢复过来的。这些居民指出，"许多当地孩子可以从清油队伍的工资中攒够大学学费"，对他们来说，漏油是"被风吹落的果子"，这个比喻是指果子吹落到地上让人容易采撷，指代意外之财。另一些人则更担心看不见的污染，如上游工厂的汞和多氯联苯（PCBs）对健康的危害。对这些人而言，漏油是他们五大湖水系下游脆弱生态的象征。

尽管沿岸居民不会全然同意，但他们都已把漏油的意义置于文化的核心（即我们之前定义的关于每样事物的共有认识）之中。我通过阐释性角度，聆听了沿岸居民对漏油意义广泛深入的讨论。讨论的终结或许要等上十年，才能翻开另一个篇章，而我则会欣然推动这一进程。在大家读到这场困境的喜人终点前，先要跟着我学习一下对符号的解读与阐释。

文化是种符号化过程

文化是一个群体共有的认识，它的学习与表达，很大程度上需要通过符号沟通来实现。我们说话的声音和本页中的字符都是符号；也就是说，它们还有其他意思，并且通常与承载意义的声音或图形并无完全关联。在美国手语中，收紧食指第二节关节紧贴右脸并将手掌顺时针转动一次，表示"苹果"。这个随意指定的手势专指"苹果"。美国手语中有数千个这类符号。人类在社会性动物中的独特性在于，我们拥有精密的符号行为，并依靠这些符号进行社会生活。构成一个群体"传统"的大部分经验和生存策略，都是靠符号传递的。

符号是一种人们进行记忆、说明和沟通的常见而便捷的方式。我们符号中包含的价值、观念、情感和信仰，指导着我们的思维和行为。符号"从根本上讲，是［参与者］代代相传，发现、重新发掘、改变本文化的唯一来源"（Ortner，1973）。

社会通过行为（本节标题中提到的"符号化"）操演、讨论、复制了这些符号。这些行为既可以是正式的，如毕业典礼、教科书或海岸警卫队的听证会，也可以是非正式的，如街角小店里发生的对话和日常社交。

世界上没有放之四海通行的符号——至少人类学家不承认存在这样的符号。河流在各种文化里都赋有重要意义，但其中的异同之处同样引人探究。圣劳伦斯河对其居民而言，代表了危险、美丽、脆弱的自然，出行的捷径，休闲地区，以及能源资源。另一方面，恒河是印度神圣的母亲河，给予生命，接纳逝者。而巴西的亚马逊河，在沿岸的许多社会眼中则是食物之源，是顽皮的守护之灵的居所（Chernela，1982）。

关于意义的八个问题

在与沿岸居民进行谈话、翻阅他们的报纸文件、共进晚餐、参加他们的会议时，我会问自己：他们是怎样赋予这些与漏油有关的事件以意义的？

1. **什么是符号？** 除了词汇或图标，自然物或文化制品同样可以赋予意义。沿岸居民把麝鼠作为自己的象征，这主要应归功于格雷厄姆（Grahame，[1908] 1960）以蛤蟆、水鼠及其朋友们为主角的著名故事《柳林风声》，"河鼠"就是其中的主角。沿岸居民的行为同样可以传递意义。飘扬的美国国旗表示岸边的房主就住在此地，非常类似船上升起特殊的旗帜，表明船长就在船上。诸如仪式这样精心安排的行为，也可以传递意义。

2. **这个意义为多少人共有？** 并非所有人都会认同某个意义；这需要人们通过讨论或协商这类互动去实现。人类学家认为意义是"焦点各异的"。圣劳伦斯河漏油事件的意义对沿岸居民（"这是一场灾难"）、当地建筑工人（"这是一场意外之财"）、美国海岸警卫队（"这是一次污染事故"）等群体来说，就是焦点各异。

3. **有没有一个以上的共有意义？** 一个符号可以同时拥有多个意义。一些符号是"看法多元的"，即会同时涉及许多相关事情。狼在北美就是一个看法多元的符号。它在新世纪绘画、民间传说（"狼嚎""独狼"）、俗语、环境宣传、卡通、惊悚片中都有出现。

4. **文本背景如何影响意义？** 在其他文本中，意义可能会有所不同。狼在"小红帽"中是个暴掠成性的骗子，在新世纪丝绒画中是骄傲与灵性的象征，在环保主义手册上则是良性食物链顶端一种腼腆但颇具社会性的动物。在圣劳伦斯河谷，狼也象征着加拿大与美国的合作及相互依靠，因为纽约州的狼群是从加拿大森林中迁移过去的。

5. **这个意义会变化吗？** 意义与一个社会的其他共识一样会发生变

化，这让我们回到了第五章中的时间性问题。我发现，自从圣劳伦斯河道于 1958 年开工建设，改变了河流的宽窄和水流之后，这条河的意义就有了许多变化。修建河道前，人们眼中的圣劳伦斯河水流急促，多处河道狭窄，是一条"自然之河"。河道建成后，这条用于灌溉、经过疏浚、建有水坝、河道规整的水道，成了美国的"第四海岸"，成了北美大陆工业文明的成果。

6. **这种意义的认识范围有多广？** 文化中有时需要一些专业人士，在别人出现问题时提供意义解释。西非塞拉利昂的曼丁哥文化认为，*griots*（通过与灵力沟通获得洞悉事物之力的男人）可以解释人们之间的冲突与厄运（Jansen，2001）。圣劳伦斯河漏油事件之后的几个月里，神父与牧师同样收到信众超乎以往频度的询问："对这件事我该怎么办？"生物学家和经济学家同样受邀前来调查，并向沿岸居民解释"情况到底怎样"。

7. **意义表达了怎样的价值观？** 意义包括对何为真、何为美、何为好（分别指代认知价值、审美价值、道德价值）的理解。在海岸警卫队的听证会上，人们就何为真（"海湾真的清理干净了吗？"）、何为不美（"你还见过比这更难看的东西吗？"）、何为正确该做的事情（"议会该不该划拨更多专项清理资金？"），展开了激烈的讨论与磋商。

8. **意义是否清晰？** 意义的清晰度各异，清晰度即它们能否让我们清楚理解。一根手指或一个箭头就是一个非常清晰的符号，让我们很快理解这是一个方向标（▶）。一个略不清晰的符号就是一条蛇咬着尾巴的图像，这象征着形而上学中不断出现的无限循环观念。自从河道修建以来，圣劳伦斯河对居民们的意义就是，河水日渐浑浊。当居民们游说国际联合委员会，处理诸如规定水流和通航季节这些问题时，圣劳伦斯河的"自然之美"也在凋零，沦为一种难言之物。"有些没有言明、说不清楚的看法……让我们产生了先入为主的文化观念，觉得一切理应如此，无需深究。"（Metcalf，1997）漏油事件引起的争议，让人们对河流的意义有了更加清晰的认识。这让我从第六章的生物 –

文化性视角出发，去思考文化如何塑造了河流，使之变成北美社会 –
自然系统的一部分，就像森林成为野餐公园或人造树林。不过，居民
们坚持（或愿意）认为，河流是他们与曼哈顿等大城市相对的生活中
的一道自然景观。当人类学家考察这些尽在不言中的文化观念时，我
们就要认识到这些群体没有意识到乃至可能会否认的意义。那么，这
样的解释还会被当地人接受吗？稍后我们再来讨论这个问题。

　　下面我们将会从不同层面揭示意义在文化中的解释，从口头表述
的浅层、清晰、广为认同的意义，到不同社会场景下语言或行为中更
加微妙、隐含、具有文化背景的意义，最后则是到神话、仪式、世界
观中表达了文化最深远、普遍关怀的重要符号。人类学家与这些不同
层面意义的遭遇也有一定先后顺序，例如，她 / 他一开始先要学会语
言，然后学习在不同社会场合做到行为得体，最后就能从仪式中抓住
令人难解的重要表述。

语言中的意义

　　我们可以从四个意义层面来分析语言。第一层是信息中符号的文
字转化。第二层在符号中加入了说者和听者共有经验的深度。第三层
提供了内涵，就是信息发送者的意图。第四层则是通过与其他符号的
连接，扩大了意义容量。

　　你说了什么？

　　意义的第一层是转化，即对符号的文字定义。当我们为了像另一
种语言的使用者那样思考、说话，以相同的方式和他们交流，而学习
另一种语言时，就开始了这一层面。语言学家发现，只要改变一个重
音（即**音位**），意义就会发生变化。我在菲律宾中部做研究时也认识到

了这一点：伊隆戈语的第一人称代词复数形式 *nakon*（"我们"）包括说话人，*namon*（"我们"）则不包括说话人。如果我用"k"这个音节替代"m"，那么我说"我们现在要吃饭了"时，就表示我并不想邀请任何人吃饭！（"啊，不好意思——我不是说你也一块儿，我的意思是只有苏珊和我。"）

语言学家还认识到，改变了表述中有意义语音和词语的排列（即**语法**），意义也会发生变化。"我会把老虎给你"听来似有不妥，但若与"我会给老虎你"相比，就不会显得那么奇怪了。

换个不同的词也会改变意义，例如，"我爱死（adore）你"和"我崇拜（admire）你"。语言学家把对词义和句意的分析称作**语义学**。国家电力公司漏油事件引发的争议，就需要用到语义学的识别。一个人在新闻媒体和公众听证会上选择用来描述漏油的辞令，揭示了其对这一事件的判断。无论称其为"混乱"还是"灾难"，都表明说话人在关注事件的危害程度及其深远后果。而无论称其为"浪费"还是"意外之财"，都表示在评估某人的得失。无论称其为"不幸"还是"无耻"，都表示要么无能为力，要么痛加谴责。

你想的是什么？

在我们通过字面意思（即词语所示意思）学习了新语言的词汇和语法后，我们就会遭遇**文化预设**，即说话人所说的背景知识。例如，纽芬兰人也说英语（不是美式英语，而是另一种英语），所以在很多事情的交流上，我们都可以做到沟通无碍。不过，由于我不像他们一样对海边生活知之甚详，所以对他们的笑话、耍小聪明、歌词的暗示，以及和操作渔船知识有关的习语，我都不太了解。

你想说什么？

第三层就是**内涵**，这是和一个词或短语有关的弦外之音。内涵意义初看与字面翻译全然不同，但其中往往存在一定联系。在菲律宾，我的华人助手早上和我打招呼时会说："你吃饭了吗？"（Ni chr fan le ma？）这个问题的字面翻译是，"你吃米饭了吗？"我在学了整整两年中文后，还会按字面翻译谈话。我会用中文回答："没呢，我还没吃呢。"每逢这时，我的助手就会一脸窘态，因为他想表达的是一个相关意思，即字面意思的内涵。这句招呼的字面翻译是和吃米饭有关，但其内涵却类似英语中的"你好吗？"（How are you？）人们不用照字面回答身体是否有恙，只需回声"好"（Fine）就行。同理，我回答助手"没呢"并不合适。我应该回答："吃了，我刚吃了。你呢？"

　　这到底是什么意思？

　　第四层是文化通过语言中的隐喻和转喻（下详），以及艺术、仪式和神话中复杂符号的时空排列，对意义的扩大和转换。

　　隐喻指的是，通过把某一事物"比作"另一事物，扩大了词语或短语的意义。圣劳伦斯河上的沿岸居民，将他们的社区与河流等而视之。他们用自己的生物物理环境（河流）特征，去"形容"他们社会生活和所陷困境的特征，例如，有着共同的历史，在生物性方面相互依存。这个隐喻可以帮助当地居民思考他们的社会。例如，当地居民发现，自己"好比"激流中砥砺的小洲，但在"水流之下，却彼此相连"。

　　转喻指的是，用部分代替整体，转换了词语或短语的意义。例如，我们说要数一下"手"时，其实表示我们要数一下人们的票数。隐喻能为我们打开更多思考的可能，转喻则是将意义浓缩。也就是说，隐喻可以让我们进行平行描述。"好吧，这些人就像鲨鱼一样"，听者听到一个隐喻后会这么说。"如果他们是鲨鱼，那他们的猎物是谁？他们是鲨鱼，那是不是说，他们也要靠不停地游动来呼吸？"等等。另一方面，转喻指的则是用一个简单的事物来代替一个复杂的事物。在美国英语中，"轮子"指整辆汽车。在纽芬兰英语中，"手"代表人，就像贝拉阿姨在第一章里说的，"我喜欢大家众手一心"。画一条鱼就能代表整个基督教，而一只大苍鹭的形象则能代表整个圣劳伦斯河上的村落。

社会行为中的意义

文化人类学家发现，文化参与者在社会场合中遵循、谨守许多共同的意义，这些共同的意义就组成了文化。人们使用的语言，"创造、再创造并修正了"使用者的文化（Eastman，1997）。社会行为与对话有着丰富的意义。就像人类学家所言，"探索"所有这些意义，可以揭示一个事件或一种关系的大部分内容。

例如，这让我再次回想起我的华人助手和他关于吃米饭的寒暄。他从许多种其他寒暄方式中选择吃饭这一措辞的做法，传达了一个独特的信息。他其实表达的是中文里相当于"咋了？"（Whazzup？）或"好哇！"（Howdy！）的话，但我那时还没有察觉出：他说这些话是想表示我们关系熟。我的助手与我打招呼的方式，总体上还传达了另一个意思。想一下，你在校园里与某人相遇，他／她冲你大喊一声："嗨，再敢没看见！"（翻译过来就是："你敢再不跟我打招呼？！现在我要提醒你，是朋友见到我就得和我打招呼。"）在第一章里，苏菲阿姨把做好的蛋糕拿到纽芬兰教堂举办的妇女烤饼拍卖会上出售但自己却不现身的决定，可谓意味深长（如果你能体会到的话）。社交活动中的意义，不但会通过言语对答传递，还能从身体语言、姿势、遭遇时间、遭遇地点这些无言的线索中观察到。

由于意义通常多元而且让人难置可否，所以对话或讨论有时就是为了寻求理解而进行的协商。上面"再敢没看见！"的例子，就是人们对两个人之间同学关系的一次澄清。我在漏油事件的公众听证会上看到，沿岸居民的发言主要就集中在漏油的意义及该如何处理的讨论上。他们的表述常常是这样的：他们通常都会将漏油界定成是一场灾难。他们把观察到的对人类和野生动植物的伤害写成文件提交，然后预测这场灾难的后果。他们谴责漏油，先从国家电力公司的油轮说起，但除此之外，还有负责航运的河道管理部门、缺乏有效立法的议会，以及安全标准太低的石油公司。接下来他们就会批评清理工作至今的效果，批评海岸警卫队和纽约州管理不力，批评议会基金不足。他们的结论是，清理工作要坚持到河流完全"干净"为止。居民们努力厘清漏油事件对人们造成的后果，这既是为了他们自己，也是为了他人。

海岸警卫队官员在这些公开互动中的回复，也是协商的一部分。他们不愿揣测任何后果。他们只是给漏油事件贴上了"污染"或"油船触礁"的标签。他们没有提出批评，没有评估对财产或自然特征危害的程度。他们的发言只限于漏油何在、如何清除。他们负有政府责成应对事件的责任，但他们表示，在"当前情况下"，工作运行良好。他们不太同意居民们所谓"多干净才算干净？"的说法。官员的回答暗含了工程学、经济学及军事管理上的隐喻。官员通过这些隐喻"说"的是，漏油对他们来说是个技术问题。他们传达的信息是，即便居民深感悲伤或困惑、充满愤激或仇恨，他们海岸警卫队都无能为力。

探讨语言塑造社会互动或反映社会结构的方式，是语言人类学家的专长；但是，文化人类学家也想知道这些意义问题的答案，这不但是为了揭示意义和文化实践者的关系，也是为了描绘出文化实践者的社会结构。

语言如何反映社会结构中的性别偏见，下面就是一个生动、真实、令人震撼的例子：华南的起名方式。华如璧（Rubie Watson, 2001）研究了 1970 年代（当时我正在菲律宾）香港附近一个农村［厦村］的妇女地位。她发现男性在其成长过程中会得到若干个名字，具体标志着个人地位的变化。一个年轻男子拥有学名、朋友中的外号、家庭中的昵称。等到他结婚成亲，族中长老会给他一个新的名字，表示他已成为一个负有责任的成人。如果他事业兴隆，还会从同辈中得到一个敬称："老狸"或"隼目"等。只有到他年岁已老放弃对家庭的掌控后，才会失去这些地位和个性，象征性地被人称作"爷爷"之类更普遍的称谓。

另一方面，妇女却几乎没有名字，这反映了她们在组成农业共同体的父系宗族中所处的真实地位。妇女几乎没有财产，也没有遗产，更没有投票权，还不能参加第七章中描述的宗族大事。女孩一结完婚就没有了个人姓名，此后就只有一个亲属称谓或**从子女得名**，即参照他人，尤其是儿子来称呼，如"旺仔他妈"。她没有给任何人起名的权力，甚至连给自己的孩子起名都不行。等她去世后，她的墓碑上只能看到"唐氏"——她丈夫的族名。与厦村妇女的地位相比，今天中国城市妇女的地位有了显著提高，但在内地仍然存在严重的性别地位差距。关于取名方式的这一研究个案，非常清晰地指出：语言遵循社会结构，而语言的实际使用则再现或强化了这种社会结构。

关键符号

语言、社会行为和人工制品中有许多文化符号，其中表达了最重要文化事实的就是关键符号。一些关键符号，可以通过向文化参与者询问得知。另一些关键符号，则可以通过人类学家对神话与仪式、人工制品，以及观念的研究辨认出来。下面是人类学家所收集的从大量符号中区分关键符号的五个线索（Ortner, 1973）：

1. 人们认为这些符号与众不同，在文化上非常重要。人类学家通常会从主位视角去考察报道人的观点。
2. 人们会与这些符号产生一种油然而生的情感。这既可以为局外人所观察到，也能从符号使用者的报告中得到证实。
3. 这些符号会出现在神话和仪式、绘画艺术、笑话等许多不同的文本中。
4. 与符号相关的观念与实践非常众多。比如，与这些符号相关的词汇可能汗牛充栋。
5. 和大多数文化要素相比，与这些符号相关的文化法则和

约束要更多也更严格。使用这些符号时，人们必须严格
遵循某些行为，不然就会饱受众人批评，甚至遭受人力
或超自然力的惩罚。

对藏族人来说，他们的关键符号是被称作"曼荼罗"的坛城图
(Ortner，1973)。而对特纳 (Turner，1967) 透彻研究过的非洲东南部
的恩登布人来说，他们仪式中的关键符号则是一种叫"奶树"的小树：
穆迪树 (*mudyi*)。美国人符合这些标准的符号是什么呢？圣经与国旗
当仁不让地成为关键符号；在下面提到的法庭仪式上，我们会看到它
们处于显要位置。除了这些物体，词汇和行为同样可以成为关键符号。
在美国，"自由"一词就符合关键符号的标准。另外，跪拜礼（屈膝触
地朝向他人）可能也是一个关键符号。

仪式与神话中的意义

人类通过语言和行为的不断交流，在群体中创造文化，并推陈出
新。德语诗人里尔克，将人类形容为一种蜷缩于深渊之崖、焦虑聒噪
的奇怪猿类。人类不但通过语言符号进行相互交流，或与自己交流
（所谓思考），还通过神话和仪式中微妙而有时复杂的符号语言进行沟
通。想要弄清社群中的人们在想些什么，我们不但要弄清他们的谈话，
还要理解他们的神话和仪式。

仪式

我们可以把**仪式**定义为：由象征行为、表达方式、表达对重要真
理之信仰的物体所组成的正式行为。"正式"行为的意思是，由规则、
计划或方案规定行事的行为。仪式的意义既可以是宗教上的，例如，
把山羊作为祭品向神灵献祭；也可以是世俗的，例如，让一位求子心

切的妇女逗弄、照顾婴儿。仪式的意义尤其丰富，因为它们的"物体、行为、关系、事物、姿势及空间单位"都非常深邃、复杂（Turner，1967）。

美国法庭上证人的宣誓仪式，就是神圣仪式与世俗仪式相结合的一个例子。回想一下在许多法庭上仍旧可见的一个步骤：法警让证人"作证"。法警安排证人站在法官"席"前或边上，把左手置于圣经上，举起右手。证人被要求宣誓"说实话，全部的实话，而且只说实话"，并由上帝鉴证。

符号在仪式中都会起到一些什么作用？人类学家特纳提出，仪式符号有三个作用（Turner，1967）。法庭中的符号似乎就符合那三个作用。第一，符号将复杂的意义浓缩为简便、缩略、易于理解的内容。法警手中的圣书"代表"了对上帝的信仰。第二，符号可以整合各种意义，揭示重要概念中表面无关含义的内在联系。世俗法律和地位的应用、对"公正"的追求、对"真实"的揭示，以及上帝的鉴证，都在宣誓过程中体现了出来。第三，符号用强烈的情感和感受，体现了何为真、何为好的宏大观念，促使参与者践行义务。法官面前的宣誓短剧、触摸大书磨砂皮封面的触感，以及在法庭听众面前不断大声作出的重申，都促使证人说出真话。

人类学家如何发现仪式中符号的意义？特纳提出了如下三个问题，这也是我对宣誓场景提出的三个问题。第一，仪式的外在形式、可见的特征是什么？我们在宣誓仪式上注意到，法警和证人所在所持的位置、姿势、物体和语言。例如，哪只手放在圣经上？谁在什么时候说话？第二，参与者（无论外行还是专家）对仪式符号的意义是怎么说的？这是一个典型的主位问题。我们可以询问法庭上的观众：证人、法警或法官，请他们解释我们观察到的东西。第三，人类学家还从中分辨出什么更多含义？就证人宣誓而言，人类学家会觉得举手的意义与天主教堂中的卡里斯玛仪式有些类似：圣灵进入证人，即受邀进入其体内。

第三个问题可能会让你觉得没有什么意义。仪式表达的一些象征元素，似乎无法为参与者所完全领会，因此参与者可能不会提及，甚至不会注意到。我们对连参与者也未意识到的事物的解释，会不会毫无意义呢？特纳认为还是有意义的，但我们应持谨慎态度。对我们而言，认为人类学家比"土著"更能理解他们的符号这一看法，是一种"知识霸权"（Herzfeld，2001）的表现。一些当代人类学家也认为，对他者意义的确凿人类学解释，是一种不可为之。他们认为，观察者赋予符号的解释，更多取决于观察者的立场，而非符号使用者的含义（Crapanzano，1986）。

与此同时，我们也不能完全依赖参与者的视角，因为每个参与者的视角都有一定的局限性，无法揭示全景（Barrett，1991）。人们往往会用"我不知道……我一直都是这样做的"来回答我们的问题。观察者的客位角度虽然不比参与者的主位视角更好，但这两者相结合，却可以创造出一种文化的三维立体景象。人类学家通过下面描述的方法，可以发掘、确认参与者对符号的叙述以外的意义（Turner，1967）。这种方法就好比是，你在田野中既没有字典而报道人又无法给出定义的情况下，对一个词义的厘清过程。

要梳理一个特纳所谓无法理解的符号之意义，他建议我们使用整体观。以证人举左手的象征意义为例。首先，可以从表述这个符号的仪式的社会–文化背景中寻找线索。换言之，就是将这个符号的意义与仪式之外的生活联系起来。我用这种方式来看宣誓仪式就注意到：我们在法庭上看到的一些人，也会在每周的教堂礼拜中看到，而在教堂中，神父或牧师也会做这个圣灵举手的姿势，但会众有时也会如此。其次，寻找该符号与仪式中其他符号相适应的线索。法庭中的符号，甚至人和物体在空间中的位置，都与新教教堂中的位置保持一致，因而圣灵的姿势也就不会与此无关。最后，从参与者表述符号之前和之后的行为中寻找线索。如果我们从更大的社区研究角度来观察这场庭讯个案就会发现：证人在证人席上，要比在其他地方表现得更驯良、更诚信，也更"敬畏神灵"。因此，圣灵的姿势似乎真的起了作用。

神话

神话的意义也可以通过仪式阐释过程来探究。我们可以把**神话**定义为：一种通常结合了超自然的人物、行为和事件的叙述，表达了大众对自然与社会的观念（Ruck, 1997）。神话具有丰富的关键符号和关键场景（下详）。人类学家把神话视为对重要事实的表述——尽管我的兴趣在于，神话也表达了重要的谎言（Rappaport, 1979）。无论真假，神话都不仅仅是娱乐儿童的内容，而是"生活之所依"，这是一位顶级神话学家一部著作的名称（Campbell, 1972）。神话或许源自古代，但其中的真（假）却永世流传，因此社会不断借神话喻今，表达对当下的关注。虽然美国人不断重复托尔、西西弗斯，以及亚当、夏娃的传统神话表述，但我们也用它们产生了诸如文学或好莱坞电影这类新的形式。一位人类学家通过研究揭示了，迪士尼电影《白雪公主与七个小矮人》的情节和人物，都来自融合了新教伦理（"我们这就去工作了！"）的中世纪民间传说（Thompson, 1982）。会说话的镜子、事物按照三和七的分类重复、嫉妒的王后、红白黑三色、毒苹果，以及七个小矮人代表人性的七个方面，都来自其他更早的传说。詹姆斯·乔伊斯（James Joyce）在意识流小说《尤利西斯》中，把主角在都柏林的日子设定为，类似荷马史诗《奥德赛》中描述的尤利西斯在地中海的旅行。电影《兄弟，你在哪儿？》也重现了尤利西斯诸多遭遇的返乡之旅，他依次要面对贪婪的独眼巨人、诱惑的半人半鸟海妖，以及地狱猎犬引导的无情死神冥王普路托。

神话情节和人物经过这些新变化的重新讲述，帮助作者阐释了当代生活和事件的意义。神话往往包含道德训诫，为行为提供指南。例如，在古希腊的皮格马利翁神话中，自以为是的艺术家想要创作出完美的作品，于是神就让他爱上了自己的作品。这场无望之爱，是对他完美骄傲追求的惩罚，但神看到了他的痛苦，就发了慈悲给他的雕像赋予了生命。1950 年代的音乐片《窈窕淑女》就是对这个故事的再创作，1980 年代的《风月俏佳人》也是异曲同工。

神话为仪式的起源和形成提供了解释。霍皮人的创世神话主要围绕克奇纳神的事迹展开，这位超自然神灵创造了新墨西哥的地貌，并把文化传给了当地人民。年度节庆的盛装舞者就代表这些克奇纳神，这些表演在一定程度上有着濡化儿童、规范他们养成良好行为的意图，这和美国习俗中圣诞老人的造访并无不同。

神话可能会对历史事实有所增减，借此来表达有关世界如何运行的文化价值和观念。澳洲原住民会讲述他们古老图腾的故事，以及这些超自然动物在混沌之初的行为（Stanner, 1979）。故事解释了很多事情，包括地貌特征如何形成、人为何会死，以及为何要庆祝男性青春期。诸如小袋鼠和鳄鱼这样的超自然动物，是人类的第一位祖先，是他们氏族的奠基人。每个氏族都必须向和他们有着同一位图腾祖先的动物表示敬意，同样要对这位祖先的创造物，如一条小溪或一种树木表示敬意。人类氏族也通过这些图腾祖先互动的故事产生了彼此之间的联系，并通过婚姻、贸易和共同的仪式延续了这些联系。虽然神话中的元素与大多数人认可的生物学和遗传学证据不相吻合，但神话的基本观点却与我们更加投契。神话表明今天世界上包括人类在内的所有生物，都和岩石、海龟有着亲属关系和共同历史，他们之间还有彼此联系。因此，人类有通过恰当的行为去尊重自然、尊重彼此的道德义务。原住民神话中的这一意义，跟美国文化中生命形式与演化之间的互动观念（包括人类文化与生态系统的相互依存和动态平衡）不谋而合。我将会在下文中展现：圣劳伦斯河居民在成功化解漏油事件给他们带来的压力的过程中，同样发展了相互依靠、承担责任的神话启示。

世界观

文化也包括**世界观**（意识形态），这指的是关于世界如何运行的一系列观念和设想。人类学家会从整体性问题、自然性问题出发，了解人们在日常生活中的所言所行，以及其礼仪、艺术品和神话，对他们的世界观进行描述。

参与者通过符号进行思考、谈话的过程，更容易体现世界观中的观念。世界观的两种象征形式是根隐喻和关键场景（Ortner，1973）。

我们之前已经定义过，隐喻表明了两个生活空间的相似之处，而**根隐喻**则是一种不断再现、激发情感的隐喻，例如，人们会把国家比为父母："母国""父土"。人类学家会提问："这里面包含有什么逻辑或可比性？"进而找到谈话或行为中的根隐喻。美国人世界观中的根隐喻是机器（"我们要把你重新组装起来"）、资本主义经济（"她现在处于寻夫市场中"）、把进步视作打破平衡（或打破稳定）、以行动者为主导（不行动为耻）（Bonvillain，2003）。个体主义者（孤独牛仔）的形象，同样流传很广。

其他文化中的根隐喻与美国的相比，可能表达了更多个人的、等级制、性别化或精神层面的世界观。例如，中国传统上习惯于通过地理隐喻来描述人的身体：人的身体犹如土地。身体是世界的微缩模型，世界之道亦可用于身体。河流在大地上流淌，如同经络遍布全身，这两者的相似隐喻，让古代医学家发展了针灸术。相比之下，夏安人的观念与美国人的机械世界观虽有差异，但却同样是种机械观。由夏安人的言行可以看出，他们眼中的世界好像由有限的能量维系，能量会随时间流失、用尽，而这则与他们本身的行为有关（Hoebel，1960）。他们会通过巫术来补充自身能量。

国家电力公司漏油事件发生后，我从居民、官员和清油者那里收集了他们的叙述，其中有一个根隐喻是，他们把漏油称作"大白鲨现象"。我的报道人意识到，他们受污染的河流与好莱坞著名的大白鲨存在相似之处。在《大白鲨》一片中，长岛居民在是要提高警惕还是为了暑假旅游旺季而放松警惕之间摇摆不定。他们用是不是要为鲨鱼而放弃旅游旺季，来比喻圣劳伦斯河社区是应疾呼灾难还是招徕旅游者这一矛盾心态。

关键场景指的是人们认为正确、成功的行为。它们传递了文化上肯定的目标和实现这些目标的方式。在美国文化中，好撒玛利亚人的友善、节日聚餐时全家团坐、"男孩约 / 拒 / 拥有女孩"的规则，以及穷人做总统的场景，经常会在故事、神话和仪式中反复重演。在尼泊尔夏尔巴人的文化中，"主人款待客人"就是一个关键场景（Ortner, 1973）。

人类学家会用我们之前讨论关键符号时提到的五个线索，来辨识世界观中的关键场景。奥特纳认为，要想把夏尔巴人的款待识别为一个关键场景，第一，要听人们谈论慷慨款待的重要性。第二，如果款待慷慨，这顿饭就会在宾主之间营造出一种牢固的满足感。如果款待不周，则会导致怨怼和尴尬。第三，奥特纳注意到，餐饭就像是神话、闲聊，以及各类重要场合中的一幕。第四，款待有着周到的礼仪。第五，社会对款待不周、客人失礼的情况并不会轻饶。当她把主人待客确立为一个关键场景后，人类学家会继续询问："场景中的行为，如何反映出文化价值取向和社会关系？"

漏油事件中的一幕关键场景是：天还没亮，无私的沿岸居民就已赶到岸边，把船拖上岸，或者是拼命把野生动物赶离污水边。我们收集的报告中包含有大量这样的行为，新闻媒体还报道了其他一些行为。这些故事一直都在感动着讲述者和他们的听众。一个相关的关键场景是一个小伙子和他手上满身油污的大苍鹭：自然危机、人类的错误、此刻奄奄一息的苍鹭，一如 19 世纪英国诗人柯勒律治笔下"老水手的信天翁"，都是这个小伙子肩上的责任。我们之原罪（对化石燃料的依赖），反过来伤害了我们之所爱（野生动物）。

小　结

　　阐释性问题指的是：这种行为、目的或表述，表达了什么意义？
人类学家致力于对构成一种文化的意义进行公正的阐述（说明）。我们
赋予事物的意义即为符号，这些符号构成人类文化的本质内涵及独特
性。人类学家在考察一个群体共有的意义时，会对某个符号及其意义
深入探究，考察意义是否明晰、传播是否广泛、是否承载了价值、是
否多元、是否有意识、是否有争议。语言学家为人类学家提供了几种
发掘人类语言中意义的方式。人们使用的语言表达了不同层面的意义，
从单独一个声音组成的音位，到讲话中的文化预设和言下之意，再到
像隐喻之类语言中转换的含义。人类学家从社会科学家的角度出发，
尤其喜欢在人们创造、表达、讨论、修正他们对意义的文化理解时，
关注社会行为背景下的语言。人们在灾害或其他突发事件发生之后，
特别热衷"意义建构"。神话与仪式展现了文化的关键符号，这些符号
表达了重要的事实和有意义的行为。人类学家使用各种标准来辨认、
阐释这些关键符号，评估它们的影响。文化的观念（世界观）就来自
这些符号、根隐喻和关键场景，而人们则不断地将这些符号、根隐喻
和关键场景，应用于他们对世界的思考中，表达对世界的看法。

 石油泄漏意味着什么（三）

　　　　漏油事件研究项目让我浸入了意义和阐释性问题。由于
圣劳伦斯河社区从未经历过像国家电力公司漏油这样的突发
性大规模污染事故，所以没人知道该如何应对或思考此事。
例如，没人知道该如何保护财产、如何告知他人、如何得到
赔偿、如何组织起来了解其他人做的事情。没人知道也没人
讨论，这是一场长期灾难还是短期灾难。没人知道也没人讨

论，日后有没有可能再来上一起漏油事件。换言之，面对漏油事件，沿岸居民缺乏可以指导他们行为、为判断提供指南，以及解释他们周边所发生一切的共识。相比之下，俄克拉荷马州"旋风谷"的居民们就有这样一种共识（Moore et al., 1963）。长期经历暴风的经验，让他们在一股龙卷风撕裂街坊时知道该怎么做，也知道眼前的状况意味着什么。

时隔几年，我重返受灾社区报告了我的发现。我看见他们在技术和组织上都为下一起漏油事件作了更好的准备。但他们还在思考这起事件的全部意义。我放映的幻灯片让人们再次谈起了漏油，但我意识到，仅凭我一人之力，很难帮助当地居民解惑释疑。再度发生漏油事故，可能会让人们理清这些意义。

这里我们不妨关注一下艾伦的儿子约翰，他冒着危险进入沼泽，最近距离地拍摄了死去的动物和污染物。约翰是位专业戏剧制作人，每年都会到这条河边度夏。漏油十年祭时，他招募了一群城市专业人士和一些当地有识之士，上演了一出音乐剧"浮油1976"。约翰和我建议导演兼编剧大卫，由我们担任他的关键报道人，帮他了解沿河生活、漏油后果，以及所有这些的全部含义。约翰指导我们通过展现整个漏油事件的往事，帮助社区了解这场惊人事件的"全部意义"。大卫和他的作曲人将我呈交给海岸警卫队的学术报告改编为一部有趣、感人的音乐剧，与我的幻灯片讲座相比，要点更加明晰，听众更加广泛。剧团在临时舞台上演出了整整一夏。许多当地居民都观看了数次。他们一起欢笑，一起流泪，领悟了表演传递的关于漏油事件的信息。

> 我们是河。河就我们的生命。
> 我们共同肩负对漏油的责任。

摧毁我们的恰恰正是，我们用来取暖、照明的
石油。我们文明的需求正被毒素所困。

让我们把争吵放在一边。

从今往后我们再不能掉以轻心。

歌词里的根隐喻和剧中对关键场景的搞笑演绎，传递了
这些信息。例如，方块舞舞者为了自己的利益，拒绝合作，
陷入混乱，就描绘了漏油的背景意义。穿着黑亮色紧身衣的
聪明先生敦促社区停止抱怨，享受石油的奇迹，哪怕是在
河里，这象征了我认为作为事件根隐喻的"大白鲨"困境。
"来吧，石油的国度！"他唱道。

因此，我对阐释性问题的追求——漏油事件对沿岸居民
意味着什么？——让我帮助居民回答了这个问题，并为戏剧
献计献策，因为当地居民把这视为一个为了保存某种记忆、
巩固社群纽带的纪念仪式。当地小学的纪念仪式中唱起了音
乐剧的主题曲，表明该剧已为地方文化所接受。

但是，我的立场能够回答我的阐释性问题吗？如果我
既不是一个沿岸居民，也算不上是一个参与者，我是否还能
把握住参与者心中的意义呢？我的研究数据能不能给我提
供一个一定程度上超越其他任何参与者的全景视角，让我的
阐释能够传递给作曲人，并通过他的演奏传递给社区本身？
这个研究项目又如何改变了我这个人类学家？我对河流、石
油巨头、"河鼠"的看法，会因这项研究发生什么改变？从
全人类的视角来确定、追溯研究者的立场，就是下一章的主
题：反身性问题，即我的视角是什么？

第九章

我的观点是什么？ | 反身性问题 ① |

 智取威虎山（一）

社会主义青年会（Kabataang Makabayang）是菲律宾成员最多、最负盛名的左派学生组织。今晚怡朗市代表团资助的一部中国电影《智取威虎山》，将要在圣母升天女修道院上映。

对社会主义青年会来说，选择在修道院放映是一种策略之举。因为就在两周前，一所本地大学放映了一部中国电影，结果受到菲律宾警察的干扰。在那场演出中，警察熄灭了周围的灯光。在一片昏暗中，我看到很多学生离开座位，围拢在放映师身边，直到他取走影片并找到地方躲起来为止。等到灯光重新亮起，电影又接着继续放映。

---

① 反身性问题，并不仅仅强调研究者内在的自我反思、自省，而是也强调研究者对整个研究的全景式把握，以及这种全景式把握所形成的研究者与研究之间的一种疏离感。正是这种疏离感营造了一种动态的"身外之境"的状态，令研究者在研究的每个环节都保持着对整个研究过程的全景式的自我观察，进而实现"反诸己身"的对本文化的自我审思。——译注

我和苏珊准时抵达圣母升天女修道院，却收到应华人社区要求影片推迟一小时放映的消息，这样商铺老板就可以关上店铺，吃完饭再来看电影。为了打发等电影的时间，我们在修道院周围转了转。我们鼓足勇气，朝一个看上去显得很热情的修女走去。

"冒昧打扰一下，主内的姐妹，你们为什么要在修道院放映这样一部电影？要知道，警察很不喜欢这种片子，而且参与者都会上黑名单的。"

"嗯，从我们的角度来说，生活总是有风险的，难道不是吗？我们都必须把握机会。单就放电影来说，我们有很好的放映设备。同时，我们可以从这样的电影里学到如何运用自己的文化遗产去创造必要的变革。毛泽东已经证明了人们该怎样从悠久的传统中打造出一个更好的社会。我们非常崇拜这种做法。也许我们在菲律宾也可以这样去做。所以我们尝试在任何可能的情况下都尽力而为。"

我一边往回走，一边回味那位修女的话。这是一些什么样的修女？毛主义式的仁慈？我们身披子弹带的女神？我该如何理解这种激进关系？我想到天主教的宗教机构是保守和独裁的，与当局政权有着一致的利害关系。毕竟是西班牙帝国主义将修道院带到了菲律宾。我猜这位修女可能更感兴趣的是这些年轻人的灵魂，而不是他们政治集会的成功。当我们走进礼堂，我推测修女们可能是见风使舵，因为不定哪天社会主义青年会取得了胜利，到那时女修道院就可被视为同盟。又或者，好似美国用电吉他做弥撒的教堂，是为了招募年轻人而表现出对青年政治的热情。我们找了一个靠后的位置坐下，这样我就可以看到播放时的全景。

综　述

上面是我 35 年前住在菲律宾时写的一篇小文，略微编辑了一下放在这里，用于提供较多的背景信息。苏珊和我把这些小文章编成了一本小书《要点与怪事儿》（下面简称《要点》，这是对人类学经典《询问与记录》一个小小的调侃），用来描述我们对年轻时菲律宾田野工作的回应。现在回头来看，这些文章对我来说虽说幽默，但也显得有些粗糙和幼稚。我们当时著文是为排遣身在海外生活和工作的挫败感。我在这些文章中虽然回答了反身性问题，但却并未意识到其中的重要之处。不过，打那以后我越来越反诸己身，一方面是因为我日趋成熟，另一方面也是因为人类学日益成为一门愈渐自省的学科。

反身性问题，就是说我和文化碰撞时我身处何方？说得再具体些就是：

- 我的观点是什么？
- 那个看法如何影响我对这一事件的观点？
- 这个询问如何改变我对自己和我本文化的理解？
- 我该怎样把我自己这个工具运用好？

化学家有仪器来测量数据，例如他们妥善维护的电泳机。然而，当我们观察某个文化时，我们就是仪器。为了检查仪器如何工作，我们有时必须撬开盖子，一窥究竟。我在菲律宾提出反身性问题的一个方式就是写《要点》。写这些文章有助于苏珊和我在同菲律宾人、华人邻居和研究对象待在一起时，提升我们对自我感受、态度和文化差异的意识。

写作《要点》是整个反思循环（图 9.1）中的一部分，有助于我们更好地理解他者。这个循环始于不同文化相互碰撞激起我们的自我意识，然后经过检验和批评，使我们更准确地回到对理解异文化的关注

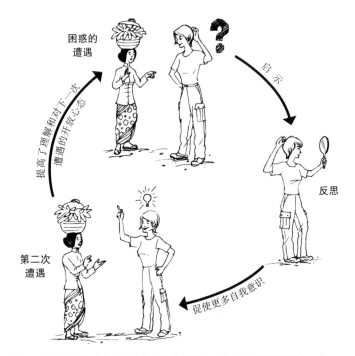

图 9.1 该反馈环将我们与异文化互动的行为和对本文化的批评连接在一起。

上。反身性问题可以让我们理解本身，这既是对自己，也是对我们身为本土文化参与者的认识。受训中的精神分析学家只有经历过自我剖析，才能更好地分析别人。同样，苏珊和我也试着观察我们自己观察华人的方式，以便最终更好地理解他们。

写作《要点》里的文章，既帮我们弄清了那些令人困惑的问题，也帮我们解开了令人愤怒的事情。我把这些问题一分为二，分别从《要点》中挑选了两篇文章：前一篇关于理解的文章对应本章的反身性问题；另一篇则是关于下一章着眼的关注（或判断）的相对性问题。本章的反身性问题，会思考观察者的主体性如何影响我们去抓住"事实"，以及是否有能力真实陈述异文化。下一章的相对性问题将会检验：观察者与被观察者之间的伦理冲突，主体性如何影响我们去抓取"好和坏"，以及我们能否评估异文化。

在第二章的自然性问题中，我们把田野工作介绍为文化人类学一个不可或缺的基本步骤。本章我们将会再度提及有关田野工作的问题：如何了解，该做些什么，以及如何报告。

接下来，本章将会把反身性问题描述成一幅景观中的地形。我会通过观察人类学家观察异文化的方式来"做反思"。在以人类学家特有的观察异文化的方式省思西方文明之后，我会考察他者如何看待我们。最后我会总结对文化进行反身性思考的几种方法，并讨论其有效性。

顺利学完本章，你应该能：

1. 通过持不同观点的多个观察者如何看待同一事件，解释一些理解异文化过程中的难题。

2. 解释反身性问题如何推动人类学的调查。

3. 利用景观隐喻来描述反身性视角。

4. 就人类学是不是一门科学的争论给出正反论述，并对这些争论提出你的观点。

5. 描述一下他者眼中的人类学家和人类学，以及人类学及其从业者意识到这些看法后对人类学家工作方式的影响。

6. 列出人类学家研究"本文化"的一些优势和劣势。

7. 描述跨文化遭遇中反诸己身的一些方式。

8. 描述报告某种文化时可以进行反思的一些方向。

9. 解释人类学家该如何确定自己在异文化中所发现内容的有效性。

👁 智取威虎山（二）

　　35 年前，我参加了激进学生、修女和华商在圣母升天女修道院组织的一场中国电影放映活动，那时我便有了一次反身性的观察，让我自己跃出高人一筹的观察者角色，进入被观察者的场景。我把这次经历写入了我的反身性论文《要点》中，文章如下。

一小时后，店铺打烊，华人进入女修道院，坐到座位上，菲律宾学生开始进行活动。即使在社会主义青年会放映影片时，每个人也都义不容辞地起立合唱菲律宾国歌。唱国歌时，社会主义青年会成员紧握拳头，高高举起。在电影换胶片的间隙，三个学生在吉他的伴奏下轻声唱起政治歌曲。这种民谣乐曲、美妙的歌声与其中激进强烈的反帝国主义文风，形成了强烈对比。

《智取威虎山》是一部由中国最好的戏剧班底制作的优秀电影，以解放战争时期解放军与土匪斗争中的一场胜利战役为故事背景。该片完成于"文化大革命"的高潮阶段，曾广为传播，用于激励海外华人，并用字幕向他人解释共产主义的宗旨。

这一次警察并未干扰电影放映。电影音效很差，但色彩很鲜艳，并有足够的动作戏满足功夫迷的要求。放映结束，观众中的社会主义青年会学生大声拍手叫好。修女们看起来心满意足，颇受启迪。我瞭了一眼华人观众，他们大都沉默寡言，但一直目不转睛。一些上年纪的华人妇女则在偷偷擦眼泪。

我们当中有四类不同观众：华商、激进的菲律宾学生、菲律宾修女、美国学者。每一类观众都是带着不同的背景和动机来看这部电影。每一类观众对其他群体从电影中获得了什么，都有不同的想象。

上面这篇来自《要点》的文章说明：我在自己第一个主要田野项目中逐渐认识到，生活中存在着多重看法，我则尚未理解这些看法，而这些观点又和我研究的重要议题相互关联。这里没有一类人符合我的预期。第一，社会主义青年会学生在政治上是激进的，积极抗议美帝国主义者，但是对待苏珊和我却又非常友善。他们不想拆解本文化的任一方面；他们感激他们的传统，比他们选出来的政治家更有爱国热情。第二，修道院的修女们，并没有像我的美军朋友那样对"无神论共产主义"担惊受怕，她们中有些人是在 1949 年革命胜利后被赶出中国的。修女们并不完全安定、冷静，我发现，事实上，她们也为国家改革做好了冒险的准备。第三，华商——我的"人"——尤其让我困惑。你找不出比他们更资本主义、更保守的布尔乔亚群体，但他们为中国甩掉"东亚病夫"的帽子重获世界尊重而骄傲。即便在政治和经济上是共产主义的难民，商人们还是会把他们的孩子送回华南故乡去度蜜月。

　　而我，第四方？在离开"我的美国"之前，我曾上街参加过反越战游行，但在菲律宾，我经常发现自己要为美国而同社会主义青年会学生展开辩论。首先，作为一个研究中国的学生，我既不太了解修道院的修女们，也不了解菲律宾的天主教。我敬仰中国文化，但也为正在进行的"文化大革命"感到困惑。我认为 20 世纪上半叶的共产主义革命给普通人带来了好处，但是"文化大革命"却在试图抹杀当初我被这个文明所吸引的一切：宗族亲属、佛教、中国文字——所有的悠久传统。在这一点上，我发现自己比我采访过的一些中国店主还要保守。

　　我们把《要点》复印了一些送给亲朋好友，但直到现在，这些文章依旧在我的书架上跟我的田野日记放在一起。我一点也不想把自己的挫败感、困惑、文化震撼和人类学中心主义公之于众。基于我们在菲律宾的田野工作所写成的400 页博士论文中从未提到过我，包括上面从《要点》中节选的故事，以及我几年后出版的一本关于菲律宾华侨的书中都是只字未提。很多年后，我写了一本关于纽芬兰的 400 页著作，我也很少现身其中。我认为，采用那种写作方式会赋予我更多权威。当然，你正在读的这本书——就像今天大多数人类学家的作品一样——充满了个人故事。为什么会有这样的转变？是我变得不再注重科学，还是更加自得意满？是时间改变了一切？还是人类学发生了改变？

景观中的位置

在美国文化中，自我意识非常普遍，但反思则要更为流行。这促使我们告诉公众，观察者、观察和被观察对象相互之间是互动的（Meyerhoff and Ruby，1982）。提出反身性问题，就与那种假装没有"我"的客观性形成了对立；事实上，有一些错误的人类观察者，只能从某些特殊的时空位置上进行观察。我把这种假设的客观性称为"法官的谬误"，我们借助这种客观性的所说所想，就像是我们的外来者状态和教育背景，给了我们如同高等法院法官一样的权威来决定什么是对的。人类学家往往认为自己很特别，因为我们，也只有我们，是在"客观"地对待文化。虽然我认为集众多人类学家之所长，我们的确能比大多数人更好地解决主体性问题，但就个体而言，我们仍如风中芦苇，不饶他人稍胜。

想象一下我们这些风中芦苇——修女、社会主义青年会学生、商人和我——站在一幅山谷景观的不同位置，看着我们之间某一点上他人的活动。根据在景观中所站的位置，我们看到的是不同的活动（图9.2）。有四个影响视线的因素。第一个因素是文化（或亚文化）。一个苛瓦西男人和我之所以会对同一个行为持有不同看法，既是因为我们

观察者

被观察者

图 9.2　我们对另一文化的观点，会受到自身立场的影响，
这种立场是个人和文化特征的结合体。

各自语言中的分类和标签有所不同（参见第八章），也与我们所关注的
价值不同有关（参见第十章）。第二个因素是个人特质，如性别与年龄
(Chiseri-Strater and Sunstein, 1997)。我现在看待自己在菲律宾的经验，
和上述写于 35 年前《要点》中引文的看法可谓截然不同。我从菲律宾
回来之后那几年，危地马拉的修女和神父由于声援农民反抗军队统治
而被暗杀。我开始意识到，在很多前殖民地社会，天主教神职人员也
都致力于社会变革。

　　第三个影响我们观点的因素是，山坡上的景观会因包括旅行经历、
职务和家庭生活在内的生命史而有所不同。如果我没有在中国台湾和
香港读大学的求学经历，我就不会如此熟悉华人的社交礼节，进而在
与菲律宾华人的交往中也就不会表现得游刃有余。

　　第四个影响我们如何看待行为的因素，可以称作风格。我们每个
人都会根据自己的偏好，去选择自己在山上所站的位置，也即观察各

种举动的位置。在菲律宾，我站在年轻华人大学生的山坡上。我在第二章里解释过，我对华商生活的很多了解都来自这些年轻人。另一个影响我观察风格的因素是，我会选用什么方式去描述看到的东西：例如，诗歌？第一人称叙事？还是一张统计图表？我选择了当时广为接受的社会科学风格来完成博士论文。也就是说，我进行了概括，并描述了收集到的可以用来支持这一概括的数据。我没有用诗歌和惜墨如金的统计图表，但我用了其他风格来报告我的菲律宾华人研究。我借来一架录影机，录制了一部 12 分钟长的"家庭电影"，简要介绍了怡朗市华商少数族裔社区。每当我在课上介绍菲律宾华人时，都会播放该片，而不是拿出我的论文给学生看。

博安南（Bohannan，2006）的"灌木丛中的莎士比亚"，是我最喜欢的两个不同景观位置带来两种截然不同观点的例子。在尼日利亚的一个雨天，博安南吃着可乐果，与提夫人的男性长者交流故事。她觉得可以讲一个普同性的故事，用这个故事的意义打动这些长者，于是她就讲起了《哈姆雷特》。几乎是在她讲故事的同时，那些人便开始反驳她。他们对这个弑君悲剧中关于公正、无私奉献之爱和友谊等所有主题的理解，都与博安南背道而驰。提夫长者们用他们关于君权、婚姻和亲属关系，以及长者和女巫权力的观念，篡改了这位年轻人类学家的故事，并向她解释了这些看法。在城堡墙垣上和哈姆雷特对话的不是他的父亲，而是一个女巫派来的僵尸。哈姆雷特太年轻了，怎么看都无法复仇；复仇是年长者的事情。哈姆雷特的叔叔很快就娶了已故国王的妻子格特鲁德，也是完全正确的事情。哈姆雷特的父亲，身为丹麦如此重要的人物，怎会只有一位妻子传给自己的兄弟呢？谁挖了他的墙角？等等。当讲到奥菲莉娅淹死，提夫族的长者们研究出一套理论认为，她嗜赌成性的兄弟雷欧提斯拿走了财产，所以他杀死了自己的亲妹妹，把她的尸体卖给了女巫。当讲到雷欧提斯带着巨大的悲痛跳进奥菲莉娅的坟墓时，所有提夫族的长者都相互会意地点了点头。

等到故事讲完，博安南已出离愤怒，她的故事早已被弄得支离破碎，批评者安慰她说：

> 这是一个非常好的故事，你犯的错也不多……你应该多给
> 我们讲点故事……我们这些老人可以给你指点这些故事的真正
> 意思，这样等你回到老家，你的长辈们就会认为你没有坐在灌
> 木丛里，而是和那些用丰富知识教导过你的智者们在一起。

在我们想象的图景中，每一个观察者和其他观察者所站的位置都
不一样，她／他的解释会反映出他们的视角。即便所有观察者都是人类
学家，这一点也是成立的。查冈在关于雅诺马马人的民族志中解释了
他们的暴力生活方式，他们的亲属关系体系让男人们为了得到人员稀
缺的女人为妻而与世系成员大打出手（Chagnon, 1997）。但弗格森不
同意这一点，他认为冲突来自他们对弯刀、猎枪等欧洲贸易品的争夺
（Ferguson, 2000）。查冈的解释着重强调了来自文化内部的压力，弗格
森的解释则侧重于来自外部的压力。查冈的解释揭示了任何程度的政
治文化都可能热衷暴力。弗格森的解释则揭示了暴力来自国家社会与
部落社会之间的互动。谁解释得对？因为从不同位置观察雅诺马马人
会有不同观点，所以查冈和弗格森的观点都有价值。每位人类学家都
需要说服其他人类学家，他的观点可以引出最多的具有启发性的问题。
很多人类学家抱持各种观点加入这场角逐（更多争论详见第二章）。下
面我们将会深入讨论，"真实"（即有效性）是如何通过此类争论或其
他科学之争而建立起来的。

不但山谷中的观察者和另一片山坡上的观察者看到的情景有所不
同，就连同一个观察者也（经常）会改变他们在山坡上的位置。我们
的观点总是会随着自身理解和阅历的增长而不断变化。文化人类学家
布里格斯（Briggs, 1970）在《从不发怒》一书中，基本上是通过自
己犯的错，理解了她所研究的乌特库人（加拿大北部的因纽特人）的
社会生活和价值观。雷贝克（Raybeck, 1996）在《疯狗、英国佬和漫

游的人类学家》一书中，机智地通过他在马来西亚村庄初次田野工作时犯下的错，记下了他在自我认识和对文化理解上的成长。在菲律宾十八个月停留期即将结束时，苏珊和我在我们这座隐喻山坡上的每个地方都留下了足迹。与《要点》中所记叙的东西相比，我们这样做收获的东西要多得多。

此外，那个隐喻山丘景观中的每个人，不管是观察者还是被观察者，都在变动。人类学家的在场推动了这些变动。文化人类学家杜维南（Duvignand，1977）在《社比卡的变化》一书中，讲述了她在研究社会变迁的过程中，带领一班社会学学生去了边远农村，三方的观点在那里都发生了变化。学生们收敛了优越感，村民开始更多地参与政治活动，杜维南本人则对社比卡融入现代突尼斯的前景更加悲观。

由于这些主体性（在景观中的不同位置）的存在，一些人类学家声称：非但文化研究者难保客观，就连客观性事实也不存在。这仅仅是每个人自己的观点。不过，大多数人类学家都并未放弃让别人接受那些真实、有趣和重要事物的努力。下面将会更多讨论科学与客观性的正反观点，但反身性问题同样不容忽视。因为这关系到我们在与他人相遇时，如何反观我们自己和我们的文化。

科学的人类学怎么了？

反身性的发展挑战了人类学关于客观性的断言，客观性指的是能不受个人和文化背景影响，直接洞悉真实的能力。学者们已经不再想当然地认为西方人的实践便意味着科学，取而代之的反思思潮开始检验科学如何工作。科学的历史学、社会学和心理学蓬勃发展，科学的人类学也涌现了很多优秀作品，例如洛克（Lock，2001）关于器官移植和死亡定义转变的研究。研究结果包括对诸如学术共同体内分享成果、讨论方法、训练学术梯队之重要性的肯定。现在我们对科学家们如何取得进展（Rabinow，1996b）、科学共同体如何改变集体观念并重新着手组织新的方向（Lett，1997），已经有了更加全面的理解。

这场将科学看成开拓事业的反思，也包括来自科学方面的严厉批评，人类学学科自然也无法置身事外。批评不仅来自人类学家内部，也来自哲学、文学和文化研究领域的学者。我在下一节将会讨论，批评还来自我们开展人类学研究的社会中的成员。这一节主要呈现来自科学和人类学家的批评。为了了解这些批评所指，我们必须首先弄清楚科学、科学方法和科学的人类学的意义。

在这场讨论中，人类学家认为，科学"通过对建立在经验性数据之上逻辑理论的评估，产生了关于经验世界的知识"（Kuznar，1997）。很明显，该定义假设人类生活中存在一种客观事实，人类学可以帮助我们发现并解释这些事实。**科学方法**包括对可检验的经验命题（我们称之为**假设**）进行步骤严谨的检验，将其与具有广泛解释性的结论（我们称之为**理论**）联系起来。这种方法可以循环：先试验一个观点，然后依据试验结果进行调整，根据调整后的观点产生一个新的试验，再根据新试验的结果进行下一轮调整。科学的人类学遵循的就是这种方法，比如民族志和跨文化比较试验。这也是我的老师怀特（White，1949b）指出的，科学的人类学的目标是根据普遍原则来检验具体个案。在这个意义上，科学研究可以把《汤姆叔叔的小屋》里的故事，视为19世纪早期更广阔背景下种植园奴隶生活的典型个案。相比之下，艺术的目标则是通过典型个案揭示普遍规律。也就是说，艺术可以通过《汤姆叔叔的小屋》里的角色和情节，鲜活地展现19世纪种植园奴隶生活的更大趋势。

人文学者，尤其是那些以人类的特别之处及独特性为研究主题的学者们，已经对人类的科学方面展开了二百年的批评。一位哲学家写道："现代科学……就像大多数人理解的那样，呈现了一种对测量方法的神化［颂扬］，使得星星离我们越来越远，我们自己也离自己越来越远。"（Churton，2005）自从1960年代的社会革命和哲学革命以来，对科学的批判，对自诩科学的人类学的批评，愈发激烈。批评指出，科学只是通往事实的路径之一，虽然每条路径均有价值，但也都是瑕疵与偏颇并具，尤其是在与社会群体的特殊兴趣不谋而合之时。例如，有批评认为：科学是一种话语，或者说是世界上最具特权和权力的西方男性的自我呈现，因而科学也就成为他们执行权力的工具。不仅科学从业者具有男性偏见，科学的思维过程也都带有男性偏见（Schiebinger，2001）。在实践中，科学的方法具有侵入性（"能让我把热电偶放进你的耳朵吗？"）和破坏性（"把东西拆开，看看它如何工作"）。科学将控制和权力凌驾于自然之上，而不是发现自然并适应自然（Shiva，1989）。科学为专制的恶魔效力，就像人类学一样，享受着西方文化肆虐全球的成果。

科学的线性思维（"A"导致"B"）也受到批评，因为真实世界是一个反馈循环的网络结构（"A、B、C互相影响"）。科学具有简化（"保持其他因素不变，使变量 X 发生变化"）、民族中心主义（"只有一种科学，其他的都是骗人的"）的特征，而且科学天真地认为它是价值中立，或者真的客观。批评还在继续：科学具有错误的二分法（"灵魂对肉体"），而且过分抽象，忽略了一系列数据的内部变化（"这个四口之家的平均年龄是 25 岁"）。

由于科学被假设为超然、无偏见、文化中立和无个体差异（它曾是西方文明中最权威的意识形态），这也就解释了为何会有那么多人类学家都属于科学一脉。当人类学家对人类的观点以科学术语呈现在公众、新闻记者、政策决策者和其他社会科学家面前时，这些观点似乎会产生更大的影响（Agar，1996）。尽管公众对科学家们如何工作及其所知内容一无所知，充满疑惑，但无论权威性与否，科学家们依旧工作不倦（Franklin，2002）。以进化生物学家为例，虽然公众担心他们的工作会危及宗教，但他们依旧针锋相对。基因工程学家努力说服公众，他们并不是在制造那种会跑出来破坏人类健康和环境的怪物。人类学家则在努力摆脱"印第安纳·琼斯"那类靠公开他人私生活来取悦雇主的窥视者形象。

另一些人类学家为科学所作的辩解，也是雄辩有力。科学的拥护者承认，人类学有时确实不甚科学，或有偷工减料之嫌。19 世纪对人类进行种族测量和分类的尝试全盘皆错，不仅是项目终归必然失败，更重要的是，研究方法有时也非常拙劣，而且研究结果还会受到研究者自身偏见的影响（Gould，1996）。此外，也不是人类学家感兴趣的所有事物都能进行科学研究（Sidky，2004）。雅诺马马人有个关于儿童生病的说法，他们认为儿童生病是因为相邻村落的敌人通过仪式射出看不见的恶灵荷库拉（*hekura*）击中儿童身体所致，如果我们想要验证这一说法，我们就没法用科学来检验。我们无法全面报告雅诺马马人的说法，因为这个论题无法检验。

然而，科学并不如其批评者说的那样恃才傲物。实验科学家（尤其是正在田野中工作的人类学家）承认我们的知识仍需检验，而非固化不变（Ember and Ember，1997）。人类学家关于文化行为的解释性论述，在措辞上不是确定的预言，而是带有可能性的推断。因此，采猎社会的社会结构呈现出性别平等的"趋势"；我们还可以在环境足够温和、允许通过控制过度生产来提升社会地位的社会中，发现存在财富攀比的"趋势"。

拥护者坚称，科学的人类学不像物理和化学，乃至某个心理学分支那样，可以通过控制实验产生数据，并可用数学专用术语来规范解释性的理论。第二章解释过，人类学学科类似田野生物学或历史地质学，其实践者可以通过能够找到的数据来整合观点。这些观点不论是否完美，仍然可以建立、检验、放弃或修正。如果某个人类学家对人类文化的科学方向感到不满，认为不够严密或不够确定，她/他或许可以转向历史的方向。在自我批评纷纷扰扰的 1960 年代，萨林斯（Sahlins，1981）就将他对与欧洲人接触早期夏威夷文化的研究，从文化进化论的普遍理论转向了历史研究。

科学的拥护者指出，科学与其他诸如移情、想象、直觉、启示或诉诸权威等认识世界方式的差别在于，科学能够进行自我修正。也就是说，科学实践者培育了一种对任何事实判断的怀疑态度，直到证据确凿并能与那种现象的普遍性解释联系起来（Harris，2001）。科学的人类学事业的核心是，要求关于文化事物的所有论述，必须可供检验、证伪并且可信，这也就意味着在重复检验中结果是相似的。

辩论双方的人类学家都认同，文化对一个群体的行为和思想具有极大影响；但是，科学的人类学的拥护者坚信，一个来自某一文化、受过良好训练的观察者，可以不受先天偏见干扰去观察另一个文化。"科学是我们去除偏见的最好助手"，一位专门研究文化思想进程的人类学家如是写道（D'Andrade，1999）。这位人类学家还进一步提到："异文化中的人们大多数时候面对的，都是和你我相同的事实。"

最后，再多的争议也比不上人类学在其追求目标上所取得的成功，而且人类学在用科学方法来研究人类现象，在理解、预测乃至控制人们的思想和行为方面，做得也颇为成功。我们已经发现，不论人们是否秉持自由意志，他们的看法和决定均归于因果模式。概括化的目的是使这些模式易于考察，而不是忽略其中的差异，这些业已阐明的模式，在我们的人类学教科书中比比皆是（Carneiro，2000）。

科学方式不会被批评击垮，而是会变得更好。正因这些批评被我们过去二十年的教育广泛采纳、吸收，人类学家在进行科学的人类学研究中，才会对我们已做或未做的事情有更多反思。例如，我会继续用科学方式研究文化，建构可供检验的假设，定义可观察的变量。我之所以会这样做，部分是因为我受过这样的训练来思考，部分则是因为我申请研究经费的一些机构更偏爱看到这种模式的研究计划书。我把我的菲律宾华人研究，设想为是对移民群体文化变迁等宏大理论的一项检验。我的理论认为，华人在菲律宾的变迁，会在适应当地文化和政治环境的前提下少之又少，因为华人的文化赋予他们高于菲律宾人的商业优势。我的假设是，我所收集的个人传记会表明，与那些失败的商人相比，成功的商人会保持更多的华人方式、与华人同侪工作。

（这个假设的论证有些苍白。显然还存在其他发生作用的因素。）此外，我继续教我的人类学专业学生用科学方式去研究文化。在这学期的人类学方法课上，研究小组努力将马克思主义、符号表现主义等理论观点运用到研究计划中，对"控制变量"和"按比例分组随机抽样"讨论得热火朝天。不过，当时我也接受了很多对科学方式的批评。如果我们不够小心——反思——这些受到批评的缺陷就会悄悄混入，我们的结论就将不再科学。当然，科学也并非唯一一条途径；批评者提醒我们，还有其他方式可以去理解文化。因此，本书最后四章将会围绕更富叙述性和人文性的问题展开讨论。

他者如何看待人类学家？

反身性问题包括询问我们所研究的人们如何看待我们。人类学田野工作者经常会被他／她所研究的文化的主人视为孩子（Bernard，1954）、傻子（Anderson，1992）、村里的笨蛋（Raybeck，1996）、学徒或学生（Casteneda，1974），甚至是讨厌的人或者一个负担（Briggs，1970）。雅诺马马人把查冈的姓氏戏称为"shaki"，这是一种讨厌的蜜蜂。我的菲律宾华商朋友尊重我受到的良好教育，但他们认为我只是一个年轻人，是那些帮助我研究他们的子弟的同辈。一些人坚信我是中情局的间谍，专门是来搜查他们与共产党人联系的证据。幸运的是，苏珊的在场让我对菲律宾人和华人都不那么具有威胁性。妻子在侧，让我可以接触妇女，也让我看起来不那么像个间谍。

过去半个世纪，人类学家提出的反身性问题越来越多，因为整个世界都在发生巨变。曾经作为人类学研究对象的社会，大都已经去殖民化，并更紧密地与全球市场网络、大众媒体、移民、国际政府联系起来（虽然结果并不总令他们满意）。这些社会已经成为多文化社会，他们的社群也分布到多个不同地点。这些社会中的个人开始获得人类学学位，并将研究的镜头，转回到那些曾研究过他们的西方文化中的人类学家身上。

以下是这些转变所带来的对人类学的有力批评：人类学仗着西方社会在全世界扩张的影响，心满意足，受益匪浅。人类学家像采矿者、传教士和商人一样，跟着殖民军队和绘图者进入灌木丛，为了我们本社会的兴趣而去收集文化数据。"看看你们自己，"批评者说，"你们不是凌驾于文化之上，你们是西方帝国主义的侍女。"过去，人类学家努力不去伤害他人（人类学家通常都会受到欢迎，时常还会有益他人），但我们还是承认批评并非空穴来风。我们今天对自己言行的政治维度有着非常清醒的认识。在我们研究和书写文化时，不能假装政治无涉（Agar，1996）。

美洲原住民作家德劳里亚（Deloria，1969）在《卡斯特因你的罪过而死》一书中，并未把人类学家看成孩子或傻瓜，而是将其归入问题当中。《卡斯特》是一本非常有趣的书，但是德劳里亚的愤怒却是非常严肃。他对人类学家沉溺于自身文化立场并以此来解释美洲原住民的方式表示不满，那种文化立场忽视了政治和经济上显而易见的不公平加诸美洲原住民身上的罪愆。德劳里亚提醒很多社会科学家们不要忽略这些外来影响，停止对美洲原住民酗酒、暴力、经济停滞以及其他问题的单方面责备，因为他们就是这些问题的受害者。德劳里亚的批评促使很多人类学家展开反身性回应，重新检视自己的观点。自《卡斯特》出版以来，人类学家开始更多关注政治和经济力量，正是这些力量令本土社群的文化延续变得愈加困难。例如，一些人类学家已经对土著社群提供了支持，通过建立大型赌场，帮助土著努力应对保留地的欠发达局面（Darian-Smith，2004）。虽然任何大的发展都会给保留地带来新的压力，但是人类学家现在已经意识到，贫困的美洲土著景象并不比富裕的美洲土著景象更真实。具有讽刺意味的是，纽约州边远地区的奥奈达人，从他们保留地博彩业的可观收入中拿出了一部分，帮助改善了他们贫困白人邻居的社区设施。

了解同胞如何看待我们，也能进入反身性视角。普罗大众认为，人类学家是头顶骷髅头盔在异域他乡研究"石头和骨头"或奇风异俗的怪人（Bird and Von Trapp，1999）。政治家不会过多考虑我们。他们更多会听取经济学家的意见，只不过现在要比过去少一点点，因为在国家政府机构有影响力的人类学家的人数正在增长（Omohundro，2002）。例如，在内政部就职的人类学家，建议环境规划或土地划分的政策制定者要特别考虑美洲原住民，这样在这些地方进行发展或资源开采活动时，就可以按照尊重当地社群的方式协商开展。

来自其他社会或学科的同行们也会提出一些新观点。丹麦人类学家品克斯顿（Pinxten，2002）在美国待过一年，他发现：美国人类学家以社会科学家自居，而他们的欧洲同行则称自己为知识分子。与欧洲人相比，美国人是痴迷于方法、依赖电脑和电话的经验主义者。这是申请政府研究经费支持人类学研究的必然结果，所以我们美国人往往倾向于将世界视为一个技术难题。品克斯顿不无伤感地认为："在这种知识土壤里，不'会'有错误，有的只是惊人的思想和激人深省的想法。"美国人甚至塑造了我们的报道人所期待的被研究方式。在研究纳瓦霍人的田野期间，品克斯顿试图打破这种模式，但他的报道人却向他指出："你那样做人类学是不对的。"一些美国人类学家一定会赞成品克斯顿的看法，因为他们不再按照方法论的教条主义，而是以更加注重知识、叙述或人文主义的方式去研究文化。不过我们其他人则会顽强地坚持下去，靠着我们的电脑和手机进行研究，因为……好吧……随你怎么想，这就是我们的文化。

研究你自己的文化

你可以把从本书中学到的文化人类学知识，运用到你自己的文化中，至少和研究其他人的文化并无不同。但是有人可能会问了：研究自己是否就意味着我们在做社会学？我不这样认为；如果你提出的是本书中这些人类学问题，你就是在做人类学，不论你研究的是谁，或者你观察的是什么。

人类学一开始确实研究的是那些与观察者完全不同的人。但最近十五年来，这个学科正在经历一些自我批评的修正，我们在这个过程中已屡屡受诫：理解异文化不易，向本文化之人阐释其本文化同样不易。

或许确如某些非人类学家所言，只有莫霍克人能研究莫霍克文化、描写莫霍克文化，只有中国人可以了解中国人。研究你自己的文化颇有必要，这样你对反身性问题的回答就会变得非常深入。但我们已经通过尝试和犯错发现，研究你自己的文化并不会减少对人类学的挑战。当然，在本文化中开展工作，可能会有顺利的网络联系，懂得语言和文化的一些微妙之处，不会在人群中显得太扎眼。

但在另一方面，并没有证据表明：研究本文化时，你的报告就会比陌生人的报告更客观、可信。你努力发掘的不同价值观念，难道不会令你惴惴不安吗？有时，你的"同胞"可能不会让你在他们的圈子里转来转去；而同样是很傻很天真的举动，有时则会给外来人类学家带来优势。你的同胞很难判断你是"我们中的一员"还是"来研究我们的"（Jacobs-Huey，2002）。你的同胞可能会依据你的性别、年龄或其他特征来加以判断，而不给你观察、报告他们的权利。他们可能会认为，你报告的任何有关他们的内容，会破坏其族群或团体的团结。他们会问，你忠于谁：是我们？还是人类学？而且，如果你对研究的文化太过投入，你在向其他文化之人介绍本文化时，会不会遇到麻烦呢？

最后，研究你自己的文化其实是我们大多数时候都在做的事情，这也是反身性问题要求我们去做的。但这和研究异域文化同样困难。坚持"只有本族人才能研究本族人"这一说法，实际上是一种种族主义。绝大多数人都不是（本文化或异文化）天生敏感的观察者。幸运的是，一些人集天赋异禀和良好训练于一身，可以出色地理解、描绘异文化，解读那些与他们本文化截然不同的文化。他们能够将局内人的观点和外来观察者的视角完美地结合到一起。就本章通篇使用的隐喻而言，这些通达洞彻的观察者，可以在这个山谷景观中自如移动，一览无余。

如何反诸己身

这里有一些可供人类学家进行反身性研究和报告文化（包括研究他们的本文化）时参考的指导。这并不意味着所有人类学家都要时时反诸己身，而是说我们中的大多数都已对下述思考有了更多关注。这些指导对学生和异文化旅行者也有帮助。我会指出，我是如何将这些方法应用于在菲律宾与华人相处的经历中的。

在相遇时反诸己身

下面是人类学家用于和某人相遇，或进入异文化情景时，侧重反身性的九种方法。在文化遭遇时注重反诸己身，好比在田野里调试科学器具，校准我们意识上的工具。

注意你和你研究对象之间的权力区别

研究生活在另一文化传统中的群体时（譬如我在菲律宾所为），权力区别非常明显。毕竟我们代表的是一个巨大、富有而强势的国家，事实上，这的确影响了我们与研究对象之间的关系。当我们置身他们之中时，我们强大的国家很有可能正在通过国际援助、贸易活动，或是轰炸他们的边境，影响他们的国家。我在菲律宾尤其是和华人及菲律宾学生的所有互动，都笼罩上越战的色彩。在我看完《智取威虎山》后不久，尼克松总统亲率一支乒乓球队访问中国。在那之后，华人社区对我的反应发生了轻微变化：亲中派对我充满热情，亲台派则有些愠怒。

即便是如我在纽芬兰那样对我们本文化传统中的群体进行研究，人类学家相对报道人来说，仍然通常都是来自一个更富有、受过更好教育的社会阶层。我可能有时会忘记这些不同，但我的报道人却不会（见第十一章）。如果我对我们之间的权力差异怀有反思意识，我就会注意到我们在机会和资源上的鸿沟，并预见到这些差异会影响我们的关系和对事件的阐释。

给你的研究对象一些回馈

这是进行应用人类学的动机之一，第十章会有详细介绍。从怡朗市华人研究开始我专业生涯的几个月之后，我才逐渐明白，他们还没有如我期待那般亲切地容忍我，所以我必须让自己有所用途。我在学校放映了在华人社区拍摄的电影。我为一个反对反华言论、反对促成与菲律宾人同化的青年团体担任顾问。我给华人天主教联合会捐款。

避免使用会造成疏远的研究方法

做田野时难免会经常管闲事和讨人嫌，但你完全可以避免在问问题、收集数据时直来直去，以免冒犯社区礼仪规范，或引起邻里纠纷。你必须以某种方式，在不违背他们的情况下，学会这些礼节标准。例如，提前多看一些与该文化有关的资料，并在田野时保持谨慎。高校建有称为"学术伦理委员会"的学者专家组，负责检查研究方法是否违反了联邦标准。然而，学术伦理委员会主要负责保护个人隐私和安全，而经常忽略了研究步骤对社会或社区层面的影响。判断的重任依旧落在人类学家肩上。由于菲律宾华人怀疑我可能是中情局派来的，我不得不避免直接询问大多数政治问题，而且不问旅行计划和个人履历问题，以免加剧怀疑。参与公共事件，例如一起去看电影《智取威虎山》，是一种可以接受的研究技巧。

将你在田野中的行为作为数据的一部分

你知道哪些知识、这些知识是否可信，一定程度上取决于你获取它们的方式。仔细记录会对你有所帮助。田野工作者可以进行多达五种记录：日记、日志和三种田野笔记（Bernard, 2002）。另一个反诸己身的步骤是，坚持作"双条目"田野笔记，同时记录你了解到什么，以及你是如何了解到的。在你询问的较早阶段，让人阅读你的笔记，检查你的"仪器"是否已经校准。你要定期打开笔记，通读笔记并重新整理，评估你的信息，反思一下你知道的内容和你是如何思考的，相应调整你的方向，然后制订下一步方案（Chiseri-Strater and Sunstein, 1997）。在写下所有这些后，你可以准备再出去转转。在菲律宾，十八个月里我记满了三卷日记，这对于记住"我在哪儿"并开始写作这些章节中的论述有很大价值。我也会定期给我的美国指导教授写长一点的摘要。

经常反思你在景观中的位置

更确切来说，就是要经常反思你对异文化的探究会如何影响你，以及你在景观比喻中的位置会如何影响你所能看到的地形。坚持为你自己记录像《要点》这类田野笔记，这对反思大有裨益。虽然用一般性写作记录我在菲律宾经历的所有感受不很专业，但《要点》使我在田野中弄清了我的偏见，然后在纸上看清了它们，即便我不能剔除这些偏见，我也会在工作中尽量避免。当你在文化中花费时间步步深入时，留意你的位置如何变化。你最终可能会对何者重要、何者有趣、如何报道，改变初衷。初到菲律宾时我 25 岁，和那个时代的大多数研究者一样，我没有详细阐述反身性问题的打算。但像《智取威虎山》的观影经验，则推动我不断迈向更深刻的自我意识。这是学位要求的一部分，也是进行专业田野工作的目的之一，而且我敢肯定，这也是大学生们大多数跨国旅行和海外学习项目的明确目标。

意识到你研究对象的变化

在概括"人们"如何思考或行动时要慎之又慎。那些没有如此思考或行动的人可能不仅仅是不合规则，他们的意义或许比数量更为重要。怡朗市的华人社群分为两派，一派仍对台湾忠心耿耿，另一派则偏向大陆，或拒绝任何联合。这一严重分化使得归纳整个族群变得很困难，所以我把分化作为一个特征，借助图表来进行分析。整个社群也开始显露出代际分化：和我一样大的年轻人，在菲律宾出生，拥有菲律宾公民身份，寻找从商之外的不同工作，和菲律宾人之间发展出少数族裔商人之外的多种关系。重要的是，几乎没有多少年轻华人跑去观看《智取威虎山》；我认为，这说明他们不愿被人看到对中国文化和政治感兴趣。

同时，思考你自己的文化

在你的本文化中花点时间做一做民族志，能够让你更好地理解你在异文化中遭遇的双方。我很早就重温了这一建议。在菲律宾时，我读了米德（Mead, 1975）关于美国文化的经典研究：《时刻准备着：一位人类学家看美国》。米德的文化分析聚焦于美国人的价值观和性格脾气，这有助于我这个美国人去审思：自己为什么要选择这项研究？我在报道人中该如何呈现自己？

试着"向上研究"

过去一个世纪，人类学家专门在小型、贫穷、弱势或即将消失的社会中进行"向下研究"。这项工作曾经很有价值，因为没有其他人做过向下的工作。尽管如此，我们还是应该在那些成功者和有权者中进行"向上研究"，理解系统是如何运转、如何影响失败者和弱势群体的。历史（以及大多数社会科学）是胜利者书写的，所以如果你理解了胜者，你就可以纠正他们带给其他人的一些偏见，发现共有的认识如何影响军队行为（Weinstein and White, 1997）、科学技术共同体（Franklin, 2002）、美国议会（Weatherford, 1985），或国际发展机构（Downs, Kerner and Reyna, 1991）。在菲律宾，我在米尔斯（Mills, 1959）的《社会学的想象力》一书中，读到了美国的权力，以及学者和学界在这种权力中扮演的角色。米尔斯坚信，说出权力的真相，是知识分子的责任和力量之源。他的作品帮助了我去构想，我该如何在我的菲律宾研究中履行学者的责任。

从你观察的文化参与者身上寻找反身性行为

文化有时也会给予个体走出自我、评论本文化的机会。我认为第四章中提到的菲律宾人的"阿提汗"节日庆典，就是这样一个反身性事件。同理，愚人节难道不是美国的反身性事件吗？讽刺也有反思目的。幽默的效果在于打破常规，直到逗得我们对常规哈哈大笑，这在电视、剧院、独角戏和印刷媒体中极为常见。

报告中的反身性

你可能刚从下阿尔泰共和国的大草原或是街角咖啡馆的田野中归来，坐下整理报告，看看都有哪些收获。当你和他人分享在文化遭遇中的发现时，以下六个增进反身性的建议可供参考。今时今日发表的民族志，或多或少都会遵守这些建议。

明确你的方法

读者需要明确知道你是如何获得你所知道的东西，这样能为你的有效性提供一个很好的印象。这是一个老生常谈的反身性建议，但奇怪的是，却并不常被采用。教我方法的教授是我菲律宾华人民族志的首席读者，所以我在博士论文中经常提到我是如何获得信息的。我在论文中用了整整一章篇幅来描述我的研究方法：我怎样检验"保持中华文化如何影响华人商业成就"的假设。

为各种不同的读者写作

在你的报告中减少人类学专业术语或其他行话，让更多包括你研究对象在内的读者都能看懂你的报告。当我在写菲律宾华人的最终报告时，我那个拥有艺术学学士学位的嫂子问我："我能看懂吗？"我费了很大力气才使我的论文能让她这样的读者看懂。根据我的博士论文出版的著作，在菲律宾华人社区获得不少读者。我的中国文化课上的学生也在阅读。虽然少有人认为此书文笔动人，但却多有人认为此书用语精准并增加了其理解，这也让我明白，让各种不同读者看得明白是何等重要。

不要用被动句来假装客观

"本调查进行于……显示了……"这样写，听起来就像是你待在家里，在自动导航仪上进行研究。这种行文不但沉闷，也是一种欺骗。35 年前我把我的菲律宾华人报告交给教授时，全文除了方法那一章，你看不到一个"我"字。现在的研究者对反身性态度有了更广泛的认同。如果我现在写一篇"重访怡朗市"，我会加入更多如本章开头提到的《智取威虎山》之类的内容。我的同事丹豪泽（Dannhauser, 2004）在菲律宾北部研究华人，已经在他最近的《一个菲律宾小镇上的华商》一书中采用了这种方式，成效斐然。人类学家和他的报道人都出现在民族志的前台，可以让读者清晰地看到，他是如何概括出小镇上的商业和政治的。

避免让你观察的社会充满奇风异俗

奇风异俗固然会令人心动，但我们却往往感受不到它们与我们有什么关系；这会疏远该文化与你的读者之间的关系。把奇风异俗贬为非人，易如反掌。如果我们能够意识到文化参与者，事情就会变得更好一些——虽然不"和我们一样"，但却是作者的顾问、老师和朋友。我这本根据民族志改编的书之所以会在菲律宾常销，主要有两个原因。第一，人们想知道我是如何描写他们的。第二，这本书去除了华人少数族裔的神话色彩。我描述的都是一些普通人，他们的动机很好理解。例如，他们没有用死婴制作味精中的谷氨酸钠。而且强大的华人家族商业帝国到最后常会分崩离析，因为在全部华人乃至其家庭中，并没有太多"宗族精神"。

开拓新的方法呈现你所描述的文化

近几年来，人类学家试验了诗歌、小说、电影和其他视觉艺术的方法。他们尝试把自己放在故事的核心。他们发表了与报道人的对话。他们报告了互联网超链接文本中的文化。他们也试图通过博物馆的陈列来呈现文化洞见。我也曾试着用一部短片来反映怡朗市华人社区的概况。本章开篇那段有关我田野经历的描述，也是一种呈现的尝试。

采用批评视角

在一份反身性报告中，所有的批评观点可以针对任何角度提出。让询问者对你报告所用的语言、探询方法、你的文化、读者的文化、探询的目标和你的报告的贡献等方面，投射炯炯有神的犀利目光（Marcus，1997）。《智取威虎山》的叙述，标志着我在菲律宾田野工作中自我意识的觉醒。打那之后，我就开始仔细检查研究的各个方面，问我自己：我是谁、这些华人店主是谁、是哪些菲律宾人制定了这些华人必须适应的文化和政治环境、我该如何理解并报告如此种种？要解决我这个学术新人反身性问题的方法不一而足，而且以我现在的标准来看，并不恰当，但反身性问题已经成为我人类学方法上的常规部分。

我如何证明自己是对的？

反身性并不能替代对有效性的追求。我们不要把有效性理解为"真实"，而应视其为某种程度的有用性。我对异文化所作的论述，有没有增进我们对他们行为的阐释，或者更准确地预测了他们将来的行为？例如，我关于菲律宾华商的研究，能对其他调查有所启迪吗？如果其他人想做这样的调查，我的分析能帮助他们明白商人的所作所言吗？其他人可以拓展、修正我的分析，作出更好的解释或预测吗？如果我的分析是对发生事情的"合理近似"，那它的确会具有一些有效性

（Raybeck，1996）。这样我对于"真实"观念的谨慎，就不会把读者从人类学思维赶向"硬"科学有一说一的温暖怀抱，因为生物学和物理学领域中善于思考的人们所说的真实，也和我说的并无两样。

包括人类学在内的各类科学研究，都是一种团队行动（Salzman，2002）。我的研究纵然孤身一人也没有关系，因为我对该文化所作的研究，需要经过同仁的确认才成其有效。科学家为之工作的真实本身就是一种文化事物，是一个群体的共有认识："有效性本身取决于研究者的集体观点。"在接受我的看法之前，其他人会仔细检查我的论述，根据他们所知，确认我的说法。经常会有这样的事情发生：调查相同文化场景的两位人类学家，对彼此所见缺乏认同。查冈和弗格森在雅诺马马人为何频繁打斗上的分歧就是一例。这个例子给了初学者一个提醒，但这的确是科学事业的核心。任何论述都必须接受激烈挑战。理想状态下，一个观点只有很好地符合我们的经验，或者可以打开新的思路，或者可以预测另一种文化现象，才会被视为有效而保留下来。在观点的激烈碰撞中，会有一些幸存者——至少会幸存那么一会儿。其他学科也有类似的意见分歧，也会通过这种方式解决问题。学术共同体内会发出一个声音："还有谁重现了这个研究小组宣布的研究发现？"借助这种方式，我们既可以仔细检查一个华南少数族群是否没有婚姻制度，也可以检查墨西哥发现的人类足迹化石是否真有四万年历史。一些观点会受到详细调查，但就连被否决的观点有时也有意义，可以激发其他研究者开拓一条新的研究方向，并找到一些心怀疑虑的共同体愿意接受的东西。

并非所有关于人类文化的论述都能兼顾有效性和有用性。人类学家用了很多方法在这些论述中进行挑选。参与式观察虽不精准又常费时，但却能得出有效结论。那是因为观察者长期低调地置身所研究的人群中，以最好的状态获得了信任，减少了报道人的反应（他们表演给观察者看，而非"自然"表现），最后得到的有效观察自然也就会越多。

然而，单有信任还远远不够。无论你在研究中多么顺利地融入族

群，你都必须和那个不知如何下手的大麻烦：有效性，进行斗争。检
查报道人所说的连贯性和矛盾意见。比较人们的言行是否一致。接受
文化内部多样性的事实，而不要将其视为理论概括的缺陷。抓住机会
进行**自然实验**（Bernard, 2002）。这指的是所观察社群中的事件，在很
多时候，即便未受观察者引导，仍可引出一些可控情况，对你的预测
进行系统检验。例如，怡朗市有两个糕点师傅。他俩同岁，来自华南
同一村庄，几乎同一年到的怡朗市。换言之，他们共有许多特征，唯
一的区别是一个娶了菲律宾太太，一个娶的是中国妻子（这是他老家
长辈安排的）。配偶的民族差异会如何影响这两个男人的家庭和生意？
我搜集到的 19 个怡朗市商人的生命史中，就有诸多此类自然实验。

　　在田野中，我们还会通过**印证**，或称**三重证据法**的方式来确认我
们的发现，这指的是从不止一个角度去讨论主题并调整结论。他说他
们是食人族。她也会说他们是食人族吗？他们也会说他们是食人族
吗？有没有任何屠人留下的人骨残骸散落四周？有没有他们把人放在
炉台上烧烤的图片？他们语言中的"晚餐"是否意味着"肥胖的外国
人"？等等。

　　迭代也是一种很好的方法，可以提升你对所发现事实有效性的信
心。在数学里，迭代意为将一个从程序中得到的结果，代入初始值的
公式中，然后再计算一遍，每次都会离试验结果更近一些。在文化人
类学中，迭代意味着我看到有些事情发生了。我四处打听然后发现了
一点东西，有了最初的印象，得出一点预测，然后看到这一情况又出
现一次。于是我调整自己的印象，再去打听更多消息，得到一套新的
预测，然后看到这一情况再次发生。直到发现这一情况不再产生新的
信息，我就可以确信我的结论是有效的。

　　有一种普通统计模型：**文化共识模型**，可以让田野工作者，对十
个或更多报道人有关一些具有相关性客观现象的看法，进行系统调
查；例如，村子在过去半个世纪中多久会受到一次来自山地部落的袭
击，或者花园里种的是哪一种番薯（Romney, Weller and Batchelder,

1986)。很多时候并没有真实可信的文字资料，或其他相关"正确答案"的复查，但有效性依旧可以获得。如果文化共识模型揭示报道人的意见高度一致，我们就可以确认他们所言非虚。

团队工作也是一种避免单个田野工作者不足的有用方法。我的妻子苏珊也是一位受过专业训练的人类学家，在我解释菲律宾、圣劳伦斯河和纽芬兰的田野发现时，她对我有着无可估量的影响。我曾参加过一个由来自不同社会科学领域研究者组成的调查团，前去参观所有美国中西部公共高中的样本学校，评估这些学校的族群紧张关系，找寻这种紧张关系的来源。我们花了三天时间访问每一所高中，我们分成不同小组与不同少数族群的孩子们待在一起，每天晚上聚到一起集中讨论，然后共同撰写研究报告。在对比了各自的笔记之后，我们发现大家的发现是相同的，我们对研究结果有效性的信心遂大为提升。如果意见不同，我们就会把所有观点都公布出来。

还有一个检验有效性的方法，就是和你的研究对象展开对话、合作，这一点我在第十一章会详细讨论。

小　结

反身性问题指的是：我在发生文化遭遇时所处的立场是什么？反身性问题是关于观察者是谁，以及我们了解所知之事的方式。这是一个批判性问题，它是我们评估我们本文化、我们的学科和我们田野中行为的一种挑战。用隐喻来说就是，观察者站在一座山丘景观的很多不同位置，这些不同位置使我们获得了对观察对象的不同观点。观察对象会散布在山丘各个地方，同样，他们也会像我们观察他们一样观察我们。而且我们还会四处移动。做家乡民族志或研究你的本文化，同样会让你置身于这种山丘景观中。人类学家勇敢而颇有成效地在这类复杂、迷惑的景观中，向着有效性不懈努力。三重证据法、反复迭代和团队协作,是我们确立研究结论有效性的几种方法。在本章中,我推荐了一些在接触文化和进行文化报告时可以采取的反身性方法。

◎ 智取威虎山(三)

女修道院放映的那场电影,让菲律宾情境中的四类不同行动者共处一室,既促使我开始意识到需要提出反身性问题,也促使我在田野中花时间来回答这个问题。后来我才知道,中国店主之所以偕同妻子来看这场电影,是因为这部电影由中国大陆最优秀的舞蹈团参演、有半古典式的音乐和中文配音。后来我从自助餐厅的谈话中得知,菲律宾学生之所以会去观看演出,是因为这部电影拥护毛主席提出的维护社会正义和反对帝国主义的自给自足战略,让他们激动不已。虽然我持怀疑态度,但事实也确实证明了修女们愿意支持社会革命。就在这部电影放映几年之后,修女们走上街头,和学生、出租车司机及其他普通公民一道,加入了著名的“人民力量革命”,她们毫无畏惧地面对坦克,最终联手推翻了腐败的军政府。

对我来说,我来看这场演出是为了观察看演出的人,因为我知道我还有很多事情需要了解,理解中还有很多困惑之处,所以我显得非常低调。那个夜晚启发我在菲律宾人中间做了一些关于他们对中国人态度的调查。我也察觉到,不论是我那些支持中国大陆的华裔报道人还是菲律宾人,都把美国看成帝国主义侵略者。对他们来说,我出现在他们中间,就是美帝国主义的一种象征。当我发现许多关于菲律宾华人研究的进行者,都是当地历史上另一个帝国主义者日本人之后,我的这种感受也就变得更加深刻了。

为什么人类学家要走出客观描述人们的方式,让他者一同讲述自己的故事呢？因为科学工具（民族志研究者本身）要能便于检验，让其他人能够评估这些工具获得数据的有效性。

本章主要讨论了如何发现真实（即确认事实，或逼近真相，或甄选有效性）的问题，这是一项颇为艰巨但仍有收获的努力。当困惑于《智取威虎山》的不同观点时，我的情绪相当平静，但有时由于触及族群和道德问题，我们之间的分歧就会使得压力倍增。有一次，我和苏珊坐在阳台上，与一个和蔼的华裔老人，还有他的孙子，一起喝柠檬汁。谈话中间，一个菲律宾仆人拿来一只刚抓到的金丝雀。老人在小鸟腿上系了一条绳子，交给孙子。然后，那个孩子就像放风筝一样玩起这只小鸟。每当这只可怜的小鸟想要飞走，那个孩子就会猛然把它拽回来。我眼看着苏珊就要激动起来。我是这位老人儿子的朋友，而且我想让这位老人成为我的商人案例之一，所以我就在一旁轻声安慰苏珊，一边也在努力平息自己内心的愤怒。

是我的民族中心主义在作崇吗？我是一个不敢阻止虐待的懦夫吗？下一章将要讨论的相对性问题，经常会出现在来自不同文化之人相遇时产生的冲突中。

第十章

我在下判断吗？ | 相对性问题 |

 "绿豌豆"（一）

4月里一个明媚的早晨，苏珊和我在纽芬兰的大溪镇刚刚散步归来。我俩的锻炼总是一次观察之旅，我们绕道去查看了一小群聚在海边的人。辛唐家四兄弟驾着破冰船，刚从河流与大西洋交汇处捕猎海豹归来。他们在镇上码头附近宰杀了捕获的猎物。14头被剥了皮的鞍纹海豹躺在地上，已被切割得差不多了。它们身下是一摊摊的血泊。苏珊受不了这种场面的刺激，先回家了，我则带上相机朝码头走去。

"嗨，船长哥，来点海豹的鳍肉吗？"四兄弟中的老大站在血泊里冲我喊道。

"不用了，兄弟，你忙你的，不用管我。"我挥了挥手。苏珊和我都不喜欢油腻腻的带有鱼腥味的海豹肉。如果我们不明确说出自己不喜欢，等到下个月我们离开时，这些慷慨的人们就会给我们装上几罐子海豹肉作为送别礼物，那时我们可该拿这些礼物怎么办才好？我们曾在纽约用这些海豹肉款待过朋友，他们都觉得很恐怖，不仅仅是肉，也包括猎杀海豹的一切。

我四处走动，想找一个最佳拍摄角度，能把辛唐家人、海豹和六七个走到岸边准备买"鳍肉"或脖颈烤肉 ——（准备）一种流行的季节性宴会 —— 的围观者一同拍下。

"你不是'绿豌豆'，对吧？"四兄弟之一问我。这是北方人对绿色和平组织示威者的称呼。我不清楚他是不是在开玩笑；他知道我来自纽约，和几年前很多反对猎杀海豹的抗议者来自同一个地方，那些抗议者专程跑到此处海滨，举行了一次广为报道的反捕猎抗议。

"'绿豌豆'把这儿给毁了，"刚才那位兄弟继续说道，"他们带着电视摄像机和碧姬·巴铎来到这里，他们给'白外套'（格陵兰海豹幼仔）拍照，这样他们就能告诉全世界，我们是一群杀害可爱生物的刽子手。他们趁机赚了大把曝光度，还有一大笔钱。"他咒骂着，把手上的烟头弹入冰窝。"这儿的海里有成千上万只海豹正在吃掉我们的鳕鱼，可现在从海豹身上已经赚不到钱了。根本不值得我们去抓它们。"

几年前我在纽约时，曾从家中出发，跟随媒体参加反对捕杀海豹的抗议活动。在很多电视画面中，不少电影明星抱着海豹幼仔，举着绿色和平和动物基金会的口号牌走过冰面。游行和后续游说试图让欧共体禁止海豹产品，导致海豹价格在纽芬兰陡降，海豹捕猎活动锐减。

我没有回答辛唐一家的问题，因为事实上，我的确是那些"绿豌豆"中的一分子。

综　述

不同文化背景的人们相遇时,不可避免地会出现价值体系冲突,而且这种互动正在不断增长。两代人的时间里,由于航空运输、因特网、电视新闻和跨国企业在全球范围内的有力推动,我们生活的这个世界已经变得越来越小。美国人和美国报纸出现在泰国和叙利亚的城市;叙利亚人、泰国人和他们的报纸也出现在美国城市。就像第一章所述,这一全球化趋势并不仅仅是影响到洛杉矶和里约热内卢这类海岸都市。达科他州或摩洛哥农民决定种植什么作物也严重依赖外界因素,这些因素包括大豆和花生的全球市场、与朝鲜的核武器谈判,以及俄罗斯的天气等。以往只做北欧和美国本土贸易的明尼苏达人,现在每天都要和墨西哥人、索马里人谈生意。现如今,我们无需主动去寻找文化多样性,寻找潜在的文化冲突,多样性就会自动找上门。在很多人深情怀念文化多样性的同时,也有很多人则强烈反对,尽管如此,全球化仍在继续,进而也就产生了越来越多的跨文化遭遇,并增加了发生文化摩擦的可能性。因此,人类学旨在提升学生们世界主义(cosmopolitanism, cosmo= 世界, politanism= 公民身份)的使命,也就变得更加紧迫。

当我站在海湾的冰面上,身边被海豹的肢体围绕,我自己颇能感受到这种紧迫感。我知道自己的专业责任在于理解而不是批评。然而,说起来倒很轻巧!在纽约州北部农村老家,我会不惜时间和金钱,与志同道合者一起,从地产开发商、越野车和酸雨的掠夺中,保护传统习惯和物种。等我到了纽芬兰,我就必须把环保主义放在一边,与开发者、越野车司机、皮毛猎人走到一起,理解他们的日常实践如何构成了这一文化。我该如何"客观地"去研究那些我认为不好、甚至在道德上会让人产生厌恶感的观念呢?如果我真的喜欢猎捕海豹,我的报告会有所不同吗?

相对性问题主要包括以下几个方面：

1. 我在判断这个观点或实践吗？
2. 我对这个观点或实践的理解，是否会束缚或干扰我的判断？
3. 我是根据什么标准作出的判断？
4. 如果我作出了判断，那我接下来打算怎么做？

相对性问题的目的是将道德议题摆到文化遭遇的面前，这样本文化中产生的判断，就不至于给我们在异文化中的体验带来过多偏见。在跨文化碰撞中，参与者之间的判断往往很早就会出现，从而就会影响他们接下来的所有互动，给亲密交流造成阻隔，遮蔽产生文化洞见的可能。好奇心和人性的敏感，往往是道德义愤这一反应的主要因素。一般来说，确实如此！就像你在本章所见，相对性问题通常很难界定，也很难拿捏，因为相对性问题远非"不要带有偏见"这么简单。

相对主义这一问题，让我们陷入了那些似乎无关"科学"或事实问题的哲学议题。但人类学家相信，导论课的目的就是启发学生（即使无需改变什么），让他们思考在面对异文化时的道德立场。传统时代的大学生往往纠结于价值观念的区分，而其他人则不断重新审视我们的立场；所以文化人类学可以帮助我们跨越民族中心主义，迈向某种程度上的**文化相对主义**。这种思考方式有助于我们认识到文化价值和标准上的不同，并将其当作研究的主题，而不是文化互动的障碍。阅读本章并不是要你就此改弦更张，而主要是想为你指明需要知道的路线和陷阱。

记住，本章聚焦于文化判断的问题，与第九章关于如何了解文化的问题是有区别的。当然，这两个问题相互交织，都与第十一章的对话性问题关联紧密。本章主要介绍价值观的核心作用，重新思考民族中心主义，并介绍了文化相对主义的三个层次。文化震撼、反向文化震撼和"成为土著"，是文化遭遇过程中面临道德挑战时会遇到的一些危险。我会回顾我认为应对这些道德挑战的有效方法,其中包括包容判断视角的方法。最后,无论是否会下判断,我们都必须在现实世界中生存和行动。相对主义的人类学家,比如你和我,又该如何行动呢?

顺利学完本章,你应该能:

1. 描述相对性问题,将其运用到纽芬兰海豹捕猎争议或你正在阅读的民族志中。
2. 解释为什么民族中心主义既普遍又不能接受。
3. 描述文化震撼的不同阶段,解释如何减少不适或从中醒悟。
4. 区别文化震撼和反向文化震撼。
5. 讨论"成为土著"对民族志来说的利与弊。
6. 描述文化相对主义的三个层次,假定你在纽芬兰北部做田野(也可针对你正在阅读的民族志中的社区),你会选择哪个层次。
7. 描述接触其他文化的五种相对主义方法。
8. 解释在人类学中采用普世伦理标准的一些优势和隐患。
9. 解释什么是应用人类学(或公共人类学),说明这些人类学家主要做些什么。

 "绿豌豆"(二)

　　我不打算和辛唐一家在冰上争论猎捕海豹的是非,但我的确支持绿色和平及类似组织。这些机构仍在给我邮寄那些有着很萌大眼睛海豹宝宝图片的小册子。当反海豹捕猎游行阻止了在我看来非常残忍的狩猎行为时,我总是会感到高兴。为了避免在皮毛上留下弹孔,猎人们会棒杀"白外套",纪录片里拍下了猎人们活活剥下那些还没死去的海豹皮。我并不反对猎捕野生动物;毕竟,狩猎是我的研究课题。我很高兴地接受了慷慨大方的邻居送给我的驯鹿肉和其他野生肉食。辛唐一家会精准射击这些成年海豹的头部，大部分海豹肉都会在当地食用。但在我看来，猎捕海豹的不人道之处，并不亚于 17 世纪血腥的捕熊游戏和在晚宴上吃金丝雀。

我强笑着没有回应辛唐一家的提问，但是深藏心底环保主义者的功与名却让我有些难受。那年暮春，我在纽芬兰岛另一端的大学咖啡店里跟罗恩讲起了这个故事，他是一个曾在捕鲸船上做过田野的人类学家。我希望他也能承认有过对待捕猎的矛盾心理。但让我惊讶的是，他却反对那些反海豹猎捕的运动。

"别听外边那些人胡喷，他们根本不知道猎捕海豹对北岛人意味着什么，"他咆哮道，"他们非常聪明地利用媒体力量破坏了这件事，实际上这种方式对当地人不但有象征意义，还有实践意义。"

"可是杀一头小海豹只为欧洲某个人能穿上一件漂亮的大衣 —— 这未免也太不要 face 了。"我反驳道。

"你要知道，过去这些猎捕海豹的收入，可以用来支付春渔季节修理渔船的费用。隆冬时节，经过几个月的失业和蛰伏，男人们出去猎捕海豹可以恢复他们的地位和自尊，这同样重要。整个社区都认为如此辛苦工作和危险都很值得，因为这些活动可以让他们保持自我满足。"

我悻悻地在罗恩的观点面前败下阵来。我在北方生活几个月的经历告诉我，猎捕海豹对北方人来说的确有着非常重要的意义，就像猎鲸之于日本人、斗鸡之于巴厘人一样。我受到的训练让我能从整体性、象征性，以及本书介绍的其他方法去理解这些杀生行为。可我依然不喜欢这种行为。奴隶制也曾对美国经济非常重要，而且在一些文化里，溺杀女婴也曾是一种人口控制方法。可是，我们会只因为这些行为服从一定的文化目的，就听任其延续下去吗？

为什么这个问题困扰着我?

我是根据什么标准来判断这个人或这种情况的呢?我们进行很多判断的标准都是价值观,也就是说,我们相信某种特定行为方式或某种存在状态,是相比其他一些方式的最佳选择。从定义来看,文化价值在某种程度上为整个社会成员所共享。例如,人类学家广泛认同,接触文化的最佳方式是相对主义,所以相对主义就是这门学科的价值观之一。就像我在本章后文将会讨论的,我们在相对主义的程度上存在差异,但我在第一章认为,一个引起激烈争论的问题也是文化的一部分——至少在什么不该同意这一问题上存在共识。

价值与共有的观念一样,虽然无法直接观察,但却可以从行为或言语中察觉。罗基奇(Rokeach, 1973)通过一份调查问卷,研究了美国和其他英语国家的价值观。他从中区别出工具性价值(正确的行为)和终极价值(我们生命中需要什么)。他如期发现了基于性别、族群、职业和年龄之上的差异,但是拥有同一个价值标准的美国人,与其他诸如以色列和澳大利亚这类不同文化传统的社会则有所不同。

我最近对学生价值标准进行的调查,得出了类似于罗基奇的结果。我在 2000 年修文化人类学导论课的 80 名学生中进行了这一调查。这些学生的年龄介于 18—21 岁,具有欧裔背景,男女比例相当。他们给罗基奇的 20 个工具性价值和 20 个终极价值评分,表 10.1 呈现了学生评分中 5 个最高得分和 5 个最低得分的价值(因为有一些评分关联,所以评分最低的是第 18 个)。在我持续三十多年的调查过程中,顺从、干净和自我控制在美国大学生群体中显得并不重要,这点并不令人意外。但是,大学生群体的价值观的确发生了变化;2001 年发生的"9·11"事件,可能改变了国家安全、自由和一些其他价值在这项调查中的评分高低。

表 10.1　学生价值调查结果（2000 年）

终极价值（人生的目标）	学生评分
最高分值	
真正的友谊	1
自尊	2
开心	3
自由	4
世界和平	5
最低分值	
愉快	14
平等	15
激情人生	16
社会认可	17
国家安全	18

工具性价值	学生评分
最高分值	
诚实	1
责任	2
爱	3
助人为乐	4
思路开阔	5
最低分值	
干净	14
智慧	15
想象力	16
服从	17
自我控制	18

　　雷贝克用口述史、参与观察和**语义差异法**（这是一项从心理学和语言学中借用来的对概念内涵进行定量分析的工具），对马来西亚的一个小镇进行了研究。雷贝克研发了一套适合马来西亚语言偏好的语义差异分析标准，对一个村民代表样本进行了调查，确认了他对马来西亚农村核心价值的观察；所谓核心价值，指的是人们无法清晰表达但围绕很多其他价值丛展开的基本倾向（Raybeck, 1996）。其中一项核心

价值是终极价值：*budi babasa*，意为人际间的和谐关系，这需要通过细致的礼仪来避免尴尬。另一项核心价值是工具性价值：*tawar-nenawar*，意为议价技巧，也许因为讨价还价的目的就是为了使各方都能与他人愉快地交易。

价值观的获得往往是文化涵化的一部分。我在一群认为打猎是一项良好活动（至少对男性来说）的人中长大，但他们也坚持认为对待动物要人道。我带着这两种价值观来到纽芬兰。与大多数美国人相比，我的价值观与纽芬兰人的价值观要更加吻合，因为大多数美国人根本不支持打猎（Kempton, Boster and Hartley, 1995）。价值观会通过对某个行为或状况的强烈情感刺激，使其持有者采取行动，并对他人的行动加以判断。当价值观出现冲突时，像海豹猎杀者和我的价值观便相互冲突，这种情绪不安就是提出相对性问题的明显信号。然而，即使不存在价值冲突，人类学家也必须继续提出相对性问题，因为相似之处与不同之处一样值得注意。

民族中心主义

我们都是民族中心主义者，这也是本文化所期待的。社会在濡化我们的过程中，要我们相信自己所作的是正确的、聪明的、自然的，并鼓励我们如是从之。**民族中心主义**意为只用自己本文化的价值和标准去判断其他文化，这可以让一个群体在成员之间更易合作，并分享稀缺资源（Kottak, 2004；Edgerton, 1992）。离开这种信任和承诺，我们便无法继续存在下去（Karp, 2001）。由于我们天生便奉有一种传统，就像思考时很难不用某种语言一样，我们往往很难脱离该传统进行思考。所以，忠于一种文化传统也有其积极一面。然而，文化人类学的相对性问题，又迫使我们意识到这种忠诚，甚至要求我们在试图理解他人的文化忠诚时，抑制自己的文化忠诚。

我们的文化为我们观察世界提供了"过滤器"（Raybeck，1996）。一些异文化中的某些特质，通过这些过滤器，令美国人尤感不安。我曾多次提到，我的大多数学生和我都觉得，残忍对待动物的行为有失人道。我们都认为很多社会对待女性不够好。我们对时间的要求很严格。我们是根深蒂固的"问题解决者"，所以一旦遇到不重视这类价值的人们，我们就会觉得来自那些文化的人们对他们的困难充满了宿命论。我们总是朝前看，展望将来，所以我们也就无法理解：为什么其他文化的人们总是觉得被他们的历史所诅咒或束缚。我们说话直来直往，甚至在批评或拒绝时都是如此，所以我们认为他人的谨慎就像"在灌木丛里打仗"，而且他们"保全脸面"的策略多属虚伪。我们要求保护私有财产、私人空间和个人隐私。我们更看重个体而非群体。我们会因他人拒绝"逻辑性"而倍感沮丧。我们害怕细菌。

不用惊讶，其他社会中的人们也是民族中心主义者，就像第九章里提到过的博安南给提夫族长者们讲的哈姆雷特故事。其他社会中的人们，经常也会认为他们邻族和那些游客（你们）的文化，无知、讨厌、毫不理性、语无伦次，乃至罪无可赦。

与异文化相遇会强化我们的民族中心主义，当然，这也能推动我们去反思该如何思考所知道的事情，并使我们改变看法（Karp，2001）。这种改变的过程并非一蹴而就，顺理成章。博安南（Bohannan，1954）在她关于和提夫人共同生活的《重归笑靥》一书中，直到最后才接受了她和研究对象之间的道德差异。他们怎么能够去取笑一个她觉得值得人们可怜的乞丐和跛者呢？她意识到，怜悯是有过剩资源可供分享的文明的奢侈品。相反，饥荒和灾难是提夫人需要面对的严峻现实，所以他们崇拜可以笑傲无虞的人们。巨大的灾难击溃了他们的社会，每个人都行同懦夫，但他们重新聚到一起，不带歧视地重新开始生活。提夫人不能提供慈善，但他们却能在笑声中接受自己的脆弱。

因此，民族中心主义同样可以为人接受，甚至让人习以为常，但在学术上它却让人无法容忍（Robbins，1997）。如果我们想用创造性思维提出对人类同胞有益的看法，我们就必须暂时跳脱我们自身所受教育的局限。

文化震撼

即使你有效地制住了你的民族中心主义，但过度沉入另一种文化也会令人筋疲力尽。某种程度的文化震撼几乎必不可免。虽然一些教科书声称，当旅行者到达一个陌生的社会环境时就会体验到文化震撼，但在这里我们把这种早期困惑称为"找不到方向"，并把"文化震撼"这个词留给后来发生的更为深远的功能性失调。我们可以将文化震撼与我们在急救中学到的身体震撼做一对比：一个人若是离大胡蜂巢太近，立马就会留下蜂蜇痕迹并有行为改变，这是我们要处理的问题；紧接着，身体震撼就会随之而来，他的躯干体温下降，器官开始衰竭，这就是完全不同而且更严重的问题。因为在旅程中，游客通常都不会与异文化人群发生长时间的直接互动，所以他们也就不会感受到我下面将要解释的文化震撼之痛。但是，换作急救员、战士、传教士、难民、海外学生和其他诸如人类学家等，就会体验到文化震撼。

你并不需要跑到西伯利亚冻土地带去体验文化震撼。在另一个族群或地区性亚文化群体中生活，就能激发这种体验。如果让一个曼哈顿居民和一个密苏里居民交换住所，他们很可能会体验到文化震撼。就连初次进入一所大学都能唤起文化震撼。每个新学期，我都会看到大一新生在 11 月的时候开始出现问题：思乡病，身体抱恙，躲入宿舍，不能面对作业和上课。即使不喝酒不碰毒品，他们也还是会沉溺于聊天工具、不停地吃东西，或者是其他一些强迫性行为中。

本章的主题是：道德冲突是文化震撼的主要原因。也就是说，我们可能会面对一个麻烦的处境，我们可能会对周遭发生的事情不甚明白，对改变身边环境无能为力，或是处于进退两难的境地。苏珊和我对我们在菲律宾看到的那个孩子对待金丝雀的方式尤感震怖，就是一个让我们产生道德冲突的例子。在纽芬兰的时候，看到我们的报道人热切地想要获得我们在自己的城市生活中认为最糟的那些东西：油腻的快餐食品、无聊的电视节目、没用的假冒伪劣产品、沉溺于烟酒之中，以及抱持冷漠的政治立场时，道德冲突就会油然而生。有时候，文化震撼就像哲学困惑和心理疾病一样，会让我们如同患上思乡病一样沮丧。

易怒、强迫性行为、消沉和沮丧、避免社会交往、出现像整天玩游戏这样的逃避行为、思乡病、偏执、厌恶、冲着研究对象发脾气，或是心中感到焦虑不已，都是你正在经历文化震撼的信号。你感受到的文化震撼的强度与很多因素都有关，其中包括你是谁、你所处的文化和你自身文化的差异有多大，以及你在所处的文化中从事什么工作。

我们经常会把文化震撼描述成一种小病：有病因，有症状，还有最终的康复过程；就像旅行者有所准备然后康复的轻度腹泻一样。文化震撼是种压力反应，故可用小病来做隐喻，但其实并不完全贴切。文化震撼好似分娩施力或面临成年仪式时的身体一样：所有这些都是压力反应，但它们也都有向积极结果发展的趋势。人类学家与大多数人的区别在于，我们愿意把自己放在将会产生文化震撼的文化环境中，然后推动自己与所处的文化建立新的关系，接受自己心中生发的新感受。由此产生的个人转变，是人类学家之所以把田野工作视为一种过渡仪式（即改变并赋予参与者一种新地位的事件）的原因。

文化震撼会经历三个阶段："找不到方向""若即若离""重新连接"（Preston，1974）。让我们来设置一个场景，假定你是一个刚到中国上海的外国学生。"找不到方向"的状态从你一下飞机就开始了。你需要倒时差，所有人都讲中文，所有标志也都用中文写成。接待人员或许能给你提供几个小时或几天的帮助，让你慢慢适应起来，但看到的每一处地方、每一样事物都是不同的。"找不到方向"会令人兴奋。你非常享受沉浸在这种不熟悉的快感中，因为有太多东西都在等着你去学习。旅行者经常处于这一状态，因为中国旅游业总是竭尽所能地想要缓冲游客们遭遇的文化震撼。之前我已说过，很多人都称这种找不到方向的阶段为文化震撼，但在我看来，这种看法是错误的。"找不到方向"令人百感交集，思绪万千；而真正的文化震撼则更像一种外伤造成的物理性打击，也就是说，人们的感知系统开始关闭。

真正的文化震撼发生在"若即若离"阶段。你会为尝试沟通、作出正确行止、解释他人行为、理解异文化等任务消耗精力，或许也会被疾病、分歧或道德困惑弄得筋疲力尽，然后你就会慢慢变得消沉、烦躁、多疑，或是三者都有。你想要尽可能地避免与人接触，你躲在房间看蝙蝠侠漫画。你的结论是土著很傻。他们想要拿走你的钱。他们恨你。你也恨他们。你是个失败者。相信我，"若即若离"阶段发生的事情并不好玩。

然后，奇迹突然发生（通常都会这样），让你从另一头走了出来。"奇迹"有可能只是时间的过程，或者是有人帮了你，或者是你经历了一个让你突然开窍的事件。不论是什么激活了转变，结果都让你与你所研究的文化产生了联系。你给自己找到了新的方向；你的幽默感又回来了，你也接受了你研究对象的文化，并能感受到他们那种生活方式中的快乐。

但要是你最终还是无法走出文化震撼，又会怎样？如果消沉没有治愈，结果就会很危险，但这也危险不到哪儿去，因为如果你对文化震撼始终保持防御姿态，你的研究对象也不会做多余的事情。如果文化震撼经历者最终带着这些困扰他的问题："是我还是他们出了问题"回家，则他从本文化群体中获得的答案基本上都是："是他们出了问题"。除非跨文化经历者能从文化震撼中走出来，否则他就无法从异文化中感受到普世的人性，而仍然停留在无视与厌恶之中。

今日世界有着数不清的旅行和文化交流，想象一下这会发生多少次文化震撼，想想这么多文化震撼又是如何影响了士兵、商务旅行者、海外公司的员工、记者、政府官员、救援人员、移民、短期劳工、学生和人类学家。我对所有这些人都深表同情，但当我同时想到他们在经历"找不到方向"和"若即若离"阶段时所作出的所有行为和决定时，我又忧心不已。

文化震撼并不是文化旅行者失败的证据，也不是疾病免疫之后成功地重新连接。幸运的是，文化震撼过后的一阵子，总是会发生短暂的热情减弱，因为文化旅行者已经获得了更多的自我意识。我们体验到，自己深层的文化价值观与研究对象的文化价值观之间存在冲突。有了这些自我意识，意识到最初的紧张感来自价值冲突，我们就会作出更多有效的防御。当我们能够清楚地了解研究对象的文化价值观，并将这种价值冲突从刺激变为探索的对象时，我们就能迅速治愈。我们可以用这种方式去丰富反身性问题和相对性问题的答案。

除了等待奇迹，你还可以做些什么来减少文化震撼并从中有所发现呢？下面是曾帮过我以及那些描述过文化震撼的人们给出的建议（Preston，1974；Oberg，1956；Agar，1996）。

- **打好"预防针"**。不要等到"若即若离"发生后才去处理文化震撼。进入一种文化后，别忘了定期离开一段时间，去别的地方转转，做点别的事情。厌烦了在纽芬兰人厨房里做访谈的日子后，苏珊和我跑去国家公园爬山，或是在渡口租船去南拉布拉多观看红海湾正在进行的 16 世纪巴斯克人捕鲸殖民地考古挖掘工作的进展。每次走开一阵后，我们总是非常渴望尽快回来继续工作。

- **咨询有经验的驻外人员**。我们与纽芬兰北部的非纽芬兰人感同身受，他们让我们从自己的经历中受到启发。我们会定期与两个美国移民、一个新斯科瓦省来的老师、苏格兰和英国来的护士们，以及两个前来访问的美国人类学田野工作者聊天。我们聊纽芬兰人，也聊我们自己，我们都是"远道而来"存在适应问题的异乡人。

- **和你的密友、宠物或孩子保持联络**。这有助于你保持洞察

力。苏珊不仅仅是我的研究助手，她的陪伴也为我的精
神健康提供了很好的照料。只要我们进入大溪镇超过一个
月，我们总是会从城里的垃圾堆里拣回一只流浪猫来养。

- **文化上的自我意识。**我在第九章已提到，可以写一本日
记。我总是有意识地写日记，把每天知道的、猜想的、做
过的、感受的东西写下来，整编成稿。如果我的拖延症发
作，无法动笔写作民族志的一些章节，我就会在日记里讨
论这些问题。很多时候，把问题清楚地摆出来后，我就能
很快解决这些问题。本书中大部分章节的开头部分，都是
从这些田野日志中选录出来的。

- **找到机会表现出你自己已经发生了变化。**要做到这一点，
可以重访你的田野之旅最初开始的地方。1980 年夏天我
们第一个纽芬兰田野点的驻地，选在了花湾市一个店主家
里，这是大北方半岛西边的一个渔民社区。随后 25 年中，
我们在大溪镇的旅程都住在半岛的东边。每次行程，我们
都会去花湾探访我们的朋友和报道人，将我们后续在当地
的互动与 1980 年时的情况进行对比。经过几次行程之后，
相比我们第一次来到花湾的那个夏天，我们显然能从更加
丰富的地区和历史的背景中去观察花湾。我们也意识到，
花湾那些我们喜欢或不喜欢的事物，都是整个地区的特
征。让花湾的记忆重现眼前，和我们今天察觉到的进行对
比，成了我们对纽芬兰的理解是否有所进展的明确检验。

反向文化震撼

当我们最终从完全浸入的异文化中回到家乡时，只是另一段疏离
阶段的开始，不同的是，这次则是来自我们自己的文化。**反向文化震**

撼是文化旅行者回到他/她称为"家"的社会、文化场景中时所体验到的一种"找不到方向"和"若即若离"感。对家的强烈想象，是支撑我们熬过远在异乡时漫漫长夜的精神支柱，而这种想象在我们回来后却与现实产生了鲜明对比。我所谓的震撼，远甚于发现裙子长短变了，或城郊新盖了一家商场。这些发现可能只是找不到方向的状态、令人不悦的新闻，但实质是家和我们都变得越来越远。例如，在埃塞俄比亚度过七年少年生活后，普雷斯顿（Preston, 1974）回到了美国。他觉得在朋友中找不到感觉，因为他一点都不了解他们所说的"酷"，而朋友们对他所知道的东西也不觉得有趣。另一位人类学家雷贝克在马来西亚的村庄中生活过两年回到美国后，发现美国人在越南问题上产生了严重分歧（Raybeck, 1996）。

在返乡过程中，我们会意识到，相对于我们家乡的文化，我们更喜欢异文化中的一些方式。在反向文化震撼中，我们要对我们可能无法再适应原有的生活怀有明确的觉悟。和文化震撼一样，归属感也需要一定时间和努力才能重拾起来，这和我们从父母的家中搬出、找到一间独立住处、努力和父母建立新关系的状况颇为相识。

抛弃本文化，"成为土著"

文化旅行者在文化震撼的脆弱阶段，即真的失去了触及异文化传统的热情时，很可能会落入"成为土著"的陷阱。一旦**成为土著**，我们就会丢掉带入跨文化遭遇时的一些文化，并会采纳我们研究对象的文化。但是，这一转变将会成为一次意义深远且令人遗憾的体验，因为在你的新装下，可能抛弃了你的人类学方法。当然，这一转变也可能是一种获得关系的小花招；但这样一来，当你的研究对象发现你只是装出样子想讨他们好感，你就要当心后院失火了。对一些田野工作者来说，成为土著更多是一种正当的研究方法，这种方法能让我们真正把握一个阿帕奇人或贝督因人的生活"是什么样子"。然而,成为土著的方法也存在问题,究其实,我们只不过是把自己的民族中心主义换成别人的而已。

无论是像研究对象一样,还是让研究对象和你一样,这两种方式都存在陷阱。如果我们开始想到我们的文化比我们研究对象的更低一等,我们就会遇到一种**颠倒的民族中心主义**(Ito-Adler, 1997)。1934年,美国黑人演员和歌手保罗·罗贝森(Paul Robeson)去苏联访问演出时,就产生了颠倒的民族中心主义,当时正值世界经济大萧条的最糟阶段,美国的资本主义经济体系濒临崩溃。回到美国,罗贝森坚称苏联的经济体系比本国的更具公平和持续性。他的演讲在没有衡量苏联标准的情况下对美国大张挞伐,让他获得了"极端鼓吹亲苏派"之名(Wilkinson, 2006),他的演艺事业随之一落千丈。罗贝森的社会主张值得尊重,但他本人在对苏维埃体系新产生的热情下,忘记了政治压迫和种族不平等的潜规则。

另一个陷阱是:我们可能会采纳研究对象的偏见,即采用**二重民族中心主义**。这一点在我身处菲律宾和纽芬兰时就曾发生在我自己身上。我在菲律宾时,每天和华人受访者聊天,长年研究他们的语言,对中国文化也是崇拜多年,我意识到自己传染了他们对菲律宾文化中一些习惯和模式的蔑视态度。在纽芬兰,连着听了多年朋友们对环境主义者伎俩的批评,我自己也对后者抱持更多批评态度。我已经厌倦了不断收到那些用可爱的美洲豹幼崽做封面的信件,也厌倦了那些筹集款项保护自然世界免于眼前危机的歇斯底里的请愿活动。

成为土著有错吗?或许没错;也许有朝一日,成为土著的旅行者会再次为他们日思夜想浸入其中的那种文化的主题激动不已。然而,成为土著并没有解决人类学家关于保持批评和自我意识的反身性问题。对人类学家来说,将我们自己的传统换成研究对象的传统,依旧意味着失去了自身那种批评、分析的独到立场。这也正如黛特维勒(Dettwyler, 1994)在《跳舞的瘦骨头》一书中所说,她在非洲马里进行田野工作时成了土著，不得不承担起班巴拉妇女必须履行的舂小米、做饭等日常实践和劳动任务。这些任务压得她无法腾出多余时间，去为她在马里开展的关于儿童营养的研究搜集大量数据。

文化相对主义的三个层次

因此，人类学观察者的目标就是：在面对其他文化方式时，怀有一种文化相对主义的立场。就我对近年来人类学家之间公开论争的了解，文化相对主义存在三个不同层次，根据严格程度排列如下。

1. **温和的标准**。避免民族中心主义。只有在一个民族自身（而非他人）历史和文化的范畴内，才能对其民族进行评价和分析。大多数人类学家都支持这一标准。美国人类学的奠基人博厄斯，早在 20 世纪初就设立了这个标准，这个层次的相对主义也是导论书中最推重的版本。巴雷特（Barrett，1991）描述过新几内亚一个令人毛骨悚然的葬礼仪式后评论道："全世界几乎没有一位人类学家会允许切掉女孩们的手指，或者拔掉她们健康的牙齿。但问题不在于此。问题在于，关于这种习俗的客观描述与阐释，是不是深化了我们对人类社会多样性的理解。大多数专业人类学家都认同，这种中立是一项成功人类学研究（的绝对条件）。"

2. **比较之禁忌**。避免在不同文化之间进行比较。你无法证明"日本人比香港人更有礼貌"，因为"礼貌"在这两种文化中并不具有可比性，每种文化都有自己关于"礼貌"的定义。人类学家汤森－高尔特（Townsend-Gault，1992）就采用了这一层次的相对主义，他写道："研究文化差异，不仅要从不同的文化之间寻找共同基石、共同文字、共同符号……[也]包括保护文化差异免受对简单化之狂热的侵害，以及认识到不同文化之间最终存在着某些不可化约的概念和微妙之处。"

事实上，大部分人类学家都能意识到跨文化比较中存在的问题，并会通过综合各种研究结果来突破这一比较禁忌。我们已在本书第四章讨论过比较方法的利与弊。

3. **严格的标准**。避免放在一起判断。所有的标准都有其文化背景；评价另一种文化时，并不存在放诸四海而皆准的标准。人类学的任务是对任何一种评判、评判者和评判者的文化进行质疑。马库斯（Marcus, 1997）是这一层次相对主义的领军人物，他的解释认为这种做法非常必要，因为我们的语言中存在偏见（例如，"文化"和"自然"是否真的对立？），而且没有权威方法可以指望。按照严格标准的看法，不论是苏丹的女性割礼，还是佛罗里达西班牙裔社区的斗狗场，都表明这是你们而不是他们的缺点。这一严格标准颇有拥趸，而且人类学教师也经常一开始就会向学生们提到这个标准；但若进一步强调的话，他们往往就会转向更加温和的立场。

前两个层次属于**方法论的相对主义**。它们主张将道德判断和经验（事实）陈述区别对待。因此，不论你在进行研究时对某一事物所持的道德立场是什么，都要等到你掌握了全部情况，并能用不带批判的眼光去描述或解释那一事物后，再进行道德判断。这也就好比我们经常讲的，欣赏艺术时要"把怀疑放到一边"，将其挪用到人类学这里，就是在研究其他文化方式时，要"把不赞成放到一边"（Peoples and Bailey, 1991）。

第三条提到的严格的标准，也就是**伦理相对主义**。这种相对主义声称，除了本文化的道德标准，不能用其他文化的标准进行判断。即便你认为自己足够了解他人的生活方式，你依然没有理由作出判断，因为你没有他们那样的道德观。这是一个颇有吸引力的立场，但我认为这是站不住脚的。这个立场之所以吸引人，是因为一旦我们放弃了民族中心主义，并开始尊重异文化，这些异文化追求的多元道德标准，就会让普世价值观念变得模糊。而我之所以认为这种严格的标准站不住脚，则是因为我们不能在一种道德混乱的环境中生存（Hatch，

1997)。例如，我们需要伦理基础来判断种族灭绝（"种族清洗"）是不对的，虐待是不对的，种种错误之道是不对的。

人类学家总会有一种道德立场。严格的标准要求完全容忍他人的文化，这本身就是一种伦理立场。人类学的职业伦理操守，也像其他伦理标准一样。美国人类学学会在非洲饥荒、艾滋病、被迫迁徙、人权等议题上都负有责任与使命，所有这些工作都需要对个人和群体的权利作出判断。美国人类学学会的一些标准已经渗入北美文化的规范，所以我们不能将其简单视为另外一种形态的民族中心主义。下面是人类学家们在课堂教学和他们自己工作中采纳的一些伦理立场：

1. 民族中心主义和种族主义是错误的。
2. 文化、语言、宗教及其他方面的多样性是好的。
3. 社会和族群有自我决定、自我管理其文化遗产和财富，以及指导他们自己儿童的权力。
4. 人类学应该致力于提升公众对文化（尤其是异文化）的理解和认识。
5. 所有人类都具有相同的人性。

当然，我们既可以对这些立场详加阐释，例如种族主义到底意味着什么；我们也承认这些立场是值得讨论的，能让我们避免在伦理上造成混乱。"文化相对主义依然有可能发展为普世价值"，布朗大学世界饥饿项目的负责人梅塞尔（Messer, 1993）如是写道。我们可以依靠人类学在比较、阐释和评估上的努力来实现这一点。

不论我们采取的是哪个层次的相对主义，我们都很难把相对性问题视为人类学的特殊之处。相对主义在大多数其他学科中也不是一个主要问题。为何不是？——以及为什么不该是？

我该如何按相对主义进行研究？

在与其他文化中的人进行互动时，不论你是否带有人类学的动机，都请尝试如下路径：

放下判断

我们跨出的第一步（反诸己身）应该是相对主义，而不是价值判断。试着用好奇（"这里会发生什么？"）来代替价值判断（"这样岂不是很好／很奇怪／很令人讨厌／很好看吗？"）。在我和纽芬兰海豹猎人的关系中，总是会由我来引导我们的交谈，而且我的问题总是会从对小海豹的粗暴猎杀，转移到捕猎海豹的强大技巧，这些问题往往很能吸引男人们，而且在这样的问题引导下，也会提及海豹捕猎在社群中的经济价值和社会价值。

不要假装

暴行或吸引有时是很难置之不理的。意识到并对这些互动采取行动，要比假装任何事都行好得多。尤其是在课堂上，坦率承认这样的一个互动，能够启发很多有用的讨论。研究显示，如果没有压制表达互动的禁忌，学生或跨文化交流中的个人也就更容易最终（至少是理智地）把握主题。除了和城里的同事讨论我们对海豹猎人的看法之外，苏珊和我事实上还和社区中的居民讨论过这些，但一开始我们行事非常谨慎；我们也和那些没有直接卷入海豹捕猎、那些我们原本以为对此事不太关心的人们讨论过这件事。慢慢地，我们发现居民中有一小部分人明确地准备放弃这些捕猎和陷阱，因为这些是对野生动物毫无必要的暴力，而且通常来说也无利可图。有一年，省政府在秋捕季节过后，增加了冬季驯鹿捕猎季，这在我们所研究的社区引发了一场抗议：母驯鹿在冬天已经怀孕，这时候猎杀它们无疑是一种严重的资源浪费。抗议者打出了"生命权"等标语。与秋季的驯鹿猎人相比，冬天捕杀驯鹿的猎人很难受到尊敬。

重新审视你自己的文化

这是一种反身性方法（参见第九章讨论）。反躬自问：你本人和你本文化中的什么因素，使你眼中的他者看起来如此不同，或者一无是处，或是高人一等。每一种文化都遮蔽了我们世界的一部分，那么从文化遭遇中揭示了你本文化遮蔽的哪些部分呢？此类反躬自问不会使你变成食人生番，或推崇寡妇殉葬，而会使你通过努力作出改变，一如博安南反思了提夫人的灾难和不幸后的改变。和纽芬兰猎人一起生活让我想到，自己也要靠杀生吃肉。我只是让别人替我去做了这些肮脏的工作，所以我才能从这些困难繁琐之事中解放出来。因而，我对冰面上那些血肉模糊的海豹尸体的畏惧，几乎暴露了我的伪善。

不要去那里

伯纳德（Bernard，2002）在其有关人类学方法的教科书里，对人类学新秀们给出的建议是，如果一些文化的实践或信仰特别具有攻击性，那就不要去那里。也就是说，不要研究那种文化。如今，我们已经很难摆脱文化差异——文化差异已经自行来到我们身旁。例如，很多来到美国的非洲移民，都想维持对他们的女儿实施割礼的文化实践，而议会早在 1996 年就颁布法律严禁这项行为，现在已有 12 个州实施了这项法律（女性割礼教育和网络项目，2003）。幸运的是，1970 年代末苏珊和我在纽芬兰开始田野工作时，粗暴对待海豹幼崽的行为已经较为少见。我敢肯定，我们不会在一个积极参与猎捕"白外套"的社区住下来。至少，我们不会在春季海豹大屠杀开始时进驻田野点。此外，虽然我喜欢邻居请我吃的"兔子"（雪靴野兔），但我却既不愿和他一起去设陷阱，也不愿亲眼看他用一根小棍棒结束一只哭得像婴儿般兔子的生命。

先打扫自己的房子

前第一夫人劳拉·布什等人声称，反对意味着伊斯兰妇女卑下地位的面纱。但是，哥伦比亚大学伊斯兰文化专家阿布－卢胡（Abu-Lughod, 2002）则建议我们，应该更加关注强大的美国对其他国家做过的事情，那些事情同样会夺去伊斯兰妇女的生命。以阿富汗妇女为例，近来的炸弹和国家腐败问题，比起面纱问题要更加严重。除此之外，阿布－卢胡强调，阿富汗妇女并不愿穿全身的布卡长袍（*burqa*），只是男人们逼着她们那么穿。不过也有很多女性为布卡长袍辩护，认为这是她们作为成年人值得尊重和虔诚，以及希望能在公共场合获得像在家中庭院里那种隐私的标志。纽芬兰的海豹捕猎也是一样，我非常清晰地认识到，我的同胞便是举着标语到冰面上去反对我的报道人的人，而且我的国家也加入了禁止海豹皮毛产品进口的行列。我们的人民破坏了他们的生计。而我则在这里靠研究他们如何在没有足够现金收入的情况下生存，来获得教职升迁。

我该如何作出判断？

文化相对主义是人类学方法的基础，但这其中也存在一种令人担心的不好情况。"价值判断与我无关"，我们这样告诉自己。但是，不干涉或不卷入他人的事情已经太迟。这个星球上的很多人群都有很长的互动史。全球化趋势更是强化并加速了这种互动。现在当冲突发生时，我们已经无法再像从前那样跑回自己房间，关门大吉。不论我们是否理解或接受我们的差异，或是将日渐模糊的差异标准规约得更加明确，我们都必须继续互动。就我们更宽容地看待多样性而言，伦理相对主义并不是种好方法。如我之前所示，人类学的确是有标准的，而且还需要更多标准。

这些标准会是什么呢？联合国颁布的人权宣言及其他宣言和条约，或许能给我们提供一些参考。当然，阐释和采用这些标准的挑战依然存在。例如，当我们定义一项"适当生存标准"权利时，想要表达的是什么意思、我们该如何判断人们是否拥有这种权利？与联合国委员会合作的人类学家阐明了这些权利，而在人权机构工作的人类学家，则在确认并努力消除恶行。

与其定义一个普世标准的"好""对"或"道德"，还不如尝试确定什么是"错误"。爱哲顿（Edgerton，1992）在《病态的社会》一书中认为，存在价值判断的标准。当一种文化信仰和实践减少了人口生存的机会，即出现了所谓的**机能障碍**（意为妨碍了有用的进程，或者至少对他们自己不再有用），就表明不再适应。爱哲顿认为，适应不良很常见，而且很可能也无法避免。"人们不可能总是做对的事情。无效、荒唐、唯利是图、残暴和苦难，曾是、正是并仍将是人类历史的一部分。"例如，格陵兰岛的古挪威人（参见第六章）和复活节岛人（参见第五章）等一些文化，都是因为他们自己的错误选择而走向灭亡。爱哲顿反对的并不是我前面所讲方法论上的文化相对主义，或者温和的标准。他攻击的是那些为所有明显错误的信仰和实践进行辩护，或对其视而不见的人类学家。他认为，"所有异文化都与其他人和他们的环境永远和谐相处"这一观点是错误的，而且这一观点很容易成为这些文化的任何不和谐都是西方文明造成的借口。他指出，我们没有理由来保证，其他文化就会比我们自己的文化具有更多理性、实践性或道德（当然，我们深知自己的文化也是有问题的！）。他给出了一套关于"适应不良"的普世而可衡量的标准，这与"道德错误"完全是两码事，但你完全可以从中看出两者之间的相关性。以下是他的标准：

1. **因为信仰或机制不合适、有害，导致人口或文化无法生存。**族群的行为可能阻碍了生育或破坏了环境承载能力，从而减少了成员的新陈代谢。例如，从接触西方文化之前复活节岛人在文化和人口上的衰落可以看出,他们为了应付氏族成员之间在装饰性建筑活动上的攀比,不得不耗尽了他们的森林。

2. **成员中的高度不满。**表现为冷漠的态度,被其他族群吸纳或完全消失的意愿,或者是拒绝去做需要做的事情,例如种稻或分享食物,以及拒绝工作。成员可能会积极反叛整个体系。在柬埔寨的神庙城市吴哥,15 世纪高棉帝国的衰落,最终以占城、老挝和泰国的入侵、掠夺和吞并而告终。但是,农民们拒绝按照皇帝制定的高赋税种植稻谷,令这个帝国日趋脆弱。小乘佛教从东边传入高棉农民中,让他们不再受迫为统治者承担昂贵的印度教仪式。另一个因族人不满而衰败的民族是乌干达的伊克人(Ik)。伊克人一直以来都是狩猎民族,但在 1930 年代,由于古老的捕猎区被改建为国家公园,当局鼓励他们搬到一处干燥的山地定居。于是,伊克人就成了贫瘠土地上的贫苦农民。他们曾向 1960 年代的田野工作者特恩布尔表达过他们对生活的不满,特恩布尔(Turnbull, 1987)这样写道:"……他们并不友好,对人苛刻,不好客,基本上是无所不用其极的刻薄。"

3. **成员的身心健康受损,以致无法满足个人所需,或不能进行社会、文化实践。**巴布亚新几内亚的山谷中有一些马陵人过度依赖素食,从而使得他们在 1970 年代蛋白质缺乏,这阻碍了人口增长,导致他们容易患病,也使他们对生活日趋无望。人口下降与他们的葬礼方式有直接关系(Buchbinder, 1977)。这种循环关系表现为:一旦有人过世,近亲要在很长一段时间内减少食物摄入,进行数周非生产性工作,如果没有人给他们提供食物,他们的饮食缺乏就会不断增剧。但是,人口下降之剧使得对巫术的指控也越来越多,由此导致家庭之间合作减少,所以每次死亡也就增加了其他人死亡的可能性。

爱哲顿声称,在人类学中,尚未找到除美国文化外更令我们感到适应不良的文化。人类学家有着攻击其他文化所声称普世标准的悠久传统。我们也有帮助其他文化抵抗我们自己文化中民族中心主义观点和行动的悠久传统。爱哲顿的价值判断标准仍需接受更加细致的检验,但所有建立在客位视角上的人类学概括都是真实的。我从环境人类学家的视角发现，爱哲顿的标准在走向普世标准的方向上多有助益。我们能够采用这些标准并将其应用于本书阐述的那些人类学视角中吗？我们能够在采用这些标准的同时继续声称文化相对主义吗？

我该采取行动吗？

大多数人类学家都会选择某一程度的文化相对主义，但我们中有很多人也是行动者。我们会参与到我们所研究社区的实际事务中去，促成改变，或将其导向特定方向，或者是阻止发生我们认为将会危及社区的变化。我们经常会选择去研究那些我们想要修整或帮助的文化特质。例如，我之所以会去研究纽芬兰人使用野外未开发的土地，是因为我希望可以帮助他们实现生态可持续性。我们研究的人们可能需要我们的帮助，或者是雇用我们，或者是使我们在研究中能对改善他们的生活状况有所帮助。第三方，比如我们的政府、他们的政府，以及像大赦国际这类非营利组织或商业机构，可能会通过合约的方式要求我们介入。这种致力于促成或阻止改变的人类学称为**应用人类学**，也叫**公共人类学**。应用人类学的工作，明显与什么是好、什么是坏、什么是无效之类的相对性问题有密切联系，因而回答本章的这些问题，也就能够对具体实践产生实质性影响。

当然，人类学家并没有权力去改变什么。我们对当代事务最主要的贡献在于：提供了可靠有用的信息，进行了良好的报道。我们既没有责任也不必一定要在这些事务上比其他人付出更多（Salmon，1997）。然而，大多数人类学家都认为我们不能置之不理。"以相对主义的名义保持沉默……不仅……错误，也不利于政治。"（Conklin，2003）也就是说，我们绝对不能推卸人类学专业知识赋予我们的任何责任，不能放弃我们能对异文化之人倾注的善意。

所以，我们会采取行动。这也许是把我们对所研究社区的知识，告诉那些社区之外会影响该社区的决策人。这或许能让社区里的人有所关注，使他们意识到自己拥有选择的权利。在纽芬兰，大多数人类学家都对渔业生活怀有兴趣，但苏珊和我则专注于人们如何靠土地求生存（这也让我们远离有关海豹捕猎的争议）。我们发现，纽芬兰人不仅种植园圃、捕猎动物，也会为了赚钱和自用的木材及薪柴去伐木。1990 年代，过度捕鱼导致的渔业禁限令，让更多纽芬兰人转向森林谋生。那么，随之而来的过度伐木，会导致对当地人木材使用的禁止和限制吗？这些新的发展成为我们的研究主题。

这项研究的实际目标是想以此为媒介，理解、解释当地人的行为对当地林业的影响，以及林业对当地人的影响。为了加强研究的专业性，我们与一位林业学教授合作。我们的研究并没有发现砍伐导致生态上不可持续的明确证据，但这在文化上却是不可持续的。也就是说，政府专家和大型商业机构，与森林社区和小型用户之间，存在显著的价值冲突。例如，当地居民眼中的森林有多种功能，例如可以采浆果、打猎、采集柴火，等等；然而，林业工作者和商家则视其为纤维制品的大规模原材料输出地。我们对这种价值冲突的报告，对支持伐木和反对伐木的双方都能有所帮助（Omohundro and Roy，2003）。

应用人类学也能在它所研究的社区里以管理项目的形式出现。一位医学人类学家管理着一项联邦政府基金，该基金旨在劝阻西班牙裔德州人不要给孩子服用传统药物阿朱尔坎（*azurcan*），因为这种药物中含有铅。一位发展人类学家从非营利基金会和美国联邦获得资助，组织了一群海地乡村倡导者（*animateurs*）去说服农民种植树木，这既能保护土壤，又能给农民带来一定的经济保障。

即使致力于行动主义的人们也会承认，卷入他者的内部事务充满危险。研究项目可能会失败，从而损害你在所处社区中的声誉（甚至将你拒之门外）。这个社区可能会因此分裂，要你选择站在哪一边。或者，比如说，这个社区可能想向世界呈现出其古老、传统、社会和谐、生态智慧的一面,而你则觉得这一形象太过夸张(Vargas-Cetina,2003)。面对这种情况,你该如何应对?你是应该批评沉浸于自我想象中的人们,还是应该咬紧自己的牙关,集中精力帮助他们实现目标?我在写作那本关于纽芬兰北方人的作品时,就遇到过这样的两难处境。经过诸如家户现金收入等多方测算,我发现北方人比其他加拿大人更为贫困。但我的研究发现,他们通过土地谋生、以物易物、自给自足的产品(例如自己造船、建房)等众多渠道,弥补了现金收入较少的情况。有关这些情况的报告,会让他们失去申请政府发展资金的机会吗?最终我还是报告了我的发现,但我的报告自始至终都努力用不致引起误解的方式,去呈现我的研究发现。

再次重申:我们可以在实现文化相对主义的同时,又对我们研究的文化保持批评的视角吗?这也就好比是说,如果我们支持一个建立在拥有自我决定的权利、保有传统种植技术或艺术形式的权利等普世价值之上的社会,我们就也应该鼓励这个社会坚持那种阻止针对妇女的暴力、禁止污染水源之类的普世价值。然而,比起隔靴搔痒的批评或施压,有时我们可以明确支持社区里致力于修正某种文化实践的群体或个人。我想,正是在这种精神下,2003 年诺贝尔和平奖授予了伊朗女作家希林·伊巴迪(Shirin Ebadi),多年来她一直都在为让伊斯兰女性获得更多权益而努力。获得诺贝尔奖,有助于她的理念在伊斯兰世界发挥更大影响。

小　结

相对性问题指的是:我是在对我的观察对象下判断吗?如果是,这一判断会如何影响我对观察对象的理解?民族中心主义是人类的正常反应,但在人类学的思维中却是不可接受的。道德上进退两难的压力带来了文化震撼、反向和颠倒的民族中心主义,也让我们把研究对象的文化变成了我们的本文化，或者说是"成为土著"。为了避免或逃离这种冒险，人类学家找到了三种不同层次的文化相对主义的解决之道，能让他／她带着最少的判断去进行观察和报道。这些层次根据严格程度依次为：温和的标准（避免民族中心主义）、比较禁忌（用他者自己的标准来研究）和严格的标准（避免一起判断）。本章还提供了实现相对主义的五条策略：用好奇代替价值判断，意识到文化震撼的潜在严重性，反思自己的文化；避免进入有着严重文化冲突之地，并记住你和你的社会可能会给你所研究的文化造成麻烦。联合国人权标准和爱哲顿的"适应不良"概念，为判断文化提供了一些既具可操作性又有客位视角（即跨文化视角）的标准。最后，相对主义问题引出了是否卷入研究对象文化的两难处境，以及若真置身其中又当如何自处的问题。最终，我们以应用人类学家可能会遇到的一些前景和陷阱为本章作结。

 "绿豌豆"（三）

　　我觉得在辛唐家人手肘上满是鲜血、手里拿着刀子的时候，并不是和他们争论海豹捕猎和反海豹捕猎行动的最佳时机。我在次年读到了基辛（Keesing，1992）早年在南太平洋所罗门群岛上与瓜依沃岛民相处的回忆录。他的研究对象刚刚杀死了一只海豚（*kirio*），并邀请他参加他们的宴会。"你们不该吃 *kirio*！它们不是鱼，它们和人一样……看它们的血——是红色的，而且也是热的，像我们人类一样……它们会说话。*Kirio* 会说话，和我们一样说话。"基辛的这番话使得宴会暂时停了下来。他的研究对象们饶有兴致地听完了他关于海豚有着与人类相似特征的演说。然后，他们转过身继续煮食海豚。"我怎么没能说服他们呢？"基辛自问。后来他想起来，直到 1927 年，瓜依沃人还在吃人。我觉得，与他相比，我在纽芬兰遇到的事情可能还不算太糟。

"绿豌豆"的反海豹捕猎抗议，阻止了一些我反对的活动。但是，抗议也削减了北方人季节性工作的机会，致使他们在经济上更加捉襟见肘。我也对反海豹捕猎抗议的冲突策略不胜其烦。没人愿和当地人讨论这些问题的复杂性。这种处理道德暴行的方法，现在在我看来就像是一种毫无对话的工作。简单宣称"他们做他们的，我们做我们的"，并非一种有效的解决方式，因为这样就拒绝了在我们之间产生联系，也减少了跨越文化障碍的机会。现在需要更多的容忍；需要的是互动（Breitborde，1997）。这也是我们下一章"对话性问题"的主题。

第十一章

人们怎么说？ | 对话性问题 |

　　帕德·辛唐的房子坐落在海岸附近，靠近大溪镇聚落的中心，这两点表明他的父母乃是这片纽芬兰北部海湾的拓荒先驱之一。前门边上就是这家人的临水泊位。6月渔季刚刚结束，渔网就叠放在木桩上。铺在地板上晾干的腌鳕鱼，拼成了一幅银色的马赛克画。从泊位回头，我们踏上了帕德的"舰桥"（门廊），径直走进了他家厨房。

　　帕德坐在厨房的桌边，一边抽着烟，一边呷着一杯啤酒。他的妻子薇拉正忙着收拾厨房，我来这里的主要目的就是想访问一下这位园圃种植者。他的儿媳和孙子也在屋里，坐在屋角听我们说话。我知道小镇上几乎所有人都知道我和苏珊今年夏天回来"转'那么一圈'"，但我仍得从头自我介绍一番。

　　"我是约翰，她是苏珊，我们来大溪镇是想了解一下这里的历史和园圃种植情况。"我望着薇拉说。"你们有一块土豆田，对吧？"我心里酝酿的问题是：她收了多少袋土豆、她有没有用鱼来肥田，等等。

"我们确实有块田，对吧？"帕德答道。我不情愿地转向帕德。看来在转入园圃的话题之前，我还要先和他唠上一会儿嗑。

"有的，老伴，"薇拉应道。她继续在桌台边来来回回，把洗好的碗碟放好。"这块园子不错"，她低眉顺眼地看着我们，口气却颇为自豪。整个谈话过程中，她都挂着一丝让我无法读懂的微笑。她自己意识到了吗？她是对帕德对待我们的生硬态度感到尴尬？还是觉得有趣？

"你们的园子在哪块？"我径直问薇拉。薇拉却只是微微一笑。帕德又在一旁接过了话茬儿：

"你们是哪旮瘩的？"［翻译过来就是："你们老家是哪儿的？"］

"我们打纽约来 …… 但不是你们在电视上看到的那个。我们住在纽约北面靠近加拿大边境的一个小村庄。"［翻译过来就是："我和你一样是个乡下人。"］

"你写这本书能赚多少钱？"

"不好意思，没听明白？"

"我说：你研究这些，问这些问题，写一本关于我们的书，能赚多少钱？"

"嗯，没多少。你知道，我是个老师，我们的工作就是要写书。"接着，我就阖盘托出，"我觉得可能也就几百美元。"

"我大概也能写一本书讲讲我们这些大溪镇上的人，赚上几个子儿。"

"嗯，帕德 …… 薇拉 …… 我看你们这会儿挺忙，那就改日再谈吧。"薇拉仍没搭话。我们临出门时，就听帕德在我们身后说道：

"鸭湾的莱昂纳德写过我们这儿的生活。我都看了，里面纯属一派胡言。"

综 述

我们之所以提出**对话性**问题，就是要促进我们的**对—话**，意即
"交—谈"，即与我们所观察文化的代表反复讨论，以便减少我们对其
"代言"，减少对它们的改动、阐发和解读。正如书中多次引用的文辞
卓越的人类学家格尔茨（Geertz, 1973c）关于人类学目标的表述："我
们（至少我本人）的目标，既不是为了成为土著（不论怎样，我对这
个词有所保留），也不为效仿他们。只有浪漫主义者和间谍意欲如此。"
我们"观察"他者的首要目的，也不是把他们当作蝴蝶。我们应该与
他们联系起来，"这指的是广义上的联系，远不止是谈话，而是与他们
交谈，这两者有极大差别，这不仅仅是与陌生人的交谈，而是寻常无
碍的理解。"

实际上，对话性问题可以分为如下问题：

- 文化参与者如何谈论他们的观念与实践?
- 他们怎样看待我对他们的理解?
- 他们怎样看待我对他们的观察与报告?
- 他们怎样随着对话过程发生变化?
- 我该在什么位置叙述他们对我报告的观点?

我们在讨论反身性问题（第九章）和自然性问题（第二章）时，
已经提到了对话的许多方面。例如，我们曾讨论过：在这场遭遇中，
我带着什么文化和个性特征、我对观察对象会产生怎样的影响、我会
在这次经历中发生怎样的改变？这些问题都与观察者（人类学家）的
视角有关。本章将会把对话视为一个发生在跨文化遭遇中的事件来进
行整体考察，包括主位视角，以及观察者与被观察者之间如何相互影
响与改变。

本章的对话性问题与第九章的反身性问题一样，是文化人类学工具箱中新近加入的新装备。我们接受了语言学家对实践语言持续增长的兴趣，这种实践语言研究也叫"语言行为理论""语用学""话语分析""言语民族志"。例如，语言学家想了解：谁开始了对话？谁终止了对话？谁选择了话题？使用了谁的语言？谈话的框架是什么？说话人之间交换意见是如何产生意义的？人类学家认识到，这种语言学方法，和我们了解一种文化的过程别无二致。

对话性问题的出现，还因为我们意识到，报道人不仅是我们的信息宝藏，更是我们的合作者。民族志研究者依赖他人的诚恳相待，所以他者应该是"帮你完成最终表述的那个人，而且他人的付出与你不相上下"（Agar, 1996）。当然，我们的合作者也并非无所不知，人类学观察者同样如此，这就是我们对话的重要之处，因为这是我们尽力了解更多内容的一个公开资料来源。

人类学家报告了他们的对话，更彻底地揭示了他们的探索过程。科学报告使描述趋于过简，小说和诗歌模式则使其趋于繁复。有没有第三种呈现文化事实的方式？或许那就是对话。解释过对话在语言学术语上的意义，我将会把民族志对话定义为一个特殊个案。然后我会介绍一些思考对话、进入对话、报告对话的方式。本章会展现一些真实对话的案例；这些案例将会展现出，对话如何有助于我们洞悉异文化，洞察了解异文化的过程。

顺利学完本章，你应该能：

1. 从帕德·辛唐的故事中指出人类学的对话性问题。

2. 指出对话方法中包含的基本问题，解释那些问题的价值。

3. 描述对话的四个特征。

4. 比较一次普通对话与一次人类学对话的区别。

5. 揭示人类学对话是怎样被理解为一个"公开建构"的过程。

6. 指出进行人类学对话的六种方式。

7. 讨论对话付出的代价是否超出了借此进行文化理解和增
   加科学明确性的有益之处。

👁 一派胡言（二）

　　我与薇拉和帕德的遭遇，是我们在纽芬兰北部农村停
留途中不太寻常的一次，当时镇上的大多数人都乐于与我们
交谈。那些非常害羞或无意交谈的人们则会选择主动避开我
们。帕德的直来直去是他在社区中为人处世的"风格"。他
的儿子（即第十章里的海豹猎人）和他是一个模子里刻出来
的。不过，我一点都不怀疑帕德的问题是大溪镇上很多人都
想询问我们的：我们到底是谁？我们为什么会跑到这里来？
与帕德一样，他们同样觉得我们是从纽约或多伦多这些大城
市来的有钱人，自己过来看一眼这些"纽芬兰犬"的生活，
并从这些访问中获得一些个人收入。

　　好吧 —— 不错，我是住在一个郊外村镇，这点我已跟帕
德明说过，但我通过工作和旅行又与城市文化发生了必然联
系。我走进薇拉的厨房时，我热衷于探究一个关于纽芬兰
人自给自足程度的有趣问题，并想让我的人类学同行在研讨会
上对此发现拍案称奇。可以注意到，我的热望全扑在从薇拉
那里获取信息上。我没顾上先花点时间和这家人建立关系。
经过数周与人们在厨房谈天、聊渔、聊冰球决赛，我已经没
有耐心继续进行"数据采集"了。帕德不愿让我得逞。他阻
止了薇拉，而害羞的薇拉也是从小便被教育成要对老师和传
教士恭恭敬敬的那代人之一。帕德的怀疑逼着我为自己辩
解，我到底有没有利用他和他的街坊们为我的升迁铺路。他
也不相信作者在书中讲述的真相。鸭湾的莱昂纳德以该地区
为背景，写了他的自传和两本基于真实故事的冒险作品。这
些作品在纽芬兰北方人中颇有拥趸和赞誉，但也常受诟病，

称其有所失实。

帕德关心的"胡言"，与许多人类学家和研究文化人类学的人们的批评别无二致。批评在于，经过与土著的累月对话，文化人类学家却用他／她自己的语言写出了一篇报告。土著的声音消失了，也就是说，人类学家从那些对话中攫取了事实。作者相信表述了事实，但实际上却只是部分事实：一个人不全面的理解，受到个人及其理论视角的局限。从纽芬兰人的角度来看，这是一个严重缺陷。他们对事实异常谨慎，任何缺斤短两都是"一派胡言"。

不过，那时的我对此并未一目了然。我对帕德阻碍我询问园圃问题报道人一事，几乎是恼羞成怒。我在接下来的整个夏天都没和他说一句话，但在薇拉去屋外摊晒腌鱼时还是会和她聊上一会儿。我对那场对话一直念念不忘（也可以说是耿耿于怀，我将它记在了我的田野笔记中），不过随着恼火渐息，我逐渐意识到，我的无名业火，是因为一种"那个纽约来的家伙正在写一本关于我们这儿的书，谁知道那里面都会写些什么"的感觉。结果是让我加倍努力赢得报道人的信任，更多地与我的关键报道人一同检验我的观点、假设和阐释。在我与帕德之间对话十年之后，该书出版，我在到访过的社区中分送了一些，也售出了一些。我向招待过我的人们询问阅后反馈。书里是不是一派胡言？幸运的是，据悉书中内容还得到了一些好评，该书成为当年家庭成员与"外迁"友人之间流行的圣诞礼物。不过，该书并未记入帕德与我的谈话。那是我研究中不堪的一面，我更愿只展现出我后来睿智的阐释。

事实上，帕德与我的对话所揭示的，远不止我的毛糙和他的疑心。多年来，纽芬兰人都是笑话中所调侃的思维单一的乡下人。他们很不愿被写成那样。不过，在苏珊与我坐在人们厨房里的那些年，纽芬兰正在经历一场乡村文化复兴，而这些北岛人便是这场复兴当仁不让的旗帜。在他们扬起的"乡村"族群认同大旗上，融入了一些在外来者眼中有些奇怪的方式和观念。"回到岛上"成为一种光荣。在接受救济和失业的年头，收获自己的土豆成为努力工作、自给自足的"纽芬兰犬"的标志。帕德身为一个自尊有节的人，不希望某些外来者误读这一点。他希望发出他自己的声音。然而，在我意识到能把声音还给他之前，他已永远地离开了我们。

对话是什么？

和讲座、独白或表演相比，对话是两个（或多个）人之间的相互交流，其中的四个关键特征可以描述如下。这个早上，我一再从电脑前抽身与吉姆对话，吉姆是个锅炉工，他在我的地下室帮我排忧解难。这让我想到吉姆和我正在做的事情，恰是我正在描述的东西。

- **连续性**：对话中的意义会随着时间逐渐展开。吉姆与我在早上的三个半小时里，每隔3—15分钟交流一下。每次他都会多告诉我一些关于我家锅炉的情况。
- **循环性**：意义是积累起来的，但你得知道之前发生了什么，因为你要随着对话的展开，重温、修正你知道的事情。我们第二次交换意见时，吉姆认定我已经领会了之前一次关于锅炉管的谈话，所以从燃油炉上找锈洞，也就能让我们从一个全新的视角去看待管道问题。
- **偶发性**：我们无法掌控的外界影响会对对话产生不经意的改变，因此很难预测对话的方向，或其是否还会延续下去。吉姆与我的讨论，极大程度上建立在他的发现基础上，这些是我们都无法预计的。再加上他一直没吃早饭，所以我一直希望他能中断我们的对话，开车先去吃点东西。

- **嵌入性**：谈话者搅起许多文化 / 历史沉积物，参与到信息交换中。虽然我和吉姆都是现代人，但我们有着非常不同的生活经历，这也就影响到我们会如何去理解类似对方这样的人，以及我们对燃油炉的认识。而且，对话中的关系并不总是对等的。吉姆与我是老师 / 学生关系（我是学生），但也是雇主 / 受雇关系。这种不对称关系又包括一种权力差异，尽管我认为权力差异并不存在于我和吉姆这个案例中。

人类学对话是什么

任何一个和管道修理工或电气专家相处过的人，都会理解什么是人类学对话。人类学对话通常发生在民族志研究者与报道人（即本文化的参与者）之间。有时，对话也会发生在两个人类学家之间。在这两种情况下，两个参与者（如我和吉姆）都该有一个交往阶段，或因寻找共识，或因一次争执；但是，人类学对话与一般对话的区别在于，前者具有自我意识和公开性。也就是说，人类学家会意识到"我正在进行一次对话"，并会努力将其保留下来，录音或记录，甚至导向某一方向。其之所以公开，是因为它会以其他人可以看到的民族志形式，成为记载的一部分。

业余民族志研究者兼天才谈话者沃克（J. R. Walker）与沃格拉拉 - 达科他宗教人士芬格（Finger）之间的下述交流，可以给我们一些启迪。这次交流发生在一百年前，幸运地保留在沃克的报告中（Radin，1957）。沃克在这段引文中向芬格询问圣灵的名字。

W：*Wi*［太阳］和 *Skan* 是同一个吗？

F：不是。*Wi* 是 *Wakan Tanka Kin*，*Skan* 是 *Nagi Tanka*——巨灵。

W：它们都是 *Wakan Tanka* 吗？

F：对。

W：还有其他 *wakan* 是 *Wakan Tanka* 吗？

F：有。*Inyan*——岩石。*Maka*——大地。

W：还有吗？

F：有。*We Han*——月亮。*Tate*——风。*Wakinyan*——有翅膀的。还有 *Wohpe*——漂亮的女人。

W：还有其他算得上 *Wakan Tanka* 的吗？

F：没了。

W：那么一共有八个 *Wakan Tanka*，对吧？

F：不对，一共只有一个。

W：你说了八个，又说只有一个。这是怎么回事？

F：没错。我是说了八个。一共有四个：*Wi*、*Skan*、*Inyan*、*Maka*。这些都是 *Wakan Tanka*。

W：你说了另外四个……然后说它们是 *Wakan Tanka*，不是吗？

F：对，但这四个是和 *Wakan Tanka* 等同的。太阳和月亮是等同的，*Skan* 和风是等同的，岩石和有翅膀的是等同的，大地和漂亮的女人是等同的。这八样就是一样。萨满知道它们都一样，但普通人不知道。这是 *wakan*［秘密］。

我们注意到，沃克促使芬格一个接一个说出所有基本土著神灵的名称；然后，沃克偶然注意到芬格讲述中的复杂性，但我们发现，主题很快就深入了进去。世界上大部分文化都没有向他人询问生活是什么的方式；这是西方文化的怪癖，像沃克这样的询问者并非人类的常态。大部分文化也没有向外来者描述本文化的方式，所以像芬格这样的老师实属罕见。在进行这段对话之前，芬格询问沃克为何想要了解这些时，曾有感人一刻。沃克回答，这是为了帮助芬格为下一代保留这些，这个理由让芬格颇为欣慰。这段谈话之后，当时的一般报告就会把上述交流硬编成"沃格拉拉 – 达科他地区苏族人对四组圣灵（即 *Wakan Tanka*）的认识与命名"。如果依照那种形式，芬格与沃克的表述就会荡然无存，探索过程也会全然不见，而且像芬格对他与"普通人"所了解知识的区别这些微妙之处也都无从觅踪。对话性问题需要我们保留、记录更多此类不同寻常的关于文化探讨的事件。

通过对话进行跨文化理解，和我们在田野中学习语言的方式并无不同。例如，我在菲律宾学习闽南话时，我的老师亨利会先教我一个词，然后我就造个句，接着他会纠正我的发音或语法，然后我会问"那么你会怎么说……"等等。文化的学习也是经由这种类似往返过程来获得，通过这种螺旋进程，最终实现共有的认识。

对话的最佳目的就是获得共有的认识。我与合作者或报道人实现的理解，不仅存在于我的头脑中，还体现在我们之间。对话过程的结果，不但是让我更熟悉合作者对世界的认识方式，而且她／他也会更像我，就像一个人类学家那样思考。例如，拉比诺（Rabinow, 1977）在《摩洛哥田野反思》一书中，描述了他和他的摩洛哥报道人阿里（Ali）是如何一起工作的。他们的对话在改变阿里的同时，也改变了拉比诺。在拉比诺的提问下，"［阿里］不断被迫反思他自己的行为，并加以客观化……他［把他的世界向我］呈现得越详细，我们共享的东西就越多。但我们越是尝试这种方式，他就越来越多地以新的方式来体验他本身的生活……他同样也在不同文化之间，阈限［边缘］自我意识的世界中逗留越久"，一如人类学家所为。结果也"就开始出现一个经验与认识相互建构的场所……经历不断裂解、修补与重受检验的过程"（Rabinow, 1996）。

跨文化对话的结果，在一定程度上使参与者都发生了改变。拉比诺和阿里之间塑造的，首先是一种交流方式，其次是阿里本文化的一个模型或图像。而对话则是拉比诺与读者共同分享的一次"公开建构"。

六种对话方式

对话性问题有助于人们尝试像文化人类学家一样思考，对他们的工作进行思考、分析和批评。另外还有一些实践步骤，则能提升你在文化互动中对话问题的质量。下面是从当前人类学著作中撷取的六种方式。

1. 分享控制

让你的合作者在你所见、所想，以及所要报告的时候，发出自己的声音。

我们只是让研究对象和文化咨询者写下他们自己的故事吗？有时我们的确会这么做，或者看上去确实如此。在《从偷猪贼到议会》一书中，基辛让瓜依沃岛民乔纳森·菲菲尔（Jonathan Fifi'I）讲述了他自己从村民到国家领袖的变迁故事（Fifi'I, 1989）。肖斯塔克（Shostak, 1981）让一位苄瓦西妇女在《妮莎：一个昆人妇女的生活与世界》一书中掌控了她自己的故事。妮莎讲述了她从少女长成为老妪，以及她的家庭、婚姻、生育，以及她与男人的关系。她与肖斯塔克对话的结果，不仅描绘了一个采猎的苄瓦西人的田园生活，而且摹画了一位女人与她本文化艰难的磨砺。妮莎对她的生活并不满意；她批评苄瓦西人的生活方式，乃至她的神祇。她在婴儿夭折时倍感痛苦，并嫉妒那些比她拥有更多资源、比她生活舒适的人们。她的自传并不是对沙漠生活的污蔑，但对我们关于沙漠中生活的人们那种与自然天人合一的笼统印象，确实是一个有益的矫正。

在《透过纳瓦霍人之眼》一书中，沃思与阿代尔（Worth and

Adair，1972）报道过，他们将摄像机交给纳瓦霍人，邀请他们拍摄纳瓦霍人的生活。沃思与阿代尔认为，纳瓦霍人看到的世界与他们不同，拍出的电影自然也会不同。但纳瓦霍的业余摄影师们能从一般的文化视角拍出电影吗？非纳瓦霍人能理解这些电影吗？事实上，纳瓦霍人的电影——关于一位织工、银匠、农村歌手、打井人和一片大湖——无与伦比，完全不似两人从城里黑人少年或白人大学生那里得到的影片。影片的剪辑遵循纳瓦霍人的时空观念。影片结构与众不同，音乐、旁白也都别具一格。沃思与阿代尔认为，这一实验成功地深入了纳瓦霍人的感性世界。不过，他们对摄影者在项目结束后不再拍摄感到有几分失望。一位年长纳瓦霍人的问题代表了当时普遍的看法，他问道：“拍电影对羊有好处吗？［回答：‘没有。’］那为啥要拍？”

1980 年代，随着原住民的政治意识逐渐增强，他们开始更多地利用起新媒体。人类学家泰伦斯·特纳（Terence Turner）把电视摄像机交给一个亚马逊雨林的原住民族卡雅布人（Kayapo），邀请他们讲述自己的故事。卡雅布拍摄者比沃思和阿代尔的纳瓦霍报道人投注了更大的热情，他们最终完成拍摄的视频档案，成为他们递交巴西官方反对探矿和大农场的申诉的一部分。

尽管仍是民族志作者的旁白，但在这些信息丰富、主张权益的生命史和电影中，今天已经发出了报道人自己的声音（Tedlock，1979）。当然，民族志研究者会与作者一同引出故事，记录并加以编辑；因此，分享控制并非完全撒手不管。

现如今，有些被研究文化的成员已能写下他们自己的著作。索梅（Somé，1997）是西非布基纳法索达加拉村（Dagara）的医者兼占卜师，因其所著《仪式、力量、治疗和社区》一书而在美国载誉不菲。从巴黎大学和布兰迪斯大学获得学位后，熟悉西方的索梅在没有人类学家的帮助下，不仅独立描绘了达加拉的人们，还建议西方人在宗教方面效法达加拉人的方式——这恰恰是对西方传教士两个世纪来在非洲传教的一种极佳讽刺。

2. 展现你的作品

分享控制（但并非放弃所有控制）可以让人类学具有更强的对话性；把人类学家与研究对象之间激发文化洞见的遭遇报告出来，也有异曲同工之处。"把你的作业展现出来"，我以前的数学教授常爱这么说。对话不是我们把布丁（最终报告）做好后就能束之高阁、抛之脑后的布丁模子。既然文化理解是人类学家与报道人在对话中共同创造的产物，我们就需要看到对话——至少是其中一部分。如果我们想要评估你对异文化理解的程度，你和你的报道人便都要为我们所见（Dwyer，1982）。在《头人与我》一书中，杜蒙（Dumont，1991）通过超越以往的细节，报道了他与委内瑞拉帕纳雷研究对象及报道人的互动。杜蒙通过对话揭示了帕纳雷人对他及他本文化的看法，这就可以解释他们为什么会教给他那些有关于他们的事情了。无心陈述所有细节（这些细节看起来就像是纯粹的田野笔记）的作者，会犹豫要不要放上所有对话，或是将其归入附录。不过，由于对话保留了人类学家发现过程的一些背景，也减少了对报道人的错误表述（Tokarsky-Unda，2005），所以一些人类学家将对话作为一扇更明净的窗口来呈现他们的文化遭遇，其中的佼佼者往往也会借此创造出一些引人入胜的文本。

例如，黛特维勒（Dettwyler，1994）在西北非马里做医学人类学调查时，暂时放下了她的数据采集工作，转而关注起两个刚刚行割礼的班巴拉族女孩。她为这两个深罹痛苦的女孩感到担心和焦虑。她与要好的班巴拉族朋友艾格尼丝（Agnes）谈到此事，艾格尼丝对所有问题的回答都是"这是我们的传统"。接着发生了下面的对话。我推测这段对话并非直录，而是事后回忆，但争执中的逻辑顺序毕竟不易淡忘。中括号里的内容是我添加的。黛特维勒先说。

"嗯，我读过一本［一个医学博士写的］书，里面说班巴拉人认为，如果你不割掉阴蒂，它就会长得越来越长，赶上男人的阴茎那么长。"

她望着我，就像看一个大白痴一样，"谁告诉你的？"

"我从一本书上看到的。有些马里当地人告诉作者。"

[……]

"谁？［……］我是说，谁告诉你我们相信这些？"

"我不知道谁，我只知道写书的人跑遍了马里。"

"呃，我没听过。太傻了。"

"那你会怎么想，如果你没割掉阴蒂的话？"

"我不知道。每个人都割掉了，我就没想过怎么回事。这是我们的传统。"

"如果你没割掉的话，你想知道它在一个成年女人身上长什么样吗？你想看看我的吗？"我半开玩笑地问她。

"你没割掉？"她吃惊地脱口而出。

"没啊，当然没有。"

"为什么是'当然没有'？"她学着我的口气。

"我的文化里就是没有这么干的。"

"为什么没有？"

"这是我们的传统，"我答道，开始咯咯地笑起来。[……]

"你是想要告诉我，美国女人不割礼还能找到丈夫？"

"对啊。"

"你丈夫知道你没行割礼，他还娶了你？"

"对啊。"

"好吧，你丈夫行过割礼吗？"

"割过，大部分美国男孩在婴儿时就割过了。"

"你女儿小时候割过吗？"

"没啊，当然没有！"

"可你儿子割过啊？"

"是割过，但这不是一回事儿［……］我不认为包皮环切会消除男人的快感。"

　　"怪胎啊，你们美国 *toubabs*［白人］啊，"她斥了句。"你们割男孩不割女孩。你怎么可以这么对你女儿？难道你不知道人们会不睬她的吗？"

　　"在我的文化中不会，"我解释道。

　　"你知道吧，"她偷偷瞟了眼周围，神秘兮兮地告诉我，"法国 *toubabs* 男孩女孩都不割！"

（Dettwyler，1994，27—28）

　　一个班巴拉人就外来"专家"对其民族的所写发出了批评的声音。此外，还可以留意艾格尼丝是如何占据主导的。黛特维勒希望向我们展现，艾格尼丝如何机敏地捕捉到她本人民族中心主义的一面。作者后来承认，事实上，并非所有社会都承认女性性快感的重要性。

　　这段对话可能会混淆读者对班巴拉妇女割礼的判断，而黛特维勒写作的本意也不是着墨于对具体事实下判断。读者可能会反对她用人类学家如同"膝跳反射"般的相对主义为这一行为进行的辩解。但我们也应该知道她并不赞同这一文化实践，所以她对此所作的任何辩护可能都言不由衷。但这里值得注意的是，艾格尼丝（就像作者提到的，包括大多数班巴拉妇女）对美国人反对之事的讽刺，为批评反思提供了一个小小的空间。

3. 用对话来组织事件

　　这指的是，与你的关键报道人一同观察某件事情，事后与他/她进行讨论；报告双方对该事件的观察。德怀尔（Dwyer，1982）就采用了这种"事件＋对话"的报告模式。他与六十多岁的摩洛哥农民法吉尔·穆罕默德一起经历了后者生活中的许多重要事件，然后一同对其进行讨论。像这样分两步走是文化人类学的标准步骤，但在作者对事件本身的表述中，关于事件的对话并不总能显现。德怀尔试图修正这种不平衡性。

下面是他们之间某次对话的录音整理。德怀尔密切关注穆罕默德最近结婚的女儿。她女儿不太高兴。德怀尔来到穆罕默德家里提出了话题（粗宋体），并随机提出其他一些问题（楷体）。穆罕默德的回答未用特殊字体。

在什么情况下你会决定带她［她女儿莎哈拉］回来？

她必须亲口说："他们这样待我，他们那样待我，还有那样。"当着巴汗札（Bukhensha）一家［丈夫一家］的面，当着他们的面！这样我就会知道，他们做了错事也会展现在我眼前。否则……她就可能在骗我，骗他们，骗我们双方。这有可能。

巴汗札家会允许你把她带回来吗？

他们或许会说："我们不想她走，你却要带她走！"就算他们不想要她。

出于嫁妆考虑？

对。

怎么会牵连到嫁妆？

你知道，如果我从他们那里接走女儿，我是不会把嫁妆［还回去的］。就算按照法律行事，嫁妆也不会免除。嫁妆必须要付。如果你现在不付，你无常后见真主之前也要付清。（……）

［巴汗札家］会不会想让你付钱给他们，让他们签署离婚书？

不会，但他们会说，我要付他们婚礼花费的费用——这是他们已经付了的。如果他们同意和我结清了，我就什么都不用付。

（Dwyer，1982，161）

在上述交流中，穆罕默德向我们展现了一个按照真主和文化指引、坚持正道的义人所为。他对自己优柔寡断的女儿有些不满，因为这可能会让他与女婿巴汗札一家的联姻破裂，并要为此付出昂贵代价。德怀尔在书中报道了这场对话在几周后的后继，通过复杂的社会生活展现了穆罕默德的认识和决断。虽然德怀尔渴望听到女儿一边的故事，但他身为一个男人，与穆罕默德女儿的对话显然无法实现。

4. 借助报道人的一举一动

除了与报道人一起参与事件，你们有时还要一同解读文献、地图、工艺品、工具，以及其他物品。因此应该推动一种三方对话，让你和你的报道人，通过"解读"、提问并分享思考的方式，与其他事物发生互动。我们把这种研究方式称作从访谈中剥离出地图（图片或文本）。通过这种方法，我将会从访谈整理稿中抽离出值得写入报告的部分。在下述案例中，报道人与文本发生互动的同时，人类学家正在借助这位仪式专家的"一举一动"。

下面是丹尼斯·特德洛克（Dennis Tedlock）观察唐·安德烈（Don André）阅读《波波尔·乌》时所作的录音整理。特德洛克是位玛雅文字专家。唐·安德烈是一个基切族（Quiché）占卜师，是其父系氏族的大祭司。《波波尔·乌》是尤卡坦半岛玛雅文化最著名的一本著作。册页中的这两个青年用一个假的螃蟹诱惑了怪物奇帕克那（Zipacna），把它变成石头，实现了复仇。当我读到这里时，一个头戴软帽、瘦削、矮小的男人便浮现在我眼前，他的手指划过纸页，声音低缓；高瘦的特德洛克则站立一旁，注视着桌上的书页，全神倾听，偶或瞥一眼录音机转动。一个咔咔作响的假螃蟹从他们面前的纸上爬了出来。他们说的语言是你我从未听闻的基切语。在下面的译文中，《波波尔·乌》的内容未用特殊字体，但我控制了行数。唐·安德烈的评论用了粗宋体。每行末尾有停顿。基切语词汇边的数字代表声调。

现在

这两个青年感受到

奇帕克那杀害四百个年轻人的暴行。

他们情绪万千——

Yo3 qui4ux，它说道，

"他们的脑袋任我揉捏"，就像面团，

他们被我蹂躏。

他只是在水里寻找鱼和螃蟹，

这只奇帕克那就待在河岸或海岸边，

但他每天都要吃，

白天四处觅食，

晚上搬运大山。

然后

来了一只假冒的大螃蟹

是乌纳普和伊克斯巴兰奎［这两个年轻人］做的

他们是用

菠萝花的人，

据说菠萝花的"脸"，意为"果实"

但菠萝花是带着梗子的花，

用来装饰的菠萝花来自森林，

也用来装点祭典的拱门，

这些

成为螃蟹的长螯，

这是它的钳子

它们开花的地方就是它的蟹螯，

他们用一块石板做成了螃蟹的背，让它咔咔作响。

螃蟹就像一块手表

里面是肉，外面都是壳。

这段对话中看不到特德洛克，但他是这个对话性问题的发起人，所以他经常出现在其著作中。唐·安德烈与《波波尔·乌》的对话，让我想起与文学作品相关的评论，例如《爱丽丝漫游仙境记》的注释版。然而，在那些作品中，评论来自编辑、分析者或人类学家，而这一文本的评论则来自与该文本及文化源头贴近的人。当然，我们不会"照单全收"，例如，在听到另一个深邃复杂的资料源（萨满唐·安德烈）时，也需要细致的阐释。

5. 在摇椅上继续对话

回到家中，人类学家相互间会就他们所学的东西、东西的意义，以及如何解释，经常进行公开对话。对话会发生在研究生讨论课或人类学研讨会上。最近，网上讨论组产生了许多有趣的人类学对话。我能在环境人类学列表"EANTH-L"中找到这些对话。主流专业期刊《当代人类学》上的文章，则通过对话丰富了我的知识。作者的文章附有其他人类学家给予的评论。这些评论或是反对作者的分析，或是增加了一些支持观点的信息，或是从文章中提出了问题，或是用更好的方式解释了作者的个案。作者则会对这些评论给予回应。还有刊物会发表史密斯所作"约翰对拙作书评之商榷"，后接约翰"对史密斯的回应"，后面还有史密斯的"与约翰再商榷"，有时还会有布朗写的"评史密斯与约翰"。这些教授之间的对话，与知识的进展有着至关重要的联系，就像我们在第九章所见，公开讨论克服了我们诸如"风中芦苇"之类的缺点，增益了我们的科学与知识。

6. 把一切都带回去

当你自忖了解了你研究的社区，完成了有关该社区的论文或影片时，可以把你的成果带回研究对象或报道人那里，试试他们的反应，然后把这些反应也报告出来。《疯狗、英国佬和漫游的人类学家》的作者雷贝克在书中声称："检验我〔在该书中〕断言的最好时机……就是让吉兰丹人读完后作评论的时候。"（Raybeck，1996）我们在前文中已经看到，黛特维勒通过她的班巴拉朋友艾格尼丝，检验了其他人著作中的观点。我在菲律宾怡朗市的华商中大量分送我的作品。我的朋友觉得该书是对他们社区当时情况宝贵的记载，也是对当时该国甚嚣尘上反华言论的回击。随着时间推移，我也更看重对话。甚至在我完成纽芬兰一书前夕，我还将该书的草稿和摘要分发给在北方半岛的朋友与报道人，看看还有没有什么硬伤，会不会里面"一派胡言"。

有关我们异文化理解的对话，常常在出版很久之前便已开始。我的同事凯伦·约翰逊－韦纳（Karen Johnson-Weiner）曾对宾夕法尼亚州和中西部阿米什人的教区学校做过长时段研究。遵守传统的阿米什人是"平原居民"，他们是说德语的再洗礼派农业社区成员，以驾驶双轮马车而非机动车、举办大型谷仓聚会而闻名。凯伦的关键报道人中有不少教师，她将著作的章节分发给他们，希望他们能写下意见或给予评论。这正好是老师们的本行，他们指出了许多事实和语法错误，但他们也表达了更多全面的看法。事实上，一些报道人回应："我觉得这可能是从我们之外的人那里能得到的最好评论。"另一个阿米什老师写道，有人说"你的阐述是'外人'所见最真实的观点"。还有人观察到，凯伦漏掉了"我们精神信仰的某些方面，尽管这种知识过于抽象，难以完整录于文字。信仰只能通过像受圣灵感应（暗示）之类的体验才能了解、感受"，而凯伦则没有这些体验。老师们反对她将阿米什人的信仰笼统地称作基督徒（"自助者得神助！"）。有些人因为看到她使用学校和报道人的真名而心情紧张，所以凯伦后来便用了化名。与报道人的对话让凯伦修正了许多错误，随后她又开始了另一场对话，这场对话发生在她与她的同事、其他研究再洗礼派的学者之间，这些人都会在书稿最终付梓之前阅读她的报告，给她提出建议。凯伦的经验非常有代表性；回答对话性问题，会让自己变得更有耐心，也会对自己的研究有更多自信。

把一切带回去，并不单是为了检验事实。你发表研究结果时会出现什么情况？把你的著作产生的反响也记录下来。阿布－卢胡写了大量关于埃及贝督因人的文章，她在文章中努力通过阿拉伯社群的诗歌，向读者展现他们的普世人性。她把这些文章的译文带回埃及，却在一些地区引发了震动。一名妇女听到阿布－卢胡选择发表的一些诗作后对她说："你让我们感到很震惊［揭开了我们的秘密］！"（Abu-Lughod，1991）她关于贝督因人的书里还记录了接待她的研究对象颇为自豪地讨论他反对定居生活方式的言论。这本书的出版，使得贝督因人引起了埃及行政部门的相当重视，行政部门对她的研究对象说："是你家的女孩写了这本书！"阿布－卢胡的公开报告卷入了一场关于"贝督因人是不是合格埃及人"的政治问题的激烈争论。她对这一反馈感到心烦，当然这也让她清醒地看到，她的报道人也是她的读者和批评者。但她并不后悔出版这部作品，因为她的研究对象对其反对定居的言论依旧自豪，而大多数贝督因人也不反对她出版他们的诗作。

小　结

对话性问题指的是：你的研究对象和报道人是如何看待他们自己，看待你，以及看待我描述他们的报告的？我该如何让他们发出自己的声音，并揭示在他们的帮助下我对他们的理解？通过"对话"，语言学家提到了两个或更多人之间连续、循环、偶发、嵌入的沟通行为。人类学版本的对话，同样强调自我意识、记录和分析。我与报道人之间对话的结果，共同建构了我们之间的理解，让我们都作出了变化、贡献和妥协。我们还介绍了六种对话方式：

1. 与你的报道人分享对过程和作品的控制。
2. 报告过程中要把作品展现给报道人。
3. 在参与观察中结合对事件的对话。

4. 把你和报道人及文本（或文化产物）组成一个三方对话。

5. 向同事不断公开你的发现。

6. 把你的发现拿给报道人看，让他们提出反馈，然后将其也记入报告。

👁 一派胡言（三）

　　对话显然有助于我别从纽芬兰之旅中带走一派胡言。我与薇拉和帕德那次失败但有启发的谈话过后数年，我开始更加强调对话，这一方法帮助我去掉了许多有偏颇的观点、没头没尾的故事，以及错误的印象。但是，对话只能解释部分文化情景：纽芬兰人思考、说话的方式。我为了了解他们的所作所为，以及为何如此，不断重拾文化人类学有关观察、比较及阐释的科学目的。人类学致力于对话但并不独赖此法，这也同样适用于人类学家与其本身的对话，科学与人文两手抓，两手都要硬。定义人类学的 11 个问题都有用途和价值，但它们也会视具体场合而各有轻重。大多数人类学家都能因地制宜，有的放矢。

　　然而，严肃来看，在下面这种场景里，对话也会令科学阻滞，至少是阻碍知识的公开。我就本书给我的人类学同事杰瑞发了封邮件，让他反思一下这 11 个问题。杰瑞娶了一个"土著"，并在加拿大大西洋沿岸一个小渔村间断生活了 35 年。虽然他没有"成为土著"，但他已经尽己所能地"变成"一个参与观察者。下面是杰瑞关于对话性问题的回信。我把他的回复作了整理，并寄回给他评论，他同意我用化名发表他的点评（杰瑞不是他的真名）。他在此处是我的报道人，所以我用对话方式让他发出自己的声音。

　　我把我博士论文的全部章节都分给形形色色的

报道人评论，也为满足他们对这本"书"（他们是这么叫的）的关心。渔民们注意到我对当地言语的使用，这段评论特别有帮助。

为了保护自己，我有意没有列出太多数据。我从村民们那里了解到，谁要是透露了太多"他们自己"的信息，谁就会受到排斥，甚至被赶走，乃至遭人纵火。对我来说，出版可能会相当于自寻死路。

我的邻居偶尔也会挑战我发表的评论。我犯下的最严重的错误是，我在一本地区字典的词条上写道："捞税票"（fishing for stamps），指船员更关心获得最高失业贷款，而不是最多的渔获。带我一起出海捕鱼的船员朋友不喜欢这条。尽管我又是道歉又是解释，他们还是有一种被人出卖的感觉。

在我看来，杰瑞的解释是正确的：一些纽芬兰人也在"捞税票"，并把冬季时获得一些失业保险当作首要任务，我很能赞同他们这种做法。但即便渔民同意杰瑞的解释，他们也不希望他把这种做法公之于众。

当我们给予报道人自己的声音并关心他们对我们和我们作品的看法时，也会产生杰瑞有时遇到的问题。杰瑞的案例较为极端，因为他与他的报道人生活在一起，并成了他们的亲戚。不过他所受到的限制，对那些如第九章中所见的"研究本土"的人类学家来说也不罕见。其他那些文化旅行者：外来观察者、学生、观光客、援助者等，通常都会从研究对象那里得到更多的自主性，让我们在他们与我们的文化之间找到一块留给文化翻译者（报告者）的中立地带。所以，基于道德原因和科学原因考虑，我们应该

接受对话的代价与风险。我们既不要攫取所有的话语权和
声音，也不要不顾当地人的意愿，把我们了解的事情全盘
公开。

现在你已经掌握了研究文化所需的所有人类学工具。接
下来，我们就可以牛刀小试。

合而为一

合而为一

我们了解并加以实践的 11 个问题，一道组成了文化人类学独特的知识工具箱。你们的指导者可能会往这个工具箱里添加一二，或是筛检一二，或是强调某些方法，但无论何种尝试，都是为了小心细致地将这些工具像现在这样合而为一。不论怎样，你都已经准备好将这些问题合在一起去思考文化，这些文化往往与人们的所作、所言、所思、所设全部交织在一起。

我们可以把你对所遭遇文化中某些方面的认识，作为本书的学习小结。要考察的文化可以是你自身的本文化，也可以是你同学的文化，甚至还可以是你在书中读过的某种文化。选择一种文化，只要你对其中的观念、实践、事件或人工制品有兴趣。它可能会让你困惑，让你流连，让你嫌恶。

用所有（或大部分）人类学关键问题来思考这一文化要素。你的答案可以来自该文化的报道人、文化之外的专家（通过与他们交谈，阅读他们的著作），或是来自你以往的知识。然后就你的发现写一份报告。

我在下面列出了一些有可能启发你的提示，这些文化要素可以让你的同学产生兴趣。然后我会通过考察一项文化制品，展现如何应用这些关键问题。

文化观念

- 巴西人的种族观念：巴西人观念中的种族比美国人多，而且巴西人认为每个人一生中都可以改变种族。
- 拉科塔地区苏族人对白水牛的观念：这一观念与精神诉求有关。
- 中国人对运气的观念：这一观念影响了赌博和股市中的行为。

文化实践

- 澳洲原住民的故事情节：他们用地图和工艺品编排了他们的神话。
- 穆斯林妇女穿着布卡长袍：我在第十章讨论过这种文化实践。
- 美国男性的包皮环切：我们对女性割礼存在争议，为何对男性环切却无异议？
- 东非赞德文化会用服下毒药的鸡来占卜人们遭遇不幸的原因：这是一种仪式专家通过复杂逻辑呈现的仪式。

文化活动

- 你所在大学的毕业典礼：这是我最喜欢的一种过渡仪式。
- 南太平洋岛民对待台风的态度：一个并不富裕、技术也不先进的文化是如何应对频繁发生的环境灾害的？
- 一场日本棒球赛：这会是一场截然不同的球赛。
- 一次当代美洲原住民巫医的治疗仪式：这在非印第安人中也非常流行。

文化产物

- 美国的滑板：这不仅是一个玩具，还是一种亚文化。
- 亚马逊猎人的吹箭：这是一种无声的土著狩猎方式。
- 霍皮人的克奇纳神面具：这是舞者在节庆中佩戴的神祇面具。
- 胡皮尔（*huipils*）连衣裙，即墨西哥土著妇女编织的彩色连衣裙：每个村子都有各自的样式，所以看裙子就能识织工。

为了展现人类学方法合而为一的过程，下面我就用这些方法来研究一件让我又爱又恨的文化产物：手机。英国萨里大学的三位教授（Cooper, Green and Harper, 2004）在《移动社会》一书中，对手机做过一项类似的社会分析；两位人类学家（Horst and Miller, 2005）则在《手机：一项关于传播的人类学研究》一书中，研究了手机对像牙买加人这类低收入文化的影响；这显然可以说明，还有其他研究者觉得这是一个值得研究的对象。下面我将提出几个关于手机的人类学问题，并通过我的阅读、个人体验，以及与他人的对话，对每个问题给出解答。

1. **自然性问题**：手机通常都是怎么用的？我该怎样去观察人们在不自知的情况下使用手机的过程？我一直努力让我对研究主题的影响降到最低。幸运的是，很多时候人们都是在公开场合使用手机，所以我可以观察（并旁听）到很具有代表性的事件样本。无论我选择或收集什么样的其他数据，田野工作的核心都是对"土著"在日常生活中使用手机的参与-观察。

2. **整体性问题**：手机如何与使用者生活的其他方面相连？要回答这个问题，我需要确立一个知识背景。我要调查，在我研究的范围内，有多少人拥有手机、携带手机、使用手机，以及使用的频率，使我得以确定手机在日常生活中所占的比重。我要考察手机在家庭联络、恋爱感情方面的影响，在商务沟通中的地位，以及在紧急事件中的作用。我还要留意，小小手机的制造和联络，离不开信号塔、卫星、电脑及其他硬件。我会把手机视作更大的消费电子产品技术发展趋势中的一个产物。我还会把手机当成一件以采矿业为起点、以向消费者传递为终点的复杂制造业的产品。手机会从一个国家出口（如挪威），由另一个国家进口，所以它们的使用可以视作一种跨国行为。

3. **比较性问题**：手机在美国与在其他如中国这类社会中的使用（其使用方式和在社会中的作用）相似吗？（就我所知，每个社会都有自己的使用方式，而且长久不变。）手机可与其他社会中的类似沟通设备相比吗？我可以把美国手机热的后果，与苏珊和我开始在纽芬兰农村做田野之前电话出现在当地的境况进行比较。沟通联系的增长，在后果上有何异同之处？

4. **时间性问题**：手机的前身是什么、它在美国社会中成为常用交流工具的过程是什么样的？手机的前身似乎是传呼机、大哥大、无绳电话、民用波段无线电，以及信件。其技术建立在微波传输、卫星通信，以及诸如手持全球定位系统之类便携式电子元件发展的基础上。手机似乎已经集掌上电脑、网络浏览、相机、短信发送等功能于一身。或许若干年后手机将会以舌头穿刺的方式植入人体。可以想见，手机将会和因特网一道，成为驿站邮路之后，个人联系不断增长的一大进步。

5. **生物－文化性问题**：手机与人类身体、生物学，与生理－自然环境的互动是什么？手机的设计考虑了人类手指的按键方式、耳朵与嘴的相对位置，以及其他解剖学因素。也有一些说法认为：手机微波会增加得上脑癌的风险，开车时使用手机会增加发生事故的风险。另一方面，用手机求救也减少了受伤或疾病的影响。手机基站塔还造成迁徙鸟类死亡，分隔了山顶覆盖的树木。

6. **社会－结构性问题**：哪些社会群体制造和使用手机？通过使用手机，社会群体创造、强化或改变了什么？斯堪的纳维亚半岛上的工会工人们生产了许多这类机器。商业雇员、官僚和家庭使用手机相互联系。朋友、兴趣小组（例如很大程度借助手机帮助的匿名戒酒会）之间的社会网络，也离不开手机。情侣靠手机示爱，它也推动了婚姻。然后，手机便于人们联系律师，这样也促使了离婚。手机更频繁地将人们连入社会结构。父母用手机联系夜里在街头游荡的青年人。但青少年也因拥有个人电话而很容易保持不为他们父母所知的联系。人们在海滩上便能与经纪人交谈。我预感到主要依靠电话的多点、可视社区即将出现。与彩电一样，每年手机都在变得更加大众化。现今，手机早已成为人们日常生活的一部分。

7. **阐释性问题**：手机意味着什么——它对使用者有何意义？与使用者交谈之后，我会认为手机对用户具有私密性、归属性和个人重要性。它还具有娱乐性，因为人们可以用它来填补"空虚"时间，用来打电话或玩游戏。据说手机的沟通性比私人交谈更重要。人们使用手机传递了怎样的信息？可谓非常多样，但从我旁听到的情况来看，多是语言学家所谓的"交际性谈话"，意为讲话者只是为了保持关系的沟通，而没有太多信息分享。"喂，是我。我在 X。哦，没事儿。你在哪儿呢？我想是吧。等我到了 Z 打给你。"

8. **反身性问题**：我的观点是什么？我在这个问题中的立场是什么？手机存在于我的社会，但不在我的朋友圈里。

我也买了一个，但很少用，不过偶尔它也挺管用的。我
还使用其他一些现代交流设备，如个人掌上电脑，但不
如我的同事那么频繁。我了解不少科学和电脑的神奇之
处，所以这种技术对我来说并不神秘。这种立场会如何
影响我的分析？或许我的参与不足，但在另一方面，因
为我在手机上的个人投入不多，我可以对这个问题看得
更全面（可能增加了我作为观察者的有效性），并从各种
视角审视这一文化产物。对手机及其使用者的研究，揭
示了我和我本文化的哪些内容？我在这里研究的是我本
文化的人们，所以我的发现所得也可以定义为反身性的。
对手机的观察可以让我更加确信，我所在的文明仍在不
断发展高技术设备，促进人们之间不论何时不拘何地的
互动——而这似乎也是人们所期望的。

9. **相对性问题**：我在对手机下判断吗？我能把自己的态度
放在一边，全面公正地判断手机与手机的使用吗？例如，
我能不能从使用者的文化背景出发，把手机的使用研究
清楚呢？和研究砸死小海豹的行为相比，手机比较能让
我心平气和地进行研究。人们喜欢手机。没有掌权者操
纵手机。手机的便利之处为全社会共享。不过，我很晚
才接受这个新工具，因为我觉得用手机跟人联系又吵又
烦。在公共场合用手机的人常常吵得不得了。手机信号
塔刺破青天。可我内心又总是很喜欢漂亮的小玩意，这
让我又关注起手机来。所以，我的判断有些自相矛盾，
这可能会让我的看法没有很强的感情色彩，不至于纠结
于推崇备至，或是厌恶至极。

10. **对话性问题**：手机使用者和其他推崇手机的人对我的分
析会怎么看？我是怎样阐释手机和使用者互动的研究的？
我对手机研究的基本结构一直都是质疑者（我）和爱好

者（我的报道人）之间的对话。在这些谈话中，手机使用者同意我的分析，但他们不关心我对私密性的考察。他们向我指出："你能看到是谁打过来的，你没必要全都接听。"他们还反驳了我把手机想得和微波炉一样的看法：我们想不出离开手机的生活。他们催我去换个好手机。或许等到我把就这个问题展开的手机谈话记录整理公布之后，这个对话的答案便能全部揭晓。

这些就是教给你们的最终作业：教给你们如何就具体问题实践人类学新工具的思路，并展示了进行实践的步骤。

祝愿大家尽享有趣的生活，希望人类学的关键问题可以帮助大家乐在其中。

参考书目

Abu-Lughod, Lila. 1991. "Writing Against Culture." In *Recapturing Anthropology,* ed. Richard Fox, 137—62. Santa Fe, NM: School for Anthropological Research.

——. 2002. "Do Muslim Women Really Need Saving? Anthropological Reflections on Cultural Relativism and Its Others." *American Anthropologist* 104 (3): 783—90.

Agar, Michael. 1996. *The Professional Stranger,* 2nd ed. San Diego, CA: Academic Press.

Akroyd, W. R. 1930. "Beriberi and Other Food Deficiency Diseases in Newfoundland and Labrador." *Journal of Hygiene* 30: 357—86.

Anderson, Barbara Gallarin. 1992. *First Fieldwork.* Prospect Heights, IL: Waveland.

Anderson, J. R., and Schooler, L. J. 1991. "Reflections of the Environment in Memory." *Psychological Science* 2: 396—408.

Arens, William. 1981. "Professional Football: An American Symbol and Ritual." In *The American Dimension: Cultural Myths and Social Realities,* 2nd ed., eds. William Arens and Susan Montague, 3—14. Sherman Oaks, CA: Alfred Publishing Co.

Ayres, Barbara. 1967. "A Cross-Culcural Study of Pregnancy Taboos." In *Cross Cultural Approaches,* ed. Clellan S. Ford, 111—25. New Haven, CT: HRAF Press.

Ballantine, Betty, and lan Ballantine, eds. 2001. *The Native Americans: An Illustrated History.* North Dighton, MA: JG Press (World Publications).

Barrett, Richard A. 1991. *Culture and Conduct: An Excursion in Anthropology,* 2nd ed. Belmont, CA: Wadsworth.

Barth, Fredrik. 1998, orig. 1968. *Ethnic Groups and Boundaries.* Prospect Heights, IL: Waveland.

Barton, Allen. 1969. *Communities in Disaster.* Garden City, NY: Doubleday.

Bates, Daniel G. 2005. *Human Adaptive Strategies: Ecology, Culture, and Politics,* 3rd ed. Boston: Pearson Education.

Bennett, John. 1993. *Human Ecology as Human Behavior.* New Brunswick, NJ: Transaction.

Berlin, Brent, and Paul Kay. 1969. *Basic Color Terms: Their Universality and Evolution.* Berkeley: University of California Press.

Bernard, H. Russell. 2002. *Research Methods in Anthropology: Qualitative and Quantitative Approaches,* 3rd ed. Walnut Creek, CA: AltaMira.

Berreby, David. 1996. "Bushed: Fieldwork Memoirs Are a Litany of Complaints, So Why Don't Anthropologists Just Stay Home?" *The Sciences,* July/August, 41—46.

Berreman, Gerald D. 1968. "Ethnography: Method and Product." In *Introduction to Cultural Anthropology,* ed. James A. Clifton, 337—73. Boston: Houghton Mifflin.

Bickerton, Derek. 1996. *Language and Human Behavior.* Seattle, WA: University of Washington Press.

Bird, S. Elizabeth, and Carolena Von Trapp. 1999. "Beyond Bones and Stones." *Anthropology Newsletter* December: 9—10.

Boas, Franz. 1948. *Race, Language, and Culture.* New York: Macmillan.

Bodley, John. 2001. *Anthropology and Contemporary Human Problems,* 4th ed. Mountain View, CA: Mayfield.

Bogin, B. A. 1988. *Patterns of Human Growth.* Cambridge: Cambridge University Press.

Bohannan, Laura. 1954. *Return to Laughter* (under the name Elenore Smith Bowen). New York: Harper & Brothers.

——. 2006. "Shakespeare in the Bush." In *Conformity and Conflict: Readings in Cultural Anthropology,* 11th ed., eds. James Spradley and David W. McCurdy, 35—44. Need-ham Heights, MA: Allyn and Bacon.

Bolin, Ann, and Patricia Whelehan. 1999. *Biocultural Perspectives on Human Sexuality.* Albany, NY: SUNY Press.

Bonvillain, Nancy. 2003. *Language, Culture, and Communication: The Meaning of Messages,* 4th ed. Upper Saddle River, NJ: Prentice-Hall.

Boyd, Robert, and Peter Richerson. 2005. *The Origin and Evolution of Culture.* New York: Oxford University Press.

Breitborde, L. B. 1997. "Anthropology's Challenge: Disquieting Ideas for Diverse Students." In *The Teaching of Anthropology,* eds. Kottak et al., 39—44. Mountain View, CA: Mayfield.

Brenner, Suzanne. 2001. "Why Women Rule the Roost: Rethinking Javanese Ideologies of Gender and Self-ContTol." In *Gender in Cross-Cultural Perspective,* 3rd ed., eds. Caroline Brettell and Carolyn Sargent, 135—56. Upper Saddle River, NJ: Prentice-Hall.

Briggs, Jean. 1970. *Never in Anger.* Cambridge, MA: Harvard University Press.

Brody, Hugh. 1981. *Maps and Dreams: Indians and the British Columbia Frontier.* Prospect Heights, IL: Waveland.

——. 2000. *The Other Side of Eden: Hunters, Fanners, and the Shaping of the World.* New York: Farrar, Strauss and Giroux.

Brown, Roger, and Marguerite Ford. 1961. "Address in American English," *Journal of Abnormal and Social Psychology* 62: 375—85.

Buchbinder, Georgeda. 1977. "Nutritional Stress and Post Contact Population Decline among the Maring of New Guinea." In *Malnutrition, Behavior, and Social Organization,* ed. L. S. Greene, 109—41. New York: Academic Press.

Campbell, Joseph. 1972. *Myths to Live By.* New York: Viking.

Carlson, Allan. 2003. *The Family in America: Searching for Social Harmony in the Industrial Age.* Somerset, NJ: Transaction Publishers.

Carneiro, Robert L. 2000. *The Muse of History and the Science of Culture.* New York: Kluwer Academic/Plenum.

Casey, George J. 1971. *Traditions and Neighbourhoods: The Folk-life of a Newfoundland Fishing Outport.* Master of Arts Thesis, Memorial University of Newfoundland.

Cashdan, Elizabeth. 2001. "Ethnic Diversity and Its Environmental Determinants: Effects of Climate, Pathogens, and Habitat Diversity." *American Anthropologist* 103 (3): 968—91.

Casteneda, Carlos. 1974. *Tales of Power.* New York: Simon and Schuster.

Caughey, John. 2002. "How to Teach Self-Ethnography." In *Strategies in Teaching Anthropology,* 2nd ed., eds. Patricia C. Rice and David W. McCurdy, 174—80. Upper Saddle River, NJ: Prentice-Hall.

Chagnon, Napoleon A. 1997. *Yanomamo,* 5th ed. Fort Worth, TX: Harcourt Brace.

Chambers, Eric Karl, and Reed Stevens. 2003. "Stuck in Nacirema: How Students and Professors Interpret Ethnographic Film." *General Anthropology Bulletin* 9 (2): 1.

Chernela, Janet M. 1982. "Indigenous Forest and Fish Management in the Uaupes Basin of Brazil." *Cultural Survival Quarterly* 6 (2): 17—18.

Chiseri-Strater, Elizabeth, and Bonnie Stone Sunstein. 1997. *Fieldworking: Readingand Writing Research.* Upper Saddle River, NJ: Prentice-Hall.

Chomsky, Noam. 1988. *Language and the Problem of Knowledge: The Managua Lectures.* Cambridge, MA: MIT Press.

——. 1994. *The Human Language* Series 2, G. Searchinger. New York: Equinox Films/Ways of Knowing.

Churton, Tobias. 2005. *Gnostic Philosophy: From Ancient Persia to Modern Times.* Rochester, VT: Inner Traditions.

Coe, Michael D. 2005. *Angkor and Khmer Cirilization.* New York: Thames and Hudson.

Cohen, Jeffrey H. 2003. "Anthropologists, Methods, and What We Write About What We Do." *American Anthropologist* 105 (4): 20.

Cohen, Mark N. 1989. *Health and the Rise of Civilization.* New Haven, CT: Yale University Press.

Collier, Jane, Michelle Rosaldo, and Sylvia Yanagisako. 1982. "Is There a Family? New Anthropological Views." In *Rethinking the Family: Some Feminist Questions,* eds. B. Thorne and M. Yalom, 25—39. New York: Longman.

Conklin, Beth. 2003. "Speaking Truth to Power." *Anthropology Newsletter* 44 (2).

Cooper, Geoff, Nicola Green, and Richard Harper, eds. 2006. *The Mobile Society.* New York: Berg/New York University Press.

Crane, Julia, and Michael Angrosino. 1992. *Field Projects in Anthropology: A Student Handbook,* 3rd ed. Prospect Heights, IL: Waveland.

Crapanzano, Vincent. 1986. "Hermes' Dilemma: The Masking of Subversion in Ethnographic Description." In *Writing Culture: Poetics and Politics of Ethnography,* eds. James Clifford and George Marcus, 51—76. Berkeley: University of California Press.

Crosby, Alfred, and Donald Worster. 1986. *Ecological Imperialism: The Biological Expansion of Europe 900—1900,* 2nd ed. New York: Cambridge University Press.

D'Andrade, Roy. 1995. "What Do You Think You're Doing?" *Anthropology Newsletter* 36 (7): 1, 4.

——. 1999. "Culture Is Not Everything." In *Anthropological Theory in North America,* ed. E. L. Cerroni-Long, 85—103. Westport, CT: Bergm and Garvey.

Daniels, Cora Linn Morrison. 1971, orig. 1903. *Encylopedia of Superstition, Folklore, and the Occult Sciences of the World.* Detroit: Gale Research.

Dannhaeuser, Norbert. 2004. *Chinese Traders in a Philippine Town: From Daily Competition to Urban Transformation.* Manila: Ateneo de Manila University Press.

Darian-Smith, Eve. 2004. *New Capitalists: Law, Politics, and Identity Surrounding Casino Gaming on Native American Land.* Belmont, CA: Thomson/Wadsworth.

Deloria, Jr., Vine. 1969. *Custer Died for Your Sins.* New York: Macmillan.

Denbow, James R., and Edwin N. Wilmsen. 1986. "Advent and Course of Pastoralism in the Kalahari." *Science* 234: 1509—14.

Dettwyler, Katherine. 1994. *Dancing Skeletons: Life and Death in West Africa.* Prospect Heights, IL: Waveland.

DeVore, Sally, and Thelma White. 1978. *The Appetites of Man.* Garden City, MY: Anchor Books.

Diamond, Jared M. 1997. *Guns, Germs, and Steel.* New York: W. W. Norton.

——. 2005. *Collapse: How Societies Fail or Succeed.* New York: Viking.

Douglas, Mary, and Aaron Wildavsky. 1983. *Risk and Culture: An Essay on the Selection of Technological and Environmental Dangers.* Berkeley: University of California Press.

Douglas, Mary. 1968. "The Social Control of Cognition: Some Factors in Joke Perception." *Man,* n.s., 3 (3): 361—76.

Downs, R. E., D. O. Kerner, and S. Reyna, eds. 1991. *The Political Economy of African Famine.* Philadelphia: Gordon and Breach.

Dubbs, Patrick J., and Daniel D. Whitney 1980. *Cultural Contexts: Making Anthropology Personal.* Boston: Allyn and Bacon.

Dubos, Rene. 1998. *So Human an Animal.* New York: Transaction.

Dumont, Jean-Paul. 1991. *The Headman and I: Ambiguity and Ambivalence in the Fieldworking Experience.* Prospect Heights, IL: Waveland.

Dunbar, Robin. 1996. *Grooming, Gossip, and the Evolution of Language.* Cambridge, MA: Harvard University Press.

Duvignaud, Jean. 1977. *Change at Shebika.* Austin, TX: University of Texas Press.

Dwyer, Kevin. 1982. *Moroccan Dialogues.* Baltimore: Johns Hopkins University Press.

Eastman, Carol. 1997. "How Culture Works: Teaching Linguistic Anthropology as the Study of Language in Culture." In *The Teaching of Anthropology,* eds. Kottak et al., 164—72. Mountain View, CA: Mayfield.

Eaton, S. Boyd, and Melvin Konner. 1999. "Ancient Genes and Modern Health." In *Applying Cultural Anthropology,* 4th ed., eds. Aaron Podolefsky and Peter Brown, 63—66. Mountain View, CA: Mayfield.

Edgerton, Robert. 1992. *Sick Societies: Challenging the Myth of Primitive Harmony.* New York: Free Press.

Ember, Melvin, and Carol R. Ember. 1997. "Science in Anthropology." In *The Teaching of Anthropology,* eds. Kottak et al., 29—33. Mountain View, CA: Mayfield.

Farb, Peter, and George Armelagos. 1980. *Consuming Passions: The Anthropology of Eating.* New York: Pocket Books.

Feldman, M.W., and L. L. Cavalli-Sforza. 1989. "On the Theory of Evolution under Genetic and Cultural Transmission with Application to the Lactose Absorption Problem." In *Mathematical Evolutionary Theory*, ed. M. W. Feldman, 145—73. Princecon, NJ: Princeton University Press.

Female Genital Cutting Education and Networking Project. 2003. www.fgmnecwork.org, accessed February 16, 2004.

Ferguson, R. Brian. 2000. "A Savage Encounter: Western Contact and the Yanomami War Complex." In *War in the Tribal Zone: Expanding States and Indigenous Warfare,* eds. Brian Ferguson and Neil L. Whitehead, 199—227. Santa Fe, NM: SAR Press.

Ferrar, Ann. 2000. *Hear Me Roar: Women, Motorcycles, and the Rapture of the Road,* 2nd ed. North Conway, NH: White-horse Press.

Fifi'I, Jonathan. 1989. *From Pig Theft to Parliament: My Life Between Two Worlds.* Roger Keesing, ed. and trans. Honiara: University of South Pacific and Solomon Islands College of Higher Education.

Firescone, Melvin. 1967. *Brothers and Rivals: Patrilocality in Savage Cove.* St. John's, NF: Institute of Social and Economic Research.

Fischer, Michael and Mehdi Abedi. 2002. *Debating Muslims: Cultural Dialogues in Postmodemity and Tradition.* Madison, WI: University of Wisconsin Press.

Fischer, Michael. 1997. "Interpretive Anthropology." In *Dictionary of Anthropology,* ed. Thomas Barfield, 263—65. Oxford: Blackwell.

Fish, Jeffery. 1995. "Mixed Blood." *Psychology Today,* 28 (6): 55—63.

Fluehr-Lobban, Carolyn, ed. 2002. *Ethics and the Profession of Anthropology,* 2nd ed. Walnut Creek, CA: AltaMira.

Foley, William A. 1997. *Anthropological Linguistics: An Introduction.* Malden, MA: Blackwell.

Foster, Phillips. 1992. *The World Food Problem: Tracking the Causes of Undemutrition in the Third World.* Boulder, CO: Lynne Riener.

Franklin, Sarah. 2002. "The Anthropology of Science." In *Exotic No More: Anthropology on the Front Lines,* ed. Jeremy MacClancy, 351—58. Chicago: University of Chicago Press.

Fukuyama, Francis. 2002. *Our Posthuman Future: Political Consequences of the Biotechnology Revolution.* New York: Farrar Straus and Giroux.

Geertz, Clifford. 1973a. "Deep Play: Notes on the Balinese Cockfight." In *Interpretation of Cultures: Selected Essays by Clifford Geertz,* 412—54. New York: Basic Books.

——. 1973b. "The Impact of the Concept of Culture on the Concept of Man." In *The Interpretation of Cultures,* 33—54. New York: Basic Books.

——. 1973c. "Thick Description: Toward an Interpretive Theory of Culture." In *The Interpretation of Cultures,* 3—30. New York: Basic Books.

Gephart, Robert P., Jr. 1984. "Making Sense of Organizationally-Based Environmental Disasters." *Journal of Management* 10 (2): 205—25.

Glenn, Jerome C., and Theodore J. Gordon, eds. 2003. *Futures Research Methodology Version 2.0.* CD-ROM. Washington, DC: American Council for United Nations University.

Goldstein, Melvyn C. 1987. "When Brothers Share a Wife." *Natural History* 96 (3): 38—41.

Goodall, Jane. 1986. *The Chimpanzees of Gombe: Patterns of Behavior.* Cambridge, MA: Harvard University Press.

Gould, Stephen J.. 1996. *The Mismeasure of Man,* rev. ed. New York: Norton.

Grahame, Kenneth. 1960, orig. 1908. *The Wind in the Willows.* New York: Scribner.

Green, Joshua. 2004. "The Southern Cross." *Harper's Magazine* 293 (2): 42—45.

Grenfell, Wilfred. 1932. *Forty Years for Labrador.* Boston: Houghton Mifflin.

Harper's Magazine. 1973. "How to Tell a Friend from an Acquaintance." 247 (1479): 5.

Harris, Marvin. 1997. "Anthropology Needs Holism, Holism Needs Anthropology." In *The Teaching of Anthropology,* eds. Kottak et al., 22—28. Mountain View, CA: Mayfield.

——. 2001, orig. 1979. *Cultural Materialism: The Struggle for a Science of Culture.* Walnut Creek, CA: AltaMira.

Harrison, Faye. 1997. "The Gendered Politics and Violence of Structural Adjustment: A View from Jamaica." In *Situated Lives: Gender and Culture in Everyday Life,* eds. Louise Lamphere, Helena Ragoné, and Patricia Zavella, 451—69. New York: Routledge.

Hatch, Elvin. 1997. "The Good Side of Relativism." *Journal of Anthropological Research* 53 (1): 371—81.

Haviland, William, Harald Prins, Dana Walrath, and Bunny McBride. 2005. *Cultural Anthropology: The Human Challenge.* Belmont, CA: Wadsworth.

Heider, Karl. 1969. "Anthropological Models of Incest Laws in the U. S." *American Anthropologist* 71 (2): 693—701.

——. 1970. *The Dugum Dani: A Papuan Culture in the Highlands of West New Guinea.* Chicago: Aldine.

Herzfeld, Michael. 2001. *Anthropology: Theoretical Practice in Culture and Society.* Oxford: Blackwell.

Hiatt, L. R. 1968. "Gidjingali Marriage Arrangements." In *Man the Hunter,* eds. Richard B. Lee and Irven DeVore, 165—75. Chicago: Aldine.

Hoebel, E. Adamson. 1960. *The Cheyenne.* New York: Holt Rhinehart and Winston.

Hoffman, Susanna M. 2005. "Katrina and Rita." *Anthropology Newsletter* 46 (8): 19.

Hoffman, Susanna M., and Anthony Oliver-Smith. 2002. *Catastrophe and Culture: The Anthropology of Disaster.* Santa Fe, NM: School of American Research.

Horst, Heather, and Daniel Miller. 2005. *The Cell Phone: An Anthropology of Communication.* Oxford: Berg Publishers.

Howley, James. 1974, orig. 1917. *The Beothucks or Red Indians: The Aboriginal Inhabitants of Newfoundland.* St. John's, NF: Coles.

Hu, Hsien-chin. 1948. *The Common Descent Group in China and its Functions.* New York: Basic Books.

Hunter, David, and MaryAnn B. Foley. 1976. *Doing Anthropology: A Student-Centered Approach to Cultural Anthropology.* New York: Harper & Row.

Ingstad, Anne Stine. 1977. *The Discovery of a Norse Settlement in America: Excavations at L'Anse aux Meadows, Newfoundland, 1961—1968.* Oslo: Universitetsforlaget.

Ito-Adler, James. 1997. "Cultural Relativism." In *Dictionary of Anthropology,* ed. Thomas Barfield, 98. Oxford: Blackwell.

Jacobs-Huey, Lanita. 2002. "The Natives Are Gazing and Talking Back: Reviewing the

Problems of Positionality, Voice and Accountability among 'Native' Anthropologists." *American Anthropologist* 104 (3): 791—804.

Jansen, Jan. 2001. *The Griot's Craft: An Essay on Oral Tradition and Diplomacy.* Somerset, NJ: Transaction Publishers.

Jarvenpa, Robert. 1998. *Northern Passage: Ethnography and Apprenticeship among the Subarctic Dene.* Long Grove, IL: Waveland.

Johnson, Allen. 1994. "In Search of the Affluent Society." In *Applying Cultural Anthropology,* 2nd ed., eds. Aaron Podolesfsky and Peter J. Brown, 133—40. Mountain View, CA: Mayfield.

Jorgensen, Joseph. 1979. *Western Indians: Comparative Environments, Languages, and Cultures of 172 Western American Indian Societies.* San Francisco: Freeman.

Karp, Ivan. 2001. "The Paradox ofEthnocentrism." In *Cultural Anthropology: A Perspective on the Human Condition,* 5th ed., eds. Emily A. Schultz and Robert H. Lavenda, 25. Mountain View, CA: Mayfield.

Keesing, Felix. 1952. "The Papuan Orokaiva vs. Mt. Lamington: Cultural Shock and Its Aftermath." *Human Organisation* 11 (1): 16—22.

Keesing, Roger. 1992. "Not a Real Fish: The Ethnographer as Inside Outsider." In *The Naked Anthropologist: Tales from Around the World,* ed. Philip DeVita, 73—78. Belmont, CA: Wadsworth.

Kemper, Robert V., and Anya Peterson Royce, eds. 2002. *Chronicling Cultures: Long-Term Field Research in Anthropology.* Walnut Creek, CA: AltaMira.

Kempton, Willett, James Boster, and Jennifer Hartley. 1995. *Environmental Values in American Culture.* Cambridge, MA: MIT Press.

Kluckhohn, Florence R., and Fred L. Strodtbeck. 1961. *Variations in Value Orientations.* Westport, CT: Greenwood Press.

Kondo, Dorinne. 1990. *Grafting Selves: Power, Gender, and Discourses of Identity in a Japanese Workplace.* Chicago: University of Chicago Press.

Kottak, Conrad P. 1990. *Prime-Time Society: An Anthropological Analysis of Television and Culture.* Belmont, CA: Wadsworth.

——. 2004. *Mirror for Humanity: A Concise Introduction to Cultural Anthropology,* 4th ed. New York: McGraw-Hill.

Kottak, Conrad P., Jane J. White, Richard H. Furlow, and Patricia C. Rice, eds. 1997. *The Teaching of Anthropology: Problems, Issues, and Decisions.* Mountain View, CA: Mayfield.

Kroeber, Alfred, and Clyde Kluckhohn. 1963, orig. 1953. *Culture: A Critical Review of Concepts and Definitions.* New York: Vintage Books.

Krutak, Lars. 2005. "In the Realm of Spirits: Traditional Dayak Tattoo in Borneo," www. vanishingtattoo.com/borneo_tattoos_l.htm, accessed March 29, 2005.

Kuznar, Lawrence A. 1997. *Reclaiming a Scientific Anthropology.* Walnut Creek, CA: AltaMira.

Lai, P. and N. C. Lovell. 1992. "Skeletal Markers of Occupational Stress in the Fur Trade: A Case Study from a Hudson's Bay Company Fur Trade Post." *International Journal of Osteoarchaeology* 2: 221—34.

Lamphere, Louise. 2004. "The Convergence of Applied, Practicing, and Public Anthropology in the 21st Century." *Human Organization* 63 (4): 431—43.

Lassiter, Luke. 2003. "Theorizing the Local." *Anthropology Newsletter* May: 13.

Leacock, Eleanor, and Richard B. Lee, eds.1982. *Politics and History in Band Societies.* New York: Cambridge University Press.

Leaf, Murray. 1975. "Baking and Roasting." In *The Nacirema: Readings on American Culture,* eds. James Spradley and Michael Rynkiewich, 19—20. Boston: Little, Brown.

Lee, Richard B. 1968. "What Hunters Do for a Living, or, How to Make Out on Scarce Resources." In *Man the Hunter,* eds. Richard B. Lee and Irven DeVore, 30—48. Chicago: Aldine.

——. 2002. *The Dobe Ju/'hoansi,* 3rd ed. Belmont, CA: Wadsworth.

Lepowsky, Maria. 1993. *Fruit of the Motherland: Gender in an Egalitarian Society.* New York: Columbia University Press.

Lett, James. 1997. *Science, Reason, and Anthropology: The Principles of Rational Inquiry.* Lanham, MD: Rowman and Littlefield.

Lewis, Oscar. 1956. "Comparisons in Cultural Anthropology." In *Current Anthropology: A Supplement to Anthropology Today,* ed. William L. Thomas, Jr., 259—92. Chicago: University of Chicago Press.

Lock, Margaret. 2001. *Twice Dead: Organ Transplants and the Reinvention of Death.* Berkeley: University of California Press.

Lu, Houyuan, Xiaoyan Yang, Maoline Ye, Kam-biu Liu, Zhengkai Xia, Xiaoyan Ren, Linhai Cai, Naiqin Wu, Tung-shung Liu. 2005. "Culinary Archaeology: Millet Noodles in Late Neolithic China." *Nature* 437: 967—68.

Malinowski, Bronislaw. 1944. *A Scientific Theory of Culture, and Other Essays.* Chapel Hill, NC: University of North Carolina Press.

——. 1965, orig. 1935. *Coral Gardens and Their Magic,* Volume 1. Bloomington, IN: Indiana University Press.

——. 1984, orig. 1922. *Argonauts of the Western Pacific.* Prospect Heights, IL: Waveland.

Mandelbaum, David. 1979. *The Plains Cree: An Ethnographic, Historical, and Comparative Study.* Regina, Sask.: University of Regina Press.

Marchese, Theodore. 1997. "The New Conversations about Learning." In *Assessing Impact: Evidence and Action,* ed. Theodore Marchese, 79—95. Washington, DC: American Association for Higher Education.

Marcus, George. 1997. "The Postmodern Condition and the Teaching of Anthropology." In *The Teaching of Anthropology,* eds. Kottak et al., 103—12. Mountain View, CA: Mayfield.

Marshall, Lorna. 1965. "The !Kung Bushmen of the Kalahari Desert." In *Peoples of Africa,* ed. James Gibbs, 241—78. New York: Holt, Rhinehart, Winston.

Martin, Emily. 1987. *The Woman in the Body: A Cultural Analysis of Reproduction.* Boston: Beacon Press.

McCurdy, David. 1997. "The Ethnographic Approach to Teaching Cultural Anthropology." In *The Teaching of Anthropology,* eds. Kottak et al., 62—69. Mountain View, CA: Mayfield.

McKinley, Robert. 1982. "Culture Meets Nature on the Six O'clock News: An Example of American Cosmology." In *Researching American Culture,* ed. Conrad P. Kottak, 75—82. Ann Arbor, MI: University of Michigan Press.

Mead, Margaret. 1975, orig. 1942. *And Keep Your Powder Dry.* New York: William Morrow.

——. 2001. orig. 1928. *Coming of Age in Samoa,* 1st Perennial Classics Ed. New York: Perennial.

Messer, Ellen. 1993. "Anthropology and Human Rights." *Annual Review of Anthropology* 22: 221—49.

Metcalf, Peter. 1997. "Symbolic Anthropology." In *Dictionary of Anthropology,* ed. Thomas Barfield, 459—61. Oxford: Blackwell.

Meyerhoff, Barbara, and Jay Ruby. 1982. "Introduction." In *A Crack in the Mirror: Reflexive Perspectives in Anthropology,* ed. Jack Ruby, 1—35. Philadelphia: University of Pennsylvania Press.

Miheshuah, Devon A. 1997. *Cultivating the Rosebuds: The Education of Women at the Cherokee Female Seminary, 1851—1909.* Champaign-Urbana, IL: University of Illinois Press.

Milloy, John S. 1988. *The Plains Cree: Trade, Diplomacy, and War, 1790—1870.* Winnepeg: University of Manitoba Press.

Mills, C. Wright. 1959. *The Sociological Imagination.* New York: Oxford University Press.

Millward, C. M. 1996. *A Biography of the English Language,* 2nd ed. Fort Worth, TX: Harcourt Brace.

Miner, Horace. 1956. "Body Ritual among the Nacirema." *American Anthropologist* 58 (3): 503—507.

Mintz, Sidney W. 1985. *Sweetness and Power: The Place of Sugar in Modern History.* New York: Viking Penguin.

Moffatt, Michael. 1989. *Coming of Age in New Jersey: College and American Culture.* New Brunswick, NJ: Rutgers University Press.

Molleson, T. 1989. "Seed Preparation in the Mesolithic: The Osteological Evidence." *Antiquity* 63: 356—62.

Moore, Henry E., Frederick Bates, Marvin Layman, and Vernon Parenton. 1963. *Before the Wind.* Disaster Research Group, Disaster Study No. 19, Publication 1095. Washington DC: National Academy of Science-National Research Council.

Moore, James. 2005. "Good Breeding," *Natural History,* 114 (9): 46.

Moran, Emilio, and Rhonda Gillett-Netting. 2000. *Human Adaptability,* 2nd ed. Boulder, CO: Westview.

Morgan, Lewis Henry. 1963, orig. 1877. *Ancient Society.* New York: World.

Murdock, George Peter. 1967. "The Ethnographic Adas: A Summary." *Ethnology* VI(1): 109—236.

Murdock, George P., and Douglas R. White. 1969. "Standard Cross-Cultural Sample." *Ethnology* VIII(2): 329—69.

Murray, Gerald. 1987. "The Domestication of Wood in Haiti: A Case Study in Applied Evolution." In *Anthropological Praxis,* eds. Robert M. Wulffand Shirley J. Fiske, 223—42. Boulder, CO: Westview.

Nadel, Siegfried. 1964. *The Theory of Social Structure.* Glencoe, IL: Free Press.

Nader, Laura, ed. 1969. *Law in Culture and Society.* Chicago: Aldine.

Nash, Roderick. 1973. *Wilderness and the American Mind,* rev. ed. New Haven, CT: Yale University Press.

Neihardt, John. 1961. *Black Elk Speaks: Being a Life Story of a Holy Man of the Oglala Sioux.* Lincoln, NE: University of Nebraska Press.

Nelson, Cynthia. 1974. "Public and Private Politics: Women in the Middle Eastern World." *American Ethnologist* 1 (3): 551—63.

Nelson, Richard K. 1983. *Make Prayers to the Raven: A Koyukon View of the Northern Forest.* Chicago: University of Chicago Press.

New Orleans Mardi Gras Indian Council. 2002. "Mardi Gras Indians: Tradition and History." www.mardigrasnewor-leans.com/mardigrasindians/, accessed February 2004.

Newall, Venetia. 1967. "Easter Eggs. " *Journal of American Folklor* 80 (315): 3—32.

Nussbaum, Martha C. 1997. *Cultivating Humanity: A Classical Defense of Reform in Liberal Education.* Cambridge, MA: Harvard University Press.

Oberg, Kalervo. 1956. "Do You Suffer from Culture Shock?" *Abadan Toddy*, June 13 to July 4.

Omohundro, John T. 1994. *Rough Food: Seasons of Subsistence in Northern Newfoundland.* St. John's, NF: ISER Books.

——. 2002. *Careers in Anthropology,* 2nd ed. Mountain View, CA: Mayfield.

Omohundro, John T., and Michael Roy 2003. "No Clearcutting in my Backyard! Competing Visions of the Forest in Northern Newfoundland." In *Retrenchment and Regeneration in Rural Newfoundland,* ed. Reginald Byron, 103—33. Toronto: University of Toronto Press.

Ortner, Sherry. 1973. "On Key Symbols." *American Anthropologist* 75 (5): 1338—46.

Palinkas, Lawrence, Michael Downs, John Petterson, and John Russell, 1993. "Social, Cultural, and Psychological Impacts of the *Exxon Valdez* Oil Spill." *Human Organization* 52 (1): 1—13.

Park, George. 1974. *The Idea of Social Structure.* Garden Citv, NY: Anchor Press/Doubleday.

Parsons, Talcott. 1960. *Structure and Process in Modern Societies.* Glencoe, IL: Free Press.

Peoples, James, and Garrick Bailey. 1991. *Humanity: An Introduction to Culture,* 2nd ed. St. Paul, MN: West.

Perry, Richard. 2003. *Five Key Concepts in Anthropological Thinking.* Upper Saddle River, NJ: Prentice-Hall.

Picou, J. Steven, and Duane Gill. 1993. "Long Term Social Psychological Impacts of the *Exxon Valdez* Oil Spill." In *Exxon Valdez. Oil Spill Symposium February 3—5, 1993 Abstract Book.* 223—26. Anchorage, AK: Exxon Valdez Oil Spill Trustee Council, University of Alaska Sea Grant College and American Fisheries Society.

Pinxten, Rik. 2002. "America for Americans." In *Distant Mirrors,* 3rd ed., eds. Philip DeVita and James Armstrong, 100—107. Belmont, CA: West/Wadsworth.

Plunket, Patricia. 2005. "Anthropology of Natural Disasters." *Anthropology Newsletter* 46 (7): 13.

Preston, James J. 1974. Culture Shock and Invisible Walls. Unpublished manuscript, Department of Anthropology, SUNY Oneonta.

Price, T. D. and G. Feinman. 1997. *Images of the Past.* Mountain View, CA: Mayfield.

Quaife, Milo M. 1961. *The History of the United States Flag.* New York: Harper.

Quarentelli, E. L. and Russell Dynes. 1972. "When Disaster Strikes." *Psychology Today* 5:

66—70.

Rabinow, Paul. 1977. *Reflections on Fieldivork in Morocco.* Berkeley: University of California Press.

——. 1996. *Making PCR: A Story of Biotechnology.* Chicago: University of Chicago Press.

Radcliffe-Brown, A. R. 1965, orig. 1962. *Structure and Function in Primitive Society.* New York: Free Press.

Radford, Edwin, and M. A. Radford. 1969, orig. 1949. *Encyclopedia of Superstitions.* New York: Greenwood Press.

Radin, Paul. 1957, orig. 1927. *Primitive Man as Philosopher.* New York: Dover.

Rappaport, Roy A. 1967. *Pigs for the Ancestors.* New Haven, CT: Yale University Press.

——. 1979. *Ecology, Meaning, and Religion.* Richmond, CA: North Atlantic.

Raybeck, Douglas. 1996. *Mad Dogs, Englishmen, and the Errant Anthropologist.* Prospect Heights, IL: Waveland.

——. 2000. *Looking Down the Road: A Systems Approach to Futures Studies.* Long Grove, IL: Waveland.

Relethford, John. 2002. *The Human Species: An Introduction to Biological Antlyropology,* ·5th ed. New York: McGraw-Hill.

Robbins, Richard. 2001. *Cultural Anthropology: A Problem-Based Approach,* 3rd ed. Belmont, CA: Thomson/Wadsworth.

Rokeach, Milton. 1973. *The Nature of Human Values.* New York: Free Press.

Romney A. K., S. C. Weller, and W. H. Batchelder. 1986. "Culture as Consensus: A Theory of Culture and Informant Accuracy." *American Anthropologist* 88: 313—38.

Rosaldo, Michelle, and Louise Lamphere, eds. 1974. *Woman, Culture, and Society.* Palo Alto, CA: Stanford University Press.

Royal Anthropological Institutes of Great Britain and Ireland. 1951. *Notes and Queries,* 6th ed. London: Routledge and Kegan Paul.

Ruck, Carl. 1997. "Myth." In *Dictionary of Anthropology,* ed. Thomas Barfield, 334—36. Oxford: Blackwell.

Sahlins, Marshall. 1963. "Poor Man, Rich Man, Big Man, Chief: Political Types in Melanesia and Polynesia." *Comparative Studies in Society and History* 5 (3): 285—303.

——. 1972a. "On the Sociology of Primitive Exchange." In *Stone Age Economics,* 185—275. Chicago: Aldine.

——. 1972b. "The Original Affluent Society." Pp. 1—40 In *Stone Age Economics.* Chicago: Aldine.

——. 1981. *Historical Metaphors and Mythical Realities: Structure in the Early History of the Sandwich Island Kingdom.* Ann Arbor, MI: University of Michigan.

Salmon, Merrilee H. 1997. "Ethical Considerations in Anthropology and Archeology, or Relativism and Justice for All." *Journal of Anthropological Research* 53 (1): 47—63.

Sapir, Edward. 1927. "The Unconscious Patterning of Behavior in Society." In *The Unconscious: A Symposium,* ed. Ethel S. Drummer, 114—24. New York: Knopf.

Savage-Rumbaugh, Sue. 1992. "Language Training in Apes." In *Encyclopedia of Human Evolution,* 138—41. Cambridge: Cambridge University Press.

Scheper-Hughes, Nancy. 1992. *Death Without Weeping: Violence of Everyday Life in Brazil.* Berkeley: University of California Press.

——. 1997. "Lifeboat Ethics: Mother Love and Child Death in Northeast Brazil." In *Gender in Cross-Cuiturat Perspective,* 3rd ed., eds. Brettell and Sargent, 38—44. Upper Saddle River, NJ: Prentice-Hall.

Schiebinger, Londa. 2001. *Has Feminism Changed Science?* Cambridge, MA: Harvard University Press.

Schneider, David M. 1957. "Typhoons on Yap." *Human Organization* 16 (2): 10—15.

Schulz, Emily A., and Robert H. Lavenda. 2001. *Cultural Anthropology: A Perspective on the Human Condition.* Mountain View CA: Mayfield.

Scienceworld.wolfram.com. 2005. "The Vernal Equinox." www.scienceworld.wolfram.com/astronomy/vernalEquinox.html, accessed May 3, 2005.

Scott, Richard G. and Christy G. Turner II. 1997. *The Anthropology of Modern Human Teeth.* Cambridge: Cambridge University Press.

Service, Elman. 1962. *Primitive Social Organization: An Evolutionary View.* New York: Random House.

Shiva, Vandana. 1989. *Staying Alive: Women, Ecology and Development.* London: Zed Books.

Shostak, Margery. 1981. *Nisa: The Life and Words of a !Kung Woman.* Cambridge, MA: Harvard University Press.

Sidky, Homayun. 2003. *Perspectives on Culture: A Critical Introduction to Theory in Cultural Anthropology.* Upper Saddle River, NJ: Prentice-Hall.

Siwolop, Sana. 1986. "What's an Anthropologist Doing in My Office?" *Business Week* 2949: 90.

Slater, Philip E., and Diro A. Slater. 1965. "Maternal Ambivalence and Narcissism: A Cross-cultural Study." *Merrill-Palmer Quarterly of Behavior and Development* 11: 241—59.

Small, Meredith. 1999. "A Woman's Curse?" *The Sciences* 39 (1): 24—29.

Smith, Grafton Elliott. 1928. *In the Beginning: The Origin of Civilization.* New York: Morrow.

Society for American Archaeology. 2004. "Principles of Archaeological Ethics." www.saa.org/aboutSAA/echics.html, accessed October 7, 2004.

Sokolov, Raymond. 1991. *Why We Eat What We Eat.* New York: Summit Books.

Somé, Malidoma Patrice. 1997. *Ritual, Power, Healing, and Community.* New York: Penguin.

Spence, Jonathan D. 1996. *God's Chinese Son: The Taiping Heavenly Kingdom of Hong Xiuquan.* New York: W. W. Norton.

Scanner, W. E. H. 1979 "The Dreaming." In *Reader in Comparative Religion,* 4th ed., eds. W. A. Lessa and E. Z. Vogt, 513—23. New York: Harper & Row.

Stojanowski, Christopher M. 2005. "The Bioarchaeology of Identity in Spanish Colonial Florida: Social and Evolutionary Transformation Before, During, and After Demographic Collapse." *American Anthropologist* 107 (3): 417—31.

Story, George. 1969. "Newfoundland: Fishermen, Hunters, Planters, and Merchants." In *Christmas Mumming in Newfoundland,* eds. Herbert Halpert and George Story, 2—33. Toronto: University of Toronto Press.

Strauss, Claudia. 2004. "Diversity and Homogeneity in American Culture: Teaching and Theory." *FOSAP Newsletter* 11 (2): 4—6.

Tannen, Deborah. 1994. *Talking from 9 to 5.* New York: HarperCollins.

Tattersall, Ian. 1999. *Becoming Human: Evolution and Human Uniqueness.* Orlando, FL: Harcourt Brace.

Tedlock, Dennis. 1979. "The Analogical Tradition and the Emergence of a Dialogical Anthropology." *Journal of Anthropological Research* 35 (4): 387—400.

——. 1982. "Reading the *Popul Vuh* Over the Shoulder of a Diviner and Finding Out What's So Funny." In *The Spoken Word and the Work of Interpretation,* ed. Dennis Tedlock, 312—20. Philadelphia: University of Pennsylvania Press.

Tedlock, Dennis, and Bruce Manheim. 1995. *The Dialogic Emergence of Culture.* Chicago: University of Illinois Press.

Textor, Robert. 1967. *A Cross Cultural Summary.* New Haven, CT: HRAF Press.

——. 1980. *A Handbook on Ethnographic Futures Research.* Stanford, CA: Stanford University School of Education and Department of Anthropology.

Thompson, Gale. 1982. "Approaches to the Analysis of Myth, Illustrated by *West Side Story* and 'Snow White.'" In *Researching American Culture,* ed. Conrad P. Kottak, 105—10. Ann Arbor, MI: University of Michigan Press.

Tierney, Patrick. 2002. *Darkness in El Dorado: How Scientists and Journalists Devastated the Amazon.* New York: W. W. Norton.

Townsend-Gault, Charlotte. 1992. "Kinds of Knowing." In *Land Spirit Power. First Nations at the National Gallery of Canada,* eds. D. Nemiroff, R. Houle, and C. Townsend-Gault, 75—101. Exhibition Catalog. Ottawa: National Gallery of Canada.

Turnbull, Colin. 1987. *The Mountain People.* Touchstone Reissue (original 1972). New York: Simon and Schuscer.

Turner, Victor. 1967. "Symbols in Ndembu Ritual." In *A Forest of Symbols,* ed. Victor Turner, 19—44. Ithaca, NY: Cornell University Press.

Tylor, Edward. 1889. "On a Method of Investigating the Development of Institutions: Applied to Laws of Marriage and Descent." *Journal of the Royal Anthropological Institute* 18: 245—269.

U.S. Library of Congress. 2005. "From Aquino's Assassination to People's Power." http//: councrystudies.us/philippines/29.htm, accessed December 27, 2005.

U.S. Naval Observatory, Astronomical Applications Department. 2004. "The Date of Easter." www.usno.navy.mil/faq/docs/easter.html, accessed October 10, 2004.

Van Horne, Wayne. 1996. "Ideal Teaching: Japanese Culture and the Training of the *Warrior.*" *Journal of Asian Martial Art* 5 (4): 10—19.

Vargas-Cetina, Gabriela. 2003. "Representations of Indigenousness." *Anthropology Newsletter* May: 11—12.

Vaughn, Margery, and Helen Mitchell. 1933. "A Continuation of the Nutrition Project in Northern Newfoundland." *Journal of the American Dietetic Association* 8 (6): 526—31.

Visser, Margaret. 1986. *Much Depends Upon Dinner.* New York: Grove Press.

Waldman, Carl. 2000. *Atlas of the North American Indian.* New York: Checkmark Books.

Wallace, Anthony F. C. 1956. *Tornado in Worcester.* Disaster Research Group, Disaster Study no. 3, Publication 392. Washington, DC: National Academy of Science-National Research

Council.

——. 2003. *Revitalizations and Mazeways: Volume 1: Essays on Culture Change,* ed. Robert Grumet. Lincoln, NE: University of Nebraska Press.

Watson, Rubie. 2001. "The Named and the Nameless: Gender and Person in Chinese Society." In *Gender in Cross-Cultural Perspective,* 3rd ed., eds. Brettell and Sargent, 166—79. Upper Saddle River, NJ: Prentice-Hall.

Weatherford, Jack. 1985. *Tribes on the Hill: The U.S. Congress Rituals and Realities,* rev. ed. New York: Bergen and Garvey.

Weiner, Annette. 1976. *Women of Value, Men of Renown: New Perspectives in Trobriand Exchange.* Austin, TX: University of Texas Press.

——. 1988. *The Trobrianders of Papua New Guinea.* Belmont, CA: Wadsworth.

Weinscem, Laurie, and Christie C. White, eds.. 1997. *Wives and Warriors: Women and the Military in the U. S. and Canada.* Westport, CT: Bergen and Garvey.

White, Jane. 1997. "Teaching Anthropology to Pre-Collegiate Teachers and Students." In *The Teaching of Anthropology,* eds. Kottak et al., 70—79. Mountain View, CA: Mayfield.

White, Leslie. 1949. "Science is Sciencing." In *The Science of Culture: A Study of Man and Civilization,* ed. Leslie White, 3—21. New York: Grove Press.

Wilkinson, Aleé. 2006. "The Protest Singer." *New Yorker* (April 17): 44—53.

Wills, Christopher. 1996. *Yellow Fever, Black Goddess: The Coevolution of People and Plagues.* Reading, MA: Addison-Wesley.

Wixted, J., and E. Ebbesen. 1991. "On the Form of Forgetting," *Psychological Science* 2: 409—415.

Wolf, Eric. 1969. *Peasant Wars in the Twentieth Century.* New York: Harper & Row. (Reprinted by University of Oklahoma Press, 1999.)

Wood, C. S. 1979. *Human Sickness and Health: A Biocultural View.* Mountain View, CA: Mayfield.

Woods, Clyde. 1975. *Culture Change.* Dubuque, IA: William C. Brown.

World Almanac Books. 2001. *The World Almanac and Book of Facts 2001.* Mahwah, NJ: World Almanac Books.

Worth, Sol, and John Adair. 1972. *Through Navajo Eyes: An Exploration in Film Communication and Anthropology.* Bloomington, IN: Indiana University Press.

Wylie, Lawrence William. 1957. *Village in the Vaucluse.* Cambridge, MA: Harvard University Press.

Yang, C. K. 1961. *Religion in Chinese Society.* Berkeley: University of California Press.

Young, William C. 1996. *The Rashaayda Bedouin: Arab Pastoralists of Eastern Sudan.* Fort Worth, TX: Har-court Brace.

Zurcher, Louis. 1968. "Social-Psychological Functions of Ephemeral Roles: A Disaster Work Crew." *Human Organization* 27 (4): 281—97.